21世纪全国高职高专机电系列技能型规划教材
浙江省重点教材建设项目

可编程控制器编程及应用（欧姆龙机型）

主　编　姜凤武　钱珍珍

内容简介

本书以项目案例为载体，以完成工作任务为主线，系统地介绍了可编程控制器控制系统的编程及应用的相关内容。本书内容由易到难，并按实际工程项目的完成过程进行结构安排，使读者在学、做、练中获得可编程控制器控制系统的编程、安装、调试的必备知识，并转化为职业基本技能。

本书根据知识的难易程度及应用范围的不同，共分7个教学项目，主要内容有：可编程控制器的结构组成及工作原理；欧姆龙CP1H系列可编程控制器的硬件和软件组成、编程软件的安装及使用；时序基本指令及应用；定时器/计数器指令及应用；顺序控制指令及应用；逻辑运算指令及应用；可编程控制器控制系统的软、硬件设计。书中所有的实验案例都来自企业应用实例，可以直接选用。

本书可作为高职高专院校电气自动化、机电一体化技术、建筑电气工程技术等自动化类专业的教材，也可作为职业培训学校PLC课程的教材，同时还可供从事自动化技术工作的工程技术人员使用。

图书在版编目(CIP)数据

可编程控制器编程及应用：欧姆龙机型/姜凤武，钱珍珍主编. —北京：北京大学出版社，2015.8

(21世纪全国高职高专机电系列技能型规划教材)

ISBN 978-7-301-26215-3

Ⅰ.①可… Ⅱ.①姜…②钱… Ⅲ.①可编程序控制器—高等职业教育—教材 Ⅳ.①TM571.6

中国版本图书馆CIP数据核字(2015)第200981号

书　　名　可编程控制器编程及应用（欧姆龙机型）

著作责任者　姜凤武　钱珍珍　主编

策划编辑　刘晓东

责任编辑　李娉婷

标准书号　ISBN 978-7-301-26215-3

出版发行　北京大学出版社

地　　址　北京市海淀区成府路205号　100871

网　　址　http://www.pup.cn　新浪微博：@北京大学出版社

电子信箱　pup_6@163.com

电　　话　邮购部62752015　发行部62750672　编辑部62750667

印 刷 者　北京富生印刷厂

经 销 者　新华书店

787毫米×1092毫米　16开本　11.75印张　270千字

2015年8月第1版　2015年8月第1次印刷

定　　价　27.00元

前　言

“可编程控制器控制系统应用与维护”是高职高专电气自动化类相关专业的一门专业课程。本书是根据高职高专的培养目标，结合高职高专的教学改革和课程改革，本着“工学结合，项目引导，教、学、做一体化”的原则编写的。书中以行动体系为主线构建可编程控制器应用的知识体系，做到“需要什么就教什么、教什么就练什么、练什么就会什么”，实现理论知识与实践的融合，增强学生运用可编程控制器的能力。本书内容融入了行业标准、维修电工高级工职业标准、CEAC认证培训标准和可编程控制器生产企业技术培训标准。

本书结合“可编程控制器控制系统应用与维护”的课程改革和建设，由学校、企业、行业专家组成编写组合作开发，在内容上为“双证融通”的专业培养目标服务，在方法上适合教、学、做一体的教学模式改革。本书的结构体系设计为：认识可编程控制器，认识CP1H系列可编程控制器，认识可编程控制器基本逻辑控制，认识可编程控制器定时、计数控制，认识可编程控制器顺序控制和可编程控制器逻辑运算控制，可编程控制器系统设计，对理论知识做“淡化”处理，对实际技能做“强化”处理。本书重点内容是对欧姆龙系列可编程控制器在生产过程中的实际应用进行介绍。本书是一本以“技术”与“应用”为主体的，面向工程技术人员，介绍新技术、新产品、新工艺的读本。

本书由姜凤武、钱珍珍任主编，在编写过程中得到了徐锋、陈学军等的大力帮助和支持，在此一并表示感谢。

因编者水平有限，书中不妥之处在所难免，恳请广大读者批评指正。

编　者

2015年3月

目　　录

项目 1

认识可编程控制器

项目导读

可编程控制器(Programmable Logic Controller，PLC)是为了适应工业控制发展的需要而出现的，它是一种集自动控制技术、计算机技术和通信技术于一体的新型自动控制装置，是现代新型工业控制的标志产品。PLC具有编程简单、可靠性高、功能强、操作维护方便等优点，广泛应用于钢铁、石油、化工、电力、建材、机械制造、汽车、轻纺、交通运输、环保及文化娱乐等各个行业。本项目主要介绍PLC的发展、特点、分类、基本结构、工作原理和应用领域。

知识目标	➢ 了解PLC的结构、类型 ➢ 熟悉输入接口电路和输出接口电路 ➢ 掌握PLC的工作原理和工作过程 ➢ 掌握PLC的等效电路 ➢ 学会PLC的硬件接线
能力目标	➢ 能够说出PLC的结构组成 ➢ 能够理解PLC的工作原理 ➢ 能够应用PLC的硬件接线

1.1 PLC的产生、定义、发展和应用领域

1.1.1 PLC的产生

20世纪60年代末，美国汽车制造工业竞争激烈，为适应生产工艺不断更新的需要，美国通用汽车公司(GM)于1968年提出了研制新型逻辑顺序控制装置的十项招标指标，主要内容如下。

(1) 编程方便，可现场修改程序。

(2) 维修方便，采用插件式结构。

(3) 可靠性高于继电器控制装置。

(4) 体积小于继电器控制盘。

(5) 数据可直接送入管理计算机。

(6) 成本可与继电器控制盘竞争。

(7) 输入可为市电。

(8) 输出可为市电，容量要求在2A以上，可直接驱动接触器等。

(9) 扩展时原系统改变最小。

(10) 用户存储器大于4KB。

这些要求实际上提出了将继电器控制的简单易懂、使用方便、价格低的优点与计算机的功能完善、灵活性、通用性好的优点结合起来，将继电接触器控制的硬连线逻辑转变为计算机的软件逻辑编程的设想。美国数字设备公司(DEC)中标，并于1969年研制出了第一台可编程控制器PDP-14，在美国通用汽车公司的生产线上试用成功，并取得了满意的效果，可编程控制器自此诞生。很快，这一新型工业控制装置就在美国其他工业领域推广应用，同时也受到了世界各国的高度重视，对这项新技术的研究应用从美国、日本、欧洲遍及全世界。PLC得到不断的改进和发展，迅速成为现代工业控制的主导产品。

1.1.2 PLC的定义

问题1　什么是可编程控制器？它是什么样子的？

可编程控制器(Programmable Controller)简称PC，它是在电器控制技术和计算机技术的基础上开发出来的，并逐渐发展成为以微处理器为核心，把自动化技术、计算机技术、通信技术融为一体的新型工业控制装置。为了避免与个人计算机(Personal Computer)的简称PC混淆，人们将可编程控制器简称为PLC(Programmable Logic Controller)。

国际电工委员会(IEC)曾于1982年11月颁布了PLC标准草案第一稿，1985年1月颁布了第二稿，1987年2月颁布了第三稿。草案中对PLC的定义是：

“PLC是一种数字运算操作的电子系统，专为工业环境而设计。它采用了可编程序的存储器，用来在其内部存储执行逻辑运算、顺序控制、定时、计数和算术运算等操作的指令并通过数字式或模拟式的输入和输出，控制各种类型的机械或生产过程。PLC及其有关外围设备，都按易于与工业系统联成一个整体、易于扩充其功能的原则设计。”

目前市场上流通较多的PLC主要有德国的西门子(SIEMENS)、美国的AB、日本的

三菱、欧姆龙、松下等系列 PLC。

图 1.1 为几款 PLC 的外形图，可以看出，不同厂家生产的 PLC 的外形是多种多样的。究竟要如何来划分 PLC 的类型，其内部结构与工作原理又是怎样的，本书接下来会一一为大家解释。

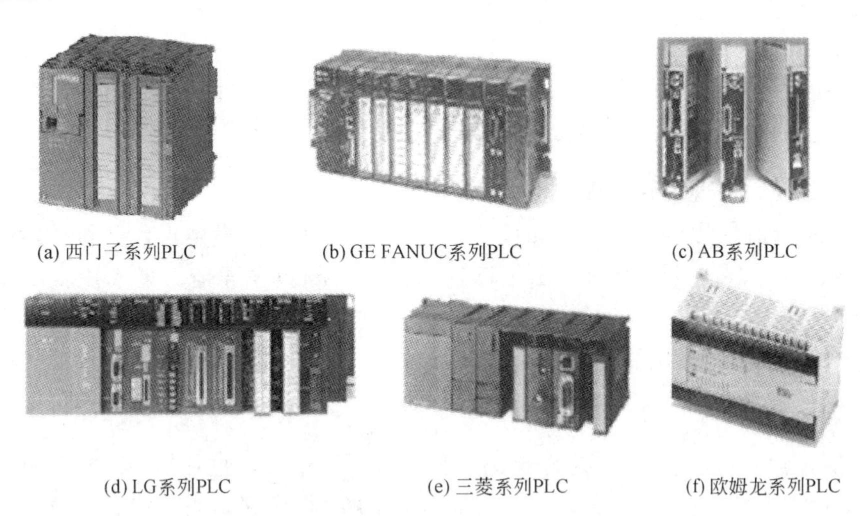

(a) 西门子系列PLC　(b) GE FANUC系列PLC　(c) AB系列PLC

(d) LG系列PLC　(e) 三菱系列PLC　(f) 欧姆龙系列PLC

图 1.1　几种常见 PLC 的外形

知识小百科

在 PLC 出现前，在工业电气控制领域中，继电器控制占主导地位，应用广泛。但是电器控制系统存在体积大、可靠性低、查找和排除故障困难等缺点，特别是其接线复杂、不易更改，对生产工艺变化的适应性差。

早期的 PLC 仅有逻辑运算、定时、计数等顺序控制功能，只是用来取代传统的继电器控制，通常称为可编程逻辑控制器(Programmable Logic Controller)。随着微电子技术和计算机技术的发展，20 世纪 70 年代中期，微处理器技术应用到 PLC 中，使 PLC 不仅具有逻辑控制功能，还增加了算术运算、数据传送和数据处理等功能。

20 世纪 80 年代以后，随着大规模、超大规模集成电路等微电子技术的迅速发展，16 位和 32 位微处理器应用于 PLC 中，使 PLC 得到迅速发展。PLC 不仅控制功能增强，同时可靠性提高，功耗、体积减小，成本降低，编程和故障检测更加灵活方便，而且具有通信和联网、数据处理和图像显示等功能，使 PLC 真正成为具有逻辑控制、过程控制、运动控制、数据处理、联网通信等功能的名副其实的多功能控制器。

自从第一台 PLC 出现以后，日本、德国、法国等也相继开始研制 PLC，并得到了迅速的发展。目前，世界上有 200 多家 PLC 厂商，400 多种 PLC 产品，按地域可分成美国、欧洲和日本三个流派产品。各流派 PLC 产品都各具特色，如日本主要发展中小型 PLC，其小型 PLC 性能先进，结构紧凑，价格便宜，在世界市场上占用重要地位。著名的 PLC 生产厂家主要有美国的 AB(Allen - Bradley)公司、GE(General Electric)公司，日本的三菱电机(Mitsubishi Electric)公司、欧姆龙(OMRON)公司，德国的 AEG(Allgemeine Elektricitäts - Gesellschaft)公司、西门子(SIEMENS)公司，法国的 TE(Telemecanique)公司等。

我国的 PLC 研制、生产和应用也发展很快，尤其在应用方面更为突出。在 20 世纪 70 年代末和 80 年代初，我国随国外成套设备、专用设备引进了不少国外的 PLC。此后，在传统设备改造和新设备设计中，PLC 的应用逐年增多，并取得显著的经济效益。PLC 在我国的应用越来越广泛，对提高我国工业自动化水平起到了巨大的作用。目前，我国不少科研单位和工厂都在研制和生产 PLC，如辽宁无线电二厂、无锡华光电子公司、上海香岛电机制造公司、厦门AB公司等。

从近年的统计数据看，在世界范围内PLC产品的产量、销量、用量高居工业控制装置榜首，而且市场需求量一直以每年15%的比例上升。PLC已成为工业自动化控制领域中占主导地位的通用工业控制装置。

1.1.3 PLC的特点

现代工业生产复杂多样，它们对控制的要求也各不相同，而PLC是专为在工业环境下应用及满足用户需要设计的，因此具有以下显著特点。

1. 可靠性高，抗干扰能力强

为了限制故障的发生或者在发生故障时，能很快查出故障发生点，并将故障限制在局部，PLC在设计与制造过程中均采用了精选、滤波、隔离、屏蔽、集成化、模块化等措施，因此可靠性高，其平均无故障时间间隔为2万小时以上。同时，PLC自身具有较强的自诊断能力，能及时给出出错信息，缩短检修时间。

2. 编程简单，易学易用

PLC的编程可采用与继电器电路极为相似的梯形图语言，直观易懂，对于具有一定电工知识和文化水平的人员，都可以在较短的时间内学会程序编制的方法和步骤，深受现场电气技术人员的欢迎。

3. 通用性强，应用灵活

由于PLC产品均成系列化生产，品种齐全，可由各种硬件装置组成能满足各种控制要求的控制系统。用户在硬件确定以后，在生产工艺流程改变或生产设备更新时，不必改变PLC的硬件设备，只需改编程序就可以满足系统要求。

4. 设计、安装、调试方便

由于PLC中有大量的软元件，又用软件编程代替硬接线，构成的控制系统结构简单，安装接线工作量少；而且PLC的用户程序可以在实验室调试，缩短了现场调试时间。因此，可大大缩短PLC控制系统的设计、施工和投产周期。

5. 维修方便，维护工作量小

PLC的输入和输出接口都已经按不同需要做好，可直接与控制现场的设备相连接，使用很简单。同时PLC有完善的自诊断、存储及监视功能，对于其内部的工作状态、通信状态、异常状态和I/O状态都有显示，可以通过它查找故障原因，便于迅速处理。

6. 功能完善，适应面广

PLC不仅能进行逻辑运算、定时、计数、顺序控制等功能，还具有模/数(A/D)转换与数/模(D/A)转换、数据处理和联网通信等功能；既可控制一台生产设备、一条生产线，又可控制一个生产过程。随着PLC技术的不断发展，各种新的功能模块不断得到开发，使PLC的功能日益完善，应用领域也因此进一步拓展。

1.1.4 PLC的应用

目前，PLC在国内外已广泛应用于冶金、石油、化工、电力、汽车、机械制造、采

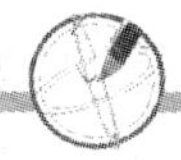

矿、建材、轻工、环保及文化娱乐等行业。随着 PLC 性能价格比的不断提高，其应用领域不断扩大。从 PLC 的应用类型看，大致包括以下几个方面。

1. 逻辑控制

逻辑控制是 PLC 最基本、也是最广泛应用的领域，取代了传统的继电器控制，实现逻辑控制、顺序控制，应用于单机控制、多机群控及自动生产线的控制；PLC 可用于注塑机、印刷机械、组合机床、磨床、装配生产线、包装生产线、电镀流水线及电梯控制等。

2. 过程控制

PLC 通过 PID 指令或 PID 模块，以及 A/D 转换和 D/A 转换模块，易于实现温度、压力、流量等模拟量的闭环控制，从而达到过程控制的要求；PLC 可用于加热炉、轧钢、反应堆、酿酒等生产流程和工艺过程的控制等。

3. 位置控制和运动控制

PLC 的运动控制模块可实现对伺服电动机或步进电动机的速度与位置的控制，用于数控机床、工业机器人等。

4. 数据处理

一般 PLC 都设有四则运算指令，可以很方便地对生产过程中的数据进行处理。用 PLC 可以构成监控系统，进行数据采集和处理、监控生产过程；PLC 广泛应用于机械、石油、电力、化工等行业。

5. 联网通信

随着网络的发展和计算机集散控制系统的逐步普及，PLC 的网络化通信产品也大量被推出。PLC 与 PLC 之间、PLC 与上位计算机之间可以联网，通过电缆或光缆传送信息，构成分布式控制系统，实现集散控制。

1.1.5　PLC 的分类

PLC 产品种类繁多，其规格和性能也各不相同。对 PLC 的分类，通常根据其结构形式的不同、功能的差异和 I/O 点数的多少等进行大致分类。

1. 按结构形式分类

根据 PLC 的结构形式，可将 PLC 分为整体式 PLC 和模块式 PLC 两类。

1) 整体式 PLC

整体式 PLC 是将电源、CPU、I/O 接口等部件都集中装在一个机箱内，具有结构紧凑、体积小、价格低的特点。小型 PLC 一般采用这种整体式结构。整体式 PLC 由不同 I/O点数的基本单元(又称主机)和扩展单元组成。

2) 模块式 PLC

模块式 PLC 是将 PLC 各组成部分分别做成若干个单独的模块，如 CPU 模块、I/O 模块、电源模块(有的含在 CPU 模块中)及各种功能模块。模块式 PLC 由框架或基板和各种模块组成。模块式 PLC 的特点是配置灵活，可根据需要选配不同规模的系统，而且装配方便，便于扩展和维修。大、中型 PLC 一般采用模块式结构。

还有一些 PLC 将整体式和模块式的特点结合起来，构成所谓的叠装式 PLC。叠装式

PLC 的 CPU、电源、I/O 接口等也是各自独立的模块，但它们之间是靠电缆进行连接，并且各模块可以一层层地叠装。这样，不但系统可以灵活配置，还可做得体积小巧。

2. 按功能分类

根据 PLC 所具有的功能不同，可将 PLC 分为低档、中档、高档三类。

1）低档 PLC

低档 PLC 具有逻辑运算、定时、计数、移位及自诊断、监控等基本功能，还可有少量模拟量 I/O、算术运算、数据传送和比较、通信等功能。低档 PLC 主要用于逻辑控制、顺序控制或少量模拟量控制的单机控制系统。

2）中档 PLC

中档 PLC 除具有低档 PLC 的功能外，还具有较强的模拟量 I/O、算术运算、数据传送和比较、数制转换、远程 I/O、子程序、通信联网等功能。有些还可增设中断控制、PID 控制等功能，适用于复杂控制系统。

3）高档 PLC

高档 PLC 除具有中档 PLC 的功能外，还增加了带符号算术运算、矩阵运算、位逻辑运算、平方根运算及其他特殊功能函数的运算、制表及表格传送功能等。高档 PLC 具有更强的通信联网功能，可用于大规模过程控制或构成分布式网络控制系统，实现工厂自动化。

3. 按 I/O 点数分类

根据 PLC 的 I/O 点数的多少，可将 PLC 分为小型、中型和大型三类。

1）小型 PLC

I/O 点数小于 256 点；单 CPU，8 位或 16 位处理器，用户存储器容量 4KB 以下。

2）中型 PLC

I/O 点数 256～2048 点；双 CPU，用户存储器容量 2～8KB。

3）大型 PLC

I/O 点数大于 2048 点；多 CPU，16 位、32 位处理器，用户存储器容量 8～16KB。

1.2 PLC 的组成及工作原理

问题 2 PLC 的内部结构如何？它又是怎样工作的？

1.2.1 PLC 的组成

从 PLC 的定义我们得知，PLC 是一种数字运算操作的电子系统，专为工业环境下应用而设计的工业控制装置，是一个计算机数字处理系统，其结构与计算机结构相类似。但输入和 输出电路要求具有更强的抗干扰能力。

一个完整的 PLC 由两部分组成，即硬件系统和软件系统。

PLC 的硬件主要由中央处理器(CPU)、存储器、输入/输出单元、通信接口、扩展接口、电源等部分组成，如图 1.2 所示。PLC 内部各组成单元之间通过电源总线、控制总线、地址总线和数据总线连接，外部则根据实际控制对象配置相应设备与控制装置构成 PLC 控制

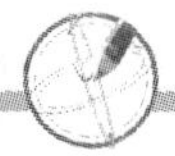

系统。

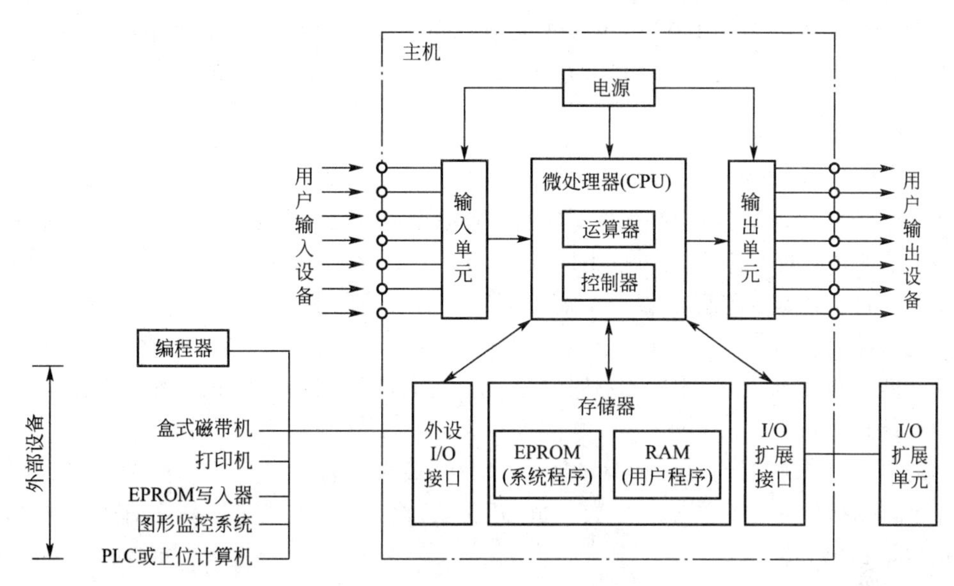

图 1.2　PLC 的基本组成框图

1. 中央处理器

同一般的微机一样，中央处理器(CPU)是 PLC 的核心。PLC 中所配置的 CPU 随机型不同而不同，CPU 按照 PLC 内系统程序赋予的功能指挥 PLC 控制系统完成各项工作任务。

2. 存储器

PLC 内的存储器主要用于存放系统程序、用户程序和数据等。

1)系统程序存储器

PLC 系统程序决定了 PLC 的基本功能，该部分程序由 PLC 制造厂家编写并固化在系统程序存储器中。系统程序属于需长期保存的重要数据，所以其存储器采用 ROM 或 EPROM。ROM 是只读存储器，该存储器只能读出内容，不能写入内容，ROM 具有非易失性，即电源断开后仍能保存已存储的内容。EPEROM 为可电擦除可编程只读存储器，须用紫外线照射芯片上的透镜窗口才能擦除已写入内容。可电擦除可编程只读存储器还有 E^2PROM、FLASH 等。

2) 用户程序存储器

用户程序存储器用于存放用户载入的 PLC 应用程序，载入初期的用户程序因需修改与调试，所以称为用户调试程序，存放在可以随机读写操作的随机存取存储器(RAM)内以方便用户修改与调试。通过修改与调试后的程序称为用户执行程序，由于不需要再作修改与调试，所以用户执行程序就被固化到 EPROM 内长期使用。

3) 数据存储器

PLC 运行过程中需生成或调用中间结果数据(如 I/O 元件的状态数据、定时器、计数器的预置值和当前值等)和组态数据(如 I/O 组态、设置输入滤波、脉冲捕捉、输出表配置、定义存储区保持范围、模拟电位器设置、高速计数器配置、高速脉冲输出配置、通信组态等)，这类数据存放在工作数据存储器中，由于工作数据与组态数据不断变化，且不需要长期保存，所以采用 RAM。RAM 是一种高密度、低功耗的半导体存储器，可用锂电池作为备用电源，一旦断电就可通过锂电池供电，保持 RAM 中的内容。

3. 输入/输出单元

输入/输出单元通常也称 I/O 单元或 I/O 模块，是 PLC 与工业生产现场之间的连接部件。PLC 通过输入接口可以检测被控对象的各种数据，以这些数据作为 PLC 对被控制对象进行控制的依据；同时 PLC 又通过输出接口将处理结果送给被控制对象，以实现控制目的。

由于外部输入设备和输出设备所需的信号电平是多种多样的，而 PLC 内部 CPU 的处理的信息只能是标准电平，所以 I/O 接口要实现这种转换。I/O 接口一般都具有光电隔离和滤波功能，以提高 PLC 的抗干扰能力。另外，I/O 接口上通常还有状态指示，工作状况直观，便于维护。

PLC 提供了多种操作电平和驱动能力的 I/O 接口，有各种各样功能的 I/O 接口供用户选用。I/O 接口的主要类型有：数字量(开关量)输入、数字量(开关量)输出、模拟量输入、模拟量输出等。

1）输入接口

输入接口用于接收和采集两种类型的输入信号：一类是由按钮、转换开关、行程开关、继电器触头等开关量输入信号；另一类是由电位器、测速发电机和各种变换器提供的连续变化的模拟量输入信号。

常用的开关量输入接口按其使用的电源不同有三种类型：直流输入接口、交流输入接口和交流/直流输入接口，其基本原理电路如图 1.3 所示。

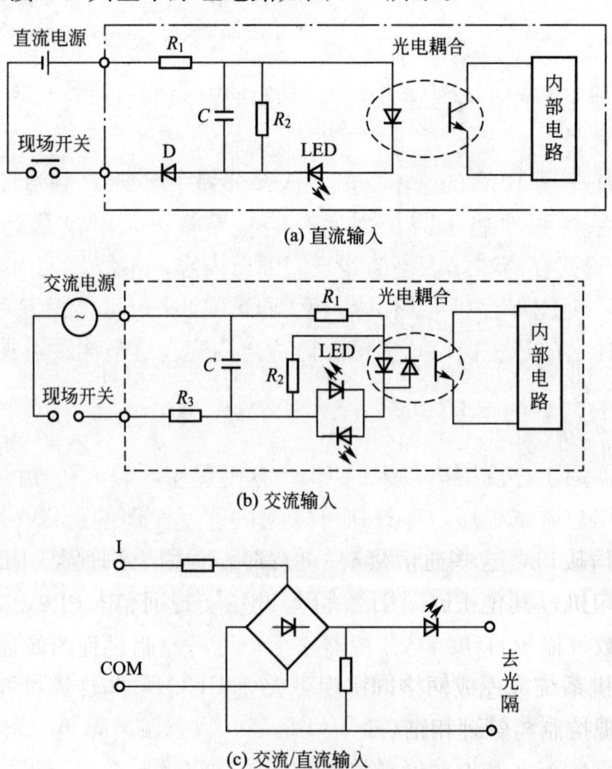

图 1.3　开关量输入接口

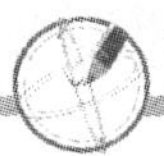

2）输出接口

输出接口电路向被控对象的各种执行元件输出控制信号。常用执行元件有接触器、电磁阀、调节阀(模拟量)、调速装置(模拟量)、指示灯、数字显示装置和报警装置等。输出接口电路一般由微电脑输出接口电路和功率放大电路组成。

常用的开关量输出接口按输出开关器件不同有三种类型：继电器输出、晶体管输出和双向晶闸管输出，其基本原理电路如图 1.4 所示。继电器输出接口可驱动交流或直流负载，但其响应时间长，动作频率低；而晶体管输出和双向晶闸管输出接口的响应速度快，动作频率高，但前者只能用于驱动直流负载，后者只能用于交流负载。

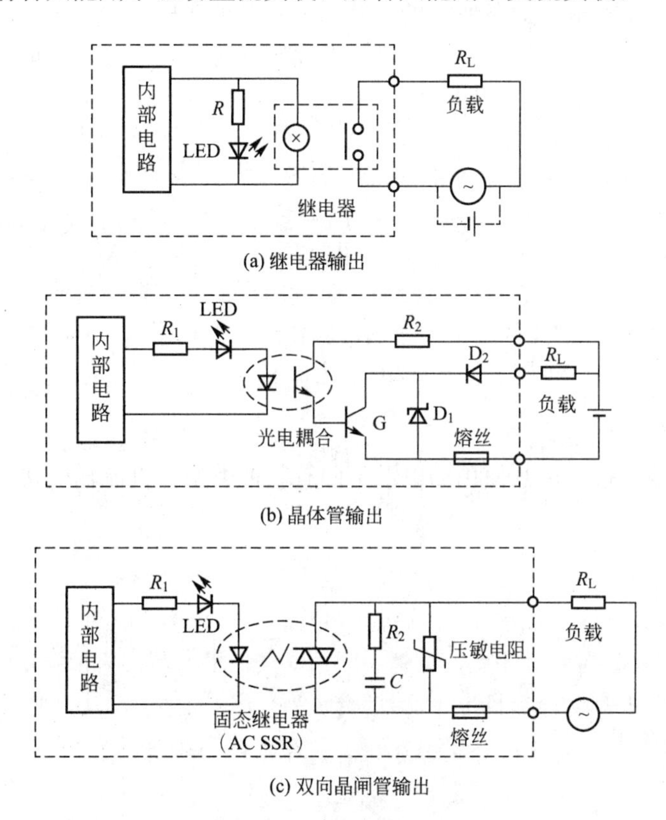

图 1.4 开关量输出接口

PLC 的 I/O 接口所能接受的输入信号个数和输出信号个数称为 PLC 输入/ 输出(I/O)点数。I/O 点数是选择 PLC 的重要依据之一。当系统的 I/O 点数不够时，可通过 PLC 的 I/O 扩展接口对系统进行扩展。

4. 通信接口

PLC 配有各种通信接口，这些通信接口一般都带有通信处理器。PLC 通过这些通信接口可与监视器、打印机、其他 PLC、计算机等设备实现通信。PLC 与打印机连接，可将过程信息、系统参数等输出打印；与监视器连接，可将控制过程图像显示出来；与其他 PLC 连接，可组成多机系统或连成网络，实现更大规模控制。与计算机连接，可组成多级分布式控制系统，实现控制与管理相结合。

远程 I/O 系统也必须配备相应的通信接口模块。

5. 扩展接口

若主机单元的 I/O 数量不够用，可通过 I/O 扩展接口电缆与 I/O 扩展单元(不带 CPU)相接进行扩充。

6. 电源

PLC 的电源将外部供给的交流电转换成供 CPU、存储器等所需的直流电，是整个 PLC 的能源供给中心。PLC 大都采用高质量的工作稳定性好、抗干扰能力强的开关稳压电源，许多 PLC 电源还可向外部提供直流 24V 稳压电源，用于向输入接口上的接入电气元件供电，从而简化外围配置。

7. 编程装置

编程装置的作用是编辑、调试、输入用户程序，也可在线监控 PLC 内部状态和参数，与 PLC 进行人机对话。编程装置是开发、应用、维护 PLC 不可缺少的工具。编程装置可以是专用编程器，也可以是配有专用编程软件包的通用计算机系统。

目前 PLC 制造厂家大都开发了计算机辅助 PLC 编程支持软件，当个人计算机安装了 PLC 编程支持软件后，可用作图形编程器，进行用户程序的编辑、修改，并通过个人计算机和 PLC 之间的通信接口实现用户程序的双向传送、监控 PLC 运行状态等。

软件系统是指管理、控制、使用 PLC，确保 PLC 正常工作的一整套程序，包括系统程序和用户程序。

PLC 的系统程序由 PLC 制造厂商设计编写的，并存入 PLC 的系统存储器中，用户不能直接读写与更改。系统程序一般包括系统诊断程序、输入处理程序、编译程序、信息传送程序、监控程序等。

PLC 的用户程序是用户利用 PLC 的编程语言，根据控制要求编制的程序。在 PLC 的应用中，最重要的是用 PLC 的编程语言来编写用户程序，以实现控制目的。由于 PLC 是专门为工业控制而开发的装置，其主要使用者是广大电气技术人员，为了满足他们的传统习惯和掌握能力，PLC 的主要编程语言采用比计算机语言相对简单、易懂、形象的专用语言。

考考您?

1. PLC 硬件由哪几部分组成？各有什么作用？
2. PLC 开关量输出接口根据输出开关器件的种类不同，可分为几种形式？为什么使用 PLC 之前一定要知道输出类型？

1.2.2 PLC 控制系统的组成及接线

既然 PLC 是专门针对工业环境应用设计的，是一种专门用于自动化设备控制的专用计算机，那么我们首先就要了解应用 PLC 怎样构建一个控制系统。接下来通过一个简单的例子来说明 PLC 控制系统的构成。

图 1.5 是电动机全压起动控制的接触器电气控制线路，控制逻辑由交流接触器 KM 线圈、指示灯 HL1、热继电器常闭触头 FR、停止按钮 SB2、起动按钮 SB1 及接触器常开辅助触头 KM 通过导线连接实现。

合上 QS 后按下起动按钮 SB1，则线圈 KM 通电并自锁，接通指示灯 HL1 所在支路的辅助触头 KM 及主电路中的主触头，HL1 亮、电动机起动；按下停止按钮 SB2，则线圈 KM 断电，指示灯 HL1 灭，电动机停转。

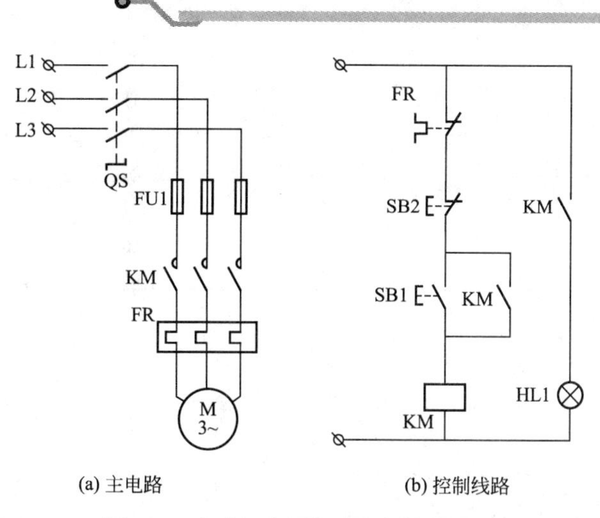

(a) 主电路　　(b) 控制线路

图 1.5　电动机全压起动电气控制线路

图 1.6 是采用欧姆龙的一款 CP1H 系列 PLC 实现电动机全压起动控制的外部接线图。主电路保持不变，热继电器常闭触头 FR、停止按钮 SB2、起动按钮 SB1 等作为 PLC 的输入设备接在 PLC 的输入接口上，而交流接触器 KM 线圈、指示灯 HL1 等作为 PLC 的输出设备接在 PLC 的输出接口上。控制逻辑通过执行按照电动机全压控制要求编写并存入程序存储器内的用户程序实现。

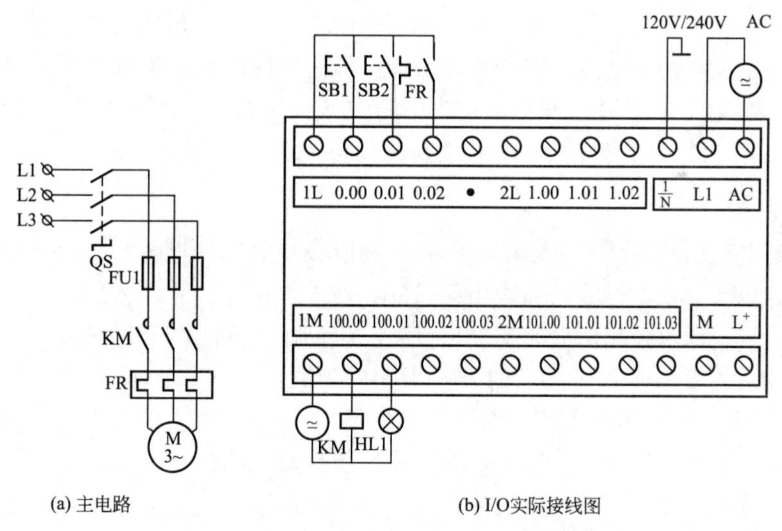

(a) 主电路　　(b) I/O实际接线图

图 1.6　电动机全压起动 PLC 控制接线图

因此，以 PLC 为核心构成的控制系统，主电路与继电接触器控制系统相同，继电接触器控制系统的控制电路则由 PLC 的控制接线图来代替。PLC 的控制接线图主要由输入设备、PLC 基本单元及输出设备三部分组成。输入设备是指各类按钮、行程开关、传感器等，用来感测外界信号并把信号输入 PLC 中。PLC 基本单元用于处理输入部分取得的信息，按一定的逻辑关系进行运算，并把运算结果以某种形式输出。输出设备一般由接触器、电磁阀、信号指示灯等构成，用来执行 PLC 发出的各种命令以完成对控制对象的控制。

图 1.7 是电动机全压起动的 PLC 控制系统基本构成图，可将它分成输入电路、内部控制电路和输出电路三部分。

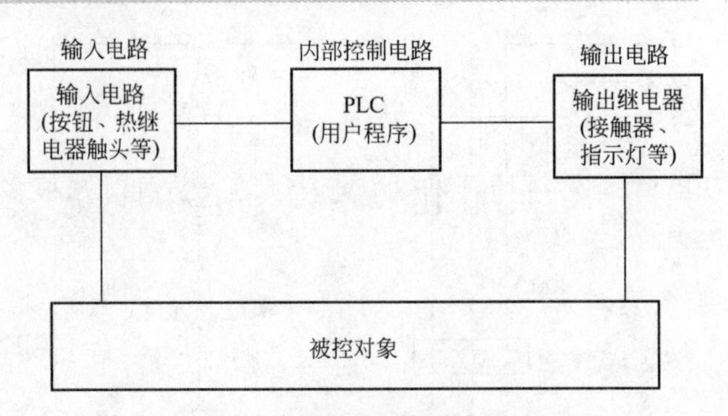

图 1.7　PLC 控制系统基本构成框图

1. 输入电路

输入电路的作用是将输入控制信号送入 PLC，输入设备为按钮 SB1、SB2 及 FR 常闭触头。外部输入的控制信号经 PLC 输入到对应的一个输入继电器，输入继电器可提供任意多个常开触头和常闭触头，供 PLC 内部控制电路编程使用。

2. 输出电路

输出电路的作用是将 PLC 的输出控制信号转换为能够驱动 KM 线圈和 HL1 指示灯的信号。PLC 内部控制电路中有许多输出继电器，每个输出继电器除了 PLC 内部控制电路提供编程用的常开触头和常闭触头外，还为输出电路提供一个常开触头与输出端口相连，该触头称为内部硬触头，是一个内部物理常开触头。通过该内部硬触头驱动外部的 KM 线圈和 HL1 指示灯等负载，而 KM 线圈再通过主电路中 KM 主触头去控制电动机的起动与停止。驱动负载的电源由外部电源提供，PLC 的输出端口中还有输出电源用的 COM 公共端。

3. 内部控制电路

内部控制电路由按照被控电动机实际控制要求编写的用户程序形成，其作用是按照用户程序规定的逻辑关系，对输入和输出信号的状态进行计算、处理和判断，然后得到相应的输出控制信号，通过控制信号驱动输出设备：电动机、指示灯 HL1 等。

PLC 内部有许多软器件，如定时器(TIM)、计数器(CNT)、辅助继电器等，它们在 PLC 内部都有各自成对的、用软件实现的常开(高电平状态)和常闭触点(低电平状态)。编写的梯形图是将这些软器件进行内部连线，完成被控对象的控制要求。梯形图是从继电器控制的电气原理图演变而来的，继电器控制元件符号如图 1.8 所示；PLC 梯形图所用器件与此类似，如图 1.9 所示。

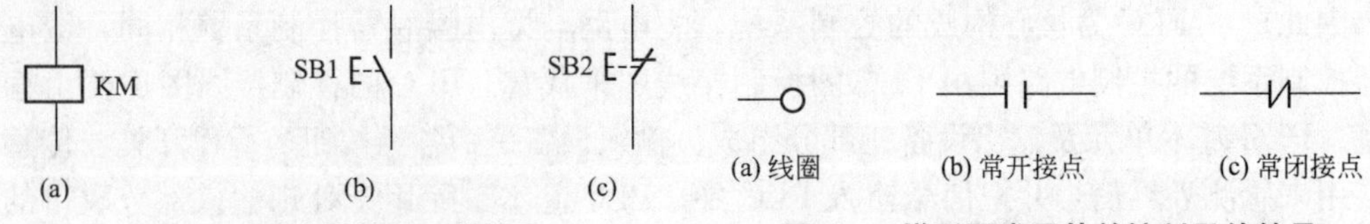

图 1.8　继电器控制元件符号　　**图 1.9　梯形图常用等效控制元件符号**

为了区分软继电器和硬继电器，也为了和后面介绍的编程软件一致，书中的硬继电器触点按照国家标准称为“动合触点”或“动断触点”，其图形符号仍按国家标准绘制；软继电器触点则按编程软件的说明为“常开接点”或“常闭接点”，便于大家学习。

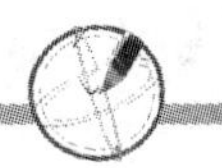

用户程序通过个人计算机通信或编程器输入等方式，把程序语句全部写到PLC的用户程序存储器中。用户程序的修改只需通过编程器等设备改变存储器中的某些语句，不会改变控制器内部接线，实现了控制的灵活性。

从图1.6看出，PLC控制系统的接线很有规律，为了方便，在很多时候，直接采用I/O端子分配图替代电路图，如图1.10所示。

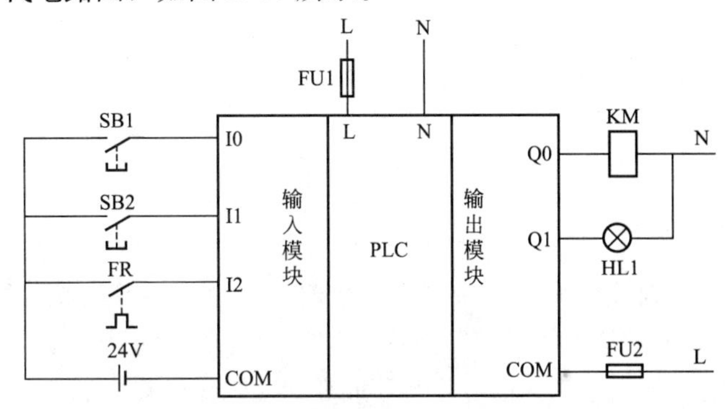

图1.10 电动机全压起动I/O接线图

I/O接线图中停止按钮为什么接成常开？能否接成常闭形式？

知识链接

CP1H系列PLC是欧姆龙公司最新的超高速的一体化紧凑型PLC。它整合了CPM2A和CJ1系列PLC的优点。CP1H的CPU单元包括X型(基本型)/XA型(带内置模拟I/O端子)/Y型(带脉冲I/O专用端子)三种类型。图1.11是整体式机型的PLC CP1H-XA外观图。按功能划分，有九部分。

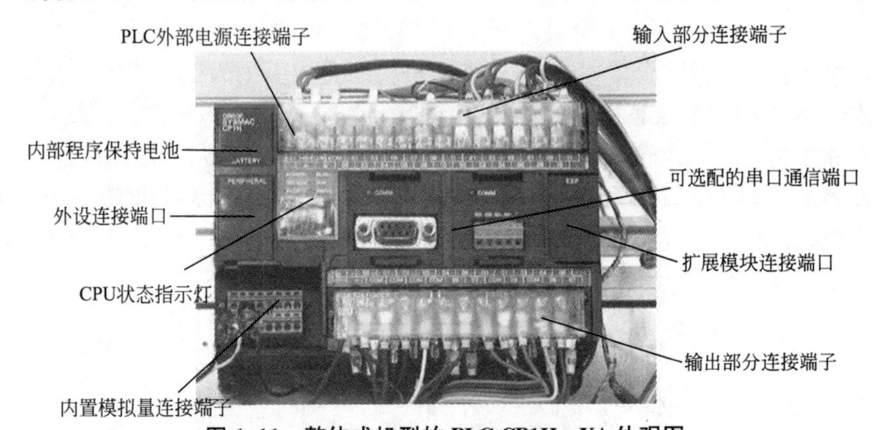

图1.11 整体式机型的PLC CP1H-XA外观图

输入部分：该区域是一排接线端子，前面讲到的PLC外部的输入设备必须连接到这些端子上，通过这些端子才能进入到PLC内部，外部信号才能被PLC存储并处理。电动机全压起动项目中的按钮信号SB1及SB2必须连接到这些端子上。

输出部分：该区域也是一排接线端子，执行机构(器件)必须连接到这些端子上，通过这些端子才能把逻辑控制器运算判断的结果输出。电动机全压起动项目中的执行电器KM1及HL1必须连接到这些端子上。

1.2.3　PLC工作原理

在了解了PLC控制系统的构成及接线之后，是不是就能很快说出PLC的工作原理了呢？别急，我们还必须弄清楚另外两个问题：一个是内部I/O映像区的建立，另一个是PLC内部的等效电路。

在PLC存储器内开辟了I/O映像存储区，用于存放I/O信号的状态，分别称为输入映像寄存器和输出映像寄存器，此外PLC其他编程元件也有相对应的映像存储器，称为元件映像寄存器。

1. I/O映像区的建立

I/O映像区的大小由PLC的系统程序确定，对于系统的每一个输入点总有一个输入映像区的某一位与之相对应，对于系统的每一个输出点也都有输出映像区的某一位与之相对应，且系统的I/O点的编址号与I/O映像区的映像寄存器地址号也对应。

PLC工作时，将采集到的输入信号状态存放在输入映像区对应的位上，运算结果存放到输出映像区对应的位上，PLC在执行用户程序时所需描述输入继电器的等效触头或输出继电器的等效触头、等效线圈状态的数据取用于I/O映像区，而不直接与外部设备发生关系。

I/O映像区的建立使PLC工作时只和内存有关地址单元内所存的状态数据发生关系，而系统输出也只是给内存某一地址单元设定一个状态数据。这样不仅加快了程序执行速度，而且使控制系统与外界隔开，提高了系统的抗干扰能力。

2. PLC内部等效电路

从I/O映像区的建立过程来看，根据图1.10所示电动机全电压起动的PLC控制电路，可以画出其PLC内部等效电路，如图1.12所示。以其中的起动按钮SB1为例，其接入接口I0.00与输入映像区的一个触发器I0.00相连接，当SB1接通时，触发器I0.00就被触发为“1”状态，而这个“1”状态可被用户程序直接引用为I0.00接点的状态，此时I0.00接点与SB1的通断状态相同，则SB1接通，I0.00接点状态为“1”，反之SB1断开，I0.00接点状态为“0”，由于I0.00触发器功能与继电器线圈相同且不用硬连接线，所以I0.00触发器等效为PLC内部的一个I0.00软继电器线圈，直接引用I0.00线圈状态的I0.00接点就等效为一个受I0.00线圈控制的常开接点。

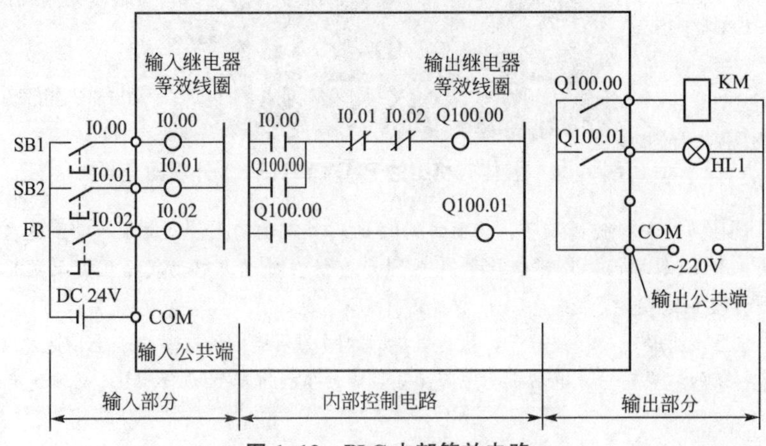

图1.12　PLC内部等效电路

同理，停止按钮 SB2 与 PLC 内部的一个软继电器线圈 I0.01 相连接，SB2 闭合，I0.01 线圈的状态为“1”，反之为“0”，而继电器线圈 I0.01 的状态被用户程序取反后引用为 I0.01 接点的状态，所以 I0.01 等效为一个受 I0.01 线圈控制的常闭接点。而输出触头 Q100.00、Q100.01 则是 PLC 内部继电器的物理常开触头，一旦闭合，外部相应的 KM 线圈、指示灯 HL1 就会接通。PLC 输出端有输出电源用的公共接口 COM。

考考您？　输入继电器由什么来驱动？输出继电器由什么来驱动？

3. PLC 工作过程

PLC 与继电器控制的重要区别之一就是工作方式不同。继电器控制是按“并行”方式工作的，即按同时执行方式工作的，只要形成电流通路，就可能有几个电器同时动作。而 PLC 采用串行循环扫描的工作方式。所谓扫描，就是 CPU 从第一条指令开始执行程序，直到最后一条(结束指令)。PLC 对用户程序进行循环扫描分为输入采样、程序执行和输出处理三个阶段，如图 1.13 所示。

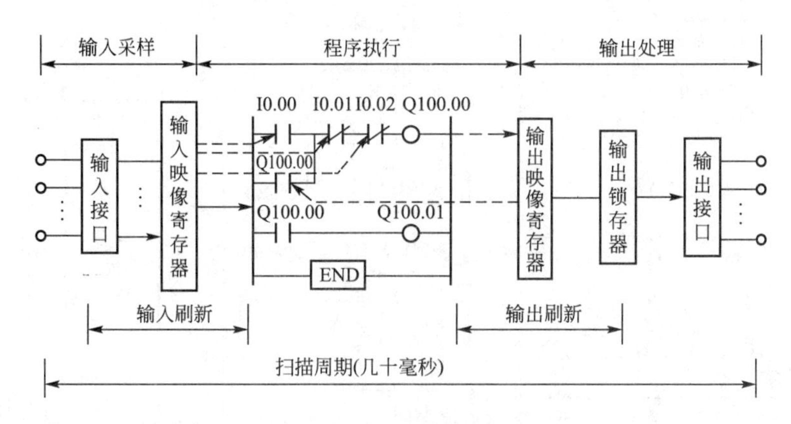

图 1.13　PLC 用户程序扫描过程

1）输入采样阶段

CPU 将全部现场输入信号，如按钮、限位开关、速度继电器的通断状态经 PLC 的输入接口读入输入映像寄存器，这一过程称为输入采样。输入采样结束后进入程序执行阶段后，期间即使输入信号发生变化，输入映像寄存器内数据也不再随之变化，直至一个扫描循环结束，下一次输入采样时才会更新。这种输入工作方式称为集中输入方式。

2）程序执行阶段

PLC 在程序执行阶段，若不出现中断或跳转指令，就根据梯形图程序从首地址开始按自上而下、从左往右的顺序进行逐条扫描执行，扫描过程中分别从输入映像寄存器、输出映像寄存器及辅助继电器中将有关编程元件的状态数据“0”或“1”读出，并根据梯形图规定的逻辑关系执行相应的运算，运算结果写入对应的元件映像寄存器中保存。而需向外输出的信号则存入输出映像寄存器，并由输出锁存器保存。在这一阶段，除了输入映像寄存器的内容保持不变外，其他映像寄存器的内容会随着程序的执行而变化，排在上面的梯形图指令的执行结果会对排在下面的凡是用到状态或数据的梯形图起作用。

3）输出处理阶段

CPU 将输出映像寄存器的状态经输出锁存器和 PLC 的输出接口传送到外部去驱动接

触器和指示灯等负载。这时输出锁存器保存的内容要等到下一个扫描周期的输出阶段才会被再次刷新。这种输出工作方式称为集中输出方式。

在某一个扫描周期里执行用户程序的具体过程如图 1.14 所示。

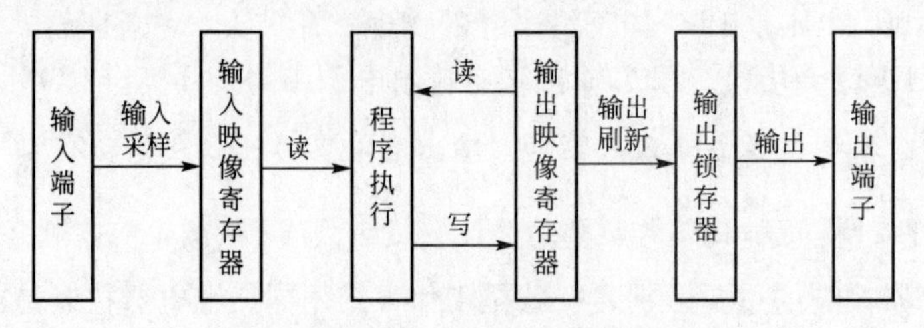

图 1.14　PLC 的 I/O 处理示意图

PLC 的一个扫描过程除了完成上述三个阶段的任务外，还要完成内部诊断、通信、公共处理及 I/O 服务等辅助任务，如图 1.15 所示。

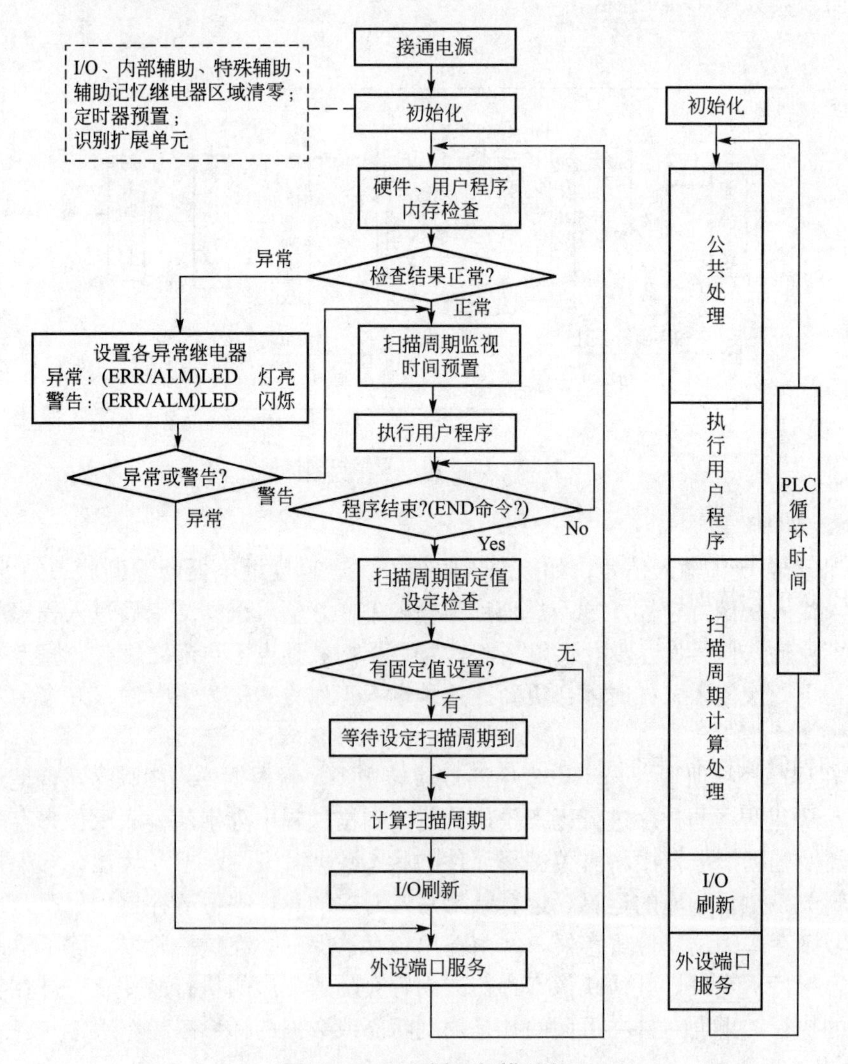

图 1.15　PLC 循环扫描过程

PLC上电后，在系统程序的监控下周而复始地按一定的顺序对系统内部的各种任务进行查询、判断和执行等。

对于继电器控制电路，根据工艺要求，操作人员可能随时进行操作，因此，PLC只扫描一个周期是无法满足要求的，必须周而复始地进行扫描，这就是循环扫描。在扫描时间小于继电器动作时间的情况下，继电器硬逻辑电路并行工作方式和PLC的串行工作方式的处理结果是相同的。但是，PLC的串行工作方式可以有效地避免继电器控制系统中易出现的触点竞争和时序失配的问题。

注意：由于PLC是扫描工作过程，在程序执行阶段即使输入发生了变化，输入映像寄存器的内容也不会变化，要等到下一周期的输入处理阶段才能改变。

考考您？

1. 请简述PLC控制电动机全压起动的扫描过程。
2. PLC处于运行状态时，输入端状态的变化，将在何时存入输入映像寄存器？
3. PLC处于运行状态时，输出锁存器中所存放的内容是否会随着用户程序的运行而立即变化？为什么？

4. 扫描周期

PLC周而复始地扫描执行图1.15中的几项内容，每一次执行的时间称为扫描周期，完成一个周期后又重新执行上述过程。扫描周期的长短取决于系统配置、I/O点数、所用的编程指令及是否接有外设。当用户程序较长时，指令执行时间在扫描周期中将占相当大的比例。一般PLC的一个扫描周期小于100ms，目前欧姆龙公司的CJ1系列，执行30000步程序的扫描周期时间仅为1.2ms，而普通继电器的动作时间大于100ms。

5. I/O响应时间

I/O响应时间是指PLC接收到一个输入信号以后，到输出控制信号所需的时间。由PLC的扫描方式得知，输入采样(刷新)阶段和输出刷新阶段都是在一个扫描周期的适当期间进行的，而且是集中输入和集中输出，这就导致了输出信号对于输入信号响应的滞后，当PLC恰巧在更新输入的扫描阶段优先接收到一个输入信号时，响应最快。此时响应时间等于PLC的扫描时间加上输入ON延迟时间和输出ON延迟时间，如图1.16所示。当PLC恰好在更新输入的扫描阶段之后接收到一个输入信号时，则响应时间最长。这是因为CPU要到下一次扫描的末尾才能读取输入信号，所以最大响应时间等于PLC两次扫描时间加上输入ON延迟时间和输出ON延迟时间，如图1.17所示。

响应时间(或称滞后时间)最长为两个扫描周期。CP1H系列的扫描速度是0.1ms/K步(条件：基本指令占50%，MOV指令占30%，算术指令占20%)，最长响应时间不到100ms，对于一般的工业系统，这种循环刷新所带来的滞后时间是能够接受的。对于要求快速响应的场合，则要采取其他措施。

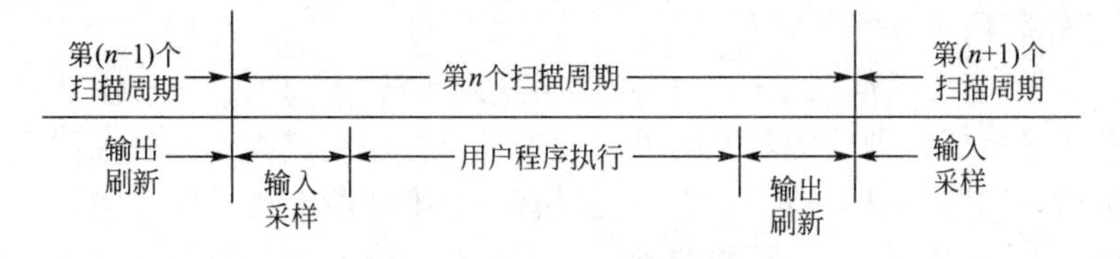

图1.16　最小I/O响应时间

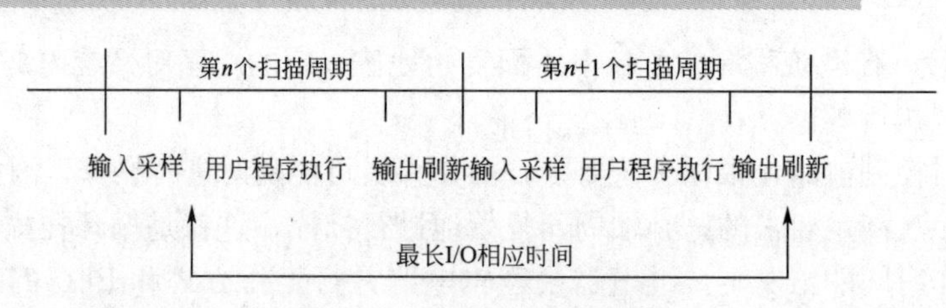

图 1.17 最大 I/O 响应时间

1）定时刷新

定时刷新是在用户程序执行阶段中，每隔一定时间对输入映像寄存器进行一次刷新，从而减小了滞后时间。

2）执行指令刷新

有些 PLC 使用专门指令对某个输入映像寄存器或输出映像寄存器进行刷新。欧姆龙公司的 CP1H 系列 PLC 有一条 I/O 刷新指令 IORF(097)，用户可随时刷新指定的 I/O 单元。

3）执行指令立即刷新

欧姆龙公司的 CP1H 系列 PLC，常规的输入指令是 LD、AND、OR、LD NOT、AND NOT 及 OR NOT，常规的输出指令是 OUT 及 OUT NOT。常规的 I/O 刷新即循环刷新是指 CPU 的内存与 I/O 单元的状态和数据交换，而立即刷新是对指令所访问字(通道)的 I/O 单元进行状态和数据交换，一个立即刷新包括指定位的 8 个位(最左或最右 8 位)。立即刷新梯形图如图 1.18 所示。

图 1.18 立即刷新梯形图

6. PLC 的中断处理

综上所述，外部信号的输入总是通过可编程控制器扫描由“输入传送”来完成，这就不可避免地带来了“逻辑滞后”。PLC 能不能像计算机那样采用中断输入的方法，即当有中断申请信号输入后，系统会中断正在执行的程序而转去执行相关的中断子程序；系统若有多个中断源时，它们之间按重要性是否有一个先后顺序的排队；系统能否由程序设定允许中断或禁止中断等。PLC 关于中断的概念及处理思路与一般微机系统基本是一样的，但也有特殊之处。

1）响应问题

一般微机系统的 CPU，在执行每一条指令结束时去查询有无中断申请。而 PLC 对中断的响应则是在相关的程序块结束后查询有无中断申请和在执行用户程序时查询有无中断申请，如有中断申请，则转入执行中断服务程序。如果用户程序以块式结构组成，则在每块结束或实行块调用时处理中断。

2）中断源先后顺序及中断嵌套问题

在 PLC 中，中断源的信息是通过输入点而进入系统的，PLC 扫描输入点是按输入点编号的先后顺序进行的，因此中断源的先后顺序只要按输入点编号的顺序排列即可。系统接到中断申请后，顺序扫描中断源，它可能只有一个中断源申请中断，也可能同时有多个中断源申请中断。系统在扫描中断源的过程中，就在存储器的一个特定区建立起“中断处

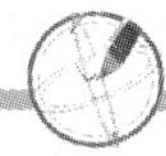

理表”，按顺序存放中断信息，中断源被扫描过后，中断处理表也已经建立完毕，系统就按该表顺序先后转至相应的中断子程序入口地址工作。

必须说明的是，多中断源可以有优先顺序，但无嵌套关系，即中断程序执行中，若有新的中断发生，不论新中断的优先顺序如何，都要等执行中的中断处理结束后，再进行新的中断处理。所以在 PLC 系统工作中，当转入下一个中断服务子程序时，并不自动关闭中断，所以也没有必要去开启中断。

3）中断服务程序执行结果信息输出问题

PLC 按巡环扫描方式工作，正常的 I/O 在扫描周期的一定阶段进行，这给外设希望及时响应带来了困难。采用中断输入，解决了对输入信号的高速响应。当中断申请被响应，在执行中断子程序后有关信息应当尽早送到相关外设，而不应等到扫描周期的输出传送阶段，就是说对部分信息的 I/O 要与系统 CPU 的周期扫描脱离，可利用专门的硬件模块(如快速响应 I/O 模块)或通过软件利用专门指令使某些 I/O 立即执行来解决。

7. PLC 工作模式

PLC 的 CPU 单元通常有以下三种工作模式。

1）程序模式(PROGRAM)

该模式下程序为停止状态。PLC 系统的初始设定、程序的传送、程序的检查、强制置位/复位等的程序执行前的准备，要在该模式下进行。

2）监视模式(MONITOR)

该模式下程序为执行状态，可进行联机编辑、强制置位/复位、I/O 存储器的当前值变更等操作。试运行时的调整等可在该模式下进行。

3）运行模式(RUN)

该模式为程序的执行状态。

通过 PLC 系统设定，在电源为 ON 时，可指定上述三种工作模式中的一种。

项 目 小 结

1. PLC 发展于汽车制造业，以计算机技术、自动控制技术和微电子技术的发展为基础，从最早的开关量逻辑控制，逐步发展为具有模拟量控制、过程控制、数据处理、通信及联网等多功能的现代工业控制装置。PLC 具有可靠性高、抗干扰能力强，编程简单、易学易用，灵活性和通用性强、功能完善、适用面广，体积小、安装使用维护方便等特点。

2. PLC 相对于继电器控制的不同之处有：组成器件不同；控制方式不同；工作方式不同；接线方式不同；功能范围不同。最大的不同是：I/O 逻辑关系是存储在 PLC 内的用户程序(梯形图)实现。

3. PLC 的基本构成：硬件系统和软件系统。PLC 的硬件系统主要由中央处理器(CPU)、存储器、输入/输出单元、通信接口、扩展接口、电源等部分组成。软件系统是指管理、控制、使用 PLC，确保 PLC 正常工作的一整套程序，包括系统程序和用户程序。

4. PLC 的工作原理：集中输入，集中输出，循环扫描的方式进行工作。

思考与练习

1. PLC 的定义是什么？为什么说 PLC 是一种数字运算的电子系统？
2. PLC 有哪些主要特点？
3. PLC 的主要功能有哪些？
4. PLC 由哪几部分组成？各有什么作用？
5. PLC 采用什么样的工作方式？有何特点？
6. 什么是 PLC 的扫描周期？其扫描过程分为哪几个阶段？各阶段完成什么任务？
7. 试对 PLC、继电器控制系统、微机控制进行比较。
8. PLC 是如何分类的？按结构形式的不同，PLC 可分为哪几类？各有什么特点？
9. PLC 有哪几方面的应用？
10. 为什么 PLC 的软继电器触点可以无数次使用？
11. 为什么 PLC 具有高可靠性？
12. PLC 扫描过程中输入映像寄存器和元件映像寄存器各起什么作用？

项目 2

认识 CP1H 系列可编程控制器

项目导读

CP1H 系列 PLC 是欧姆龙公司于 2005 年推出的新型 PLC。它是一款集众多功能于一身的整体机。本项目以 CP1H 系列 PLC 为例，讲解其硬件结构、基本功能和型号规格、内部软元件地址分配及功能等，通过对典型机型的学习，进一步熟悉 PLC 的硬件配置。同时，本项目还介绍了 PLC 的编程方式及与 CP1H 系列 PLC 相适应的编程软件的使用，为后面的指令系统和 PLC 控制系统的设计打好基础。

知识目标	➢ 了解 CP1H 系列 PLC 的结构、类型 ➢ 掌握 CP1H 系列 PLC 的软元件地址范围及应用 ➢ 熟悉 PLC 编程语言 ➢ 掌握 CX-Programmer 编程软件的使用
能力目标	➢ 能够说出 CP1H 系列 PLC 的结构组成 ➢ 能够正确选用 PLC 内部编程软元件 ➢ 能够用 CX-Programmer 编程软件进行程序编写

2.1 CP1H 系列 PLC 简介

2.1.1 CP1H 系列 PLC CPU 单元的基本结构

欧姆龙 CP1H 系列 PLC 采用整体式结构，除了中央处理单元(CPU)、存储器、I/O 单元、电源外，CPU 单元上还有外设端口、通信端口，还可以加选通信板和扩展存储器板。将 CPU 单元、内部电源、I/O 部件以及外设端口等组成一体化的整体，统称为 CPU 单元。按 PLC 中使用 CPU 单元来分，CP1H 系列 PLC 可分为基本的 X 型、带内置模拟量 I/O 的 XA 型、带专用脉冲 I/O 端子的 Y 型三种。各 CPU 单元型号一览表见表 2－1。

表 2－1　CP1H 系列 PLC 各 CPU 单元型号一览表

单元型号		X 型		XA 型		Y 型
		CP1HX40DR－A	CP1HX40DT－D CP1HX40DT1－D	CP1HXA40DR－A	CP1HXA40DT－D CP1HXA40DT1－D	CP1HY20DT－D
电源		AC100～240V	DC 24V	AC100～240V	DC 24V	DC 24V
程序容量		20K 步				
最大 I/O 点数		320 点				300 点
通用 I/O	I/O 点数	40 点				20 点
	输入点数	24 点				12 点
	输入规格	DC 24V				
	中断脉冲接收输入	最大 8 点				最大 6 点
	输出点数	16 点				8 点
高速计数输入	输出规格	继电器输出	晶体管输出	继电器输出	晶体管输出	晶体管输出
	高速计数器输入	4 轴 100kHz(单相)/50kHz(相位差)				2 轴 100kHz/50kHz
	高速计数专用端子	无				2 轴 1MHz/500kHz
脉冲输出	内置输入输出端子	2 轴 100kHz 2 轴 30kHz				2 轴 30kHz
	脉冲输出专用端子	无				2 轴 1MHz
内置模拟输出		无		模拟电压/电流输入：4 点 模拟电压/电流输出：2 点		无

注：CP1HXA40DT－D 型为晶体管输出(漏型)，CP1HXA40DT1－D 型为晶体管输出(源型)。

问题1 表2-1中的各CPU单元型号含义是什么?

CP1H系列PLC CPU单元的型号含义如图2.1所示。

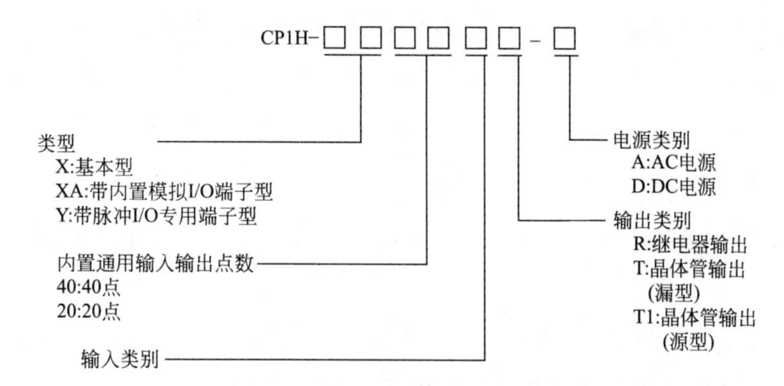

图2.1 CP1H系列PLC CPU单元的型号含义

CP1H系列PLC各CPU单元的结构总体上相似，但对某一种具体型号，其结构上也有所差别。以下介绍CP1H系列PLC中的CP1H-XA40DR-A型CPU单元，其结构如图2.2所示。

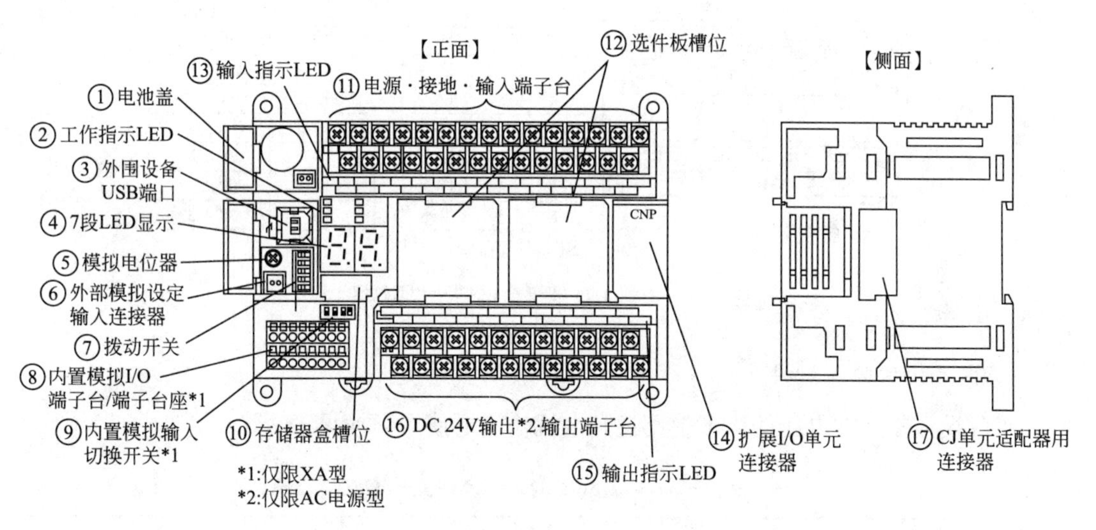

图2.2 CP1H-XA40DR-A型CPU单元结构图

CP1H-XA40DR-A型CPU单元各部分功能简要说明如下。

1. 电池盖

打开电池盖可将电池放入，用作RAM的后备电源，将保持继电器、数据内存、计数器(标志当前值)进行电池备份。

2. 工作指示LED

指示CP1H系列PLC的工作状态，各指示灯的状态见附录1。

3. 外围设备USB端口

与电脑连接，由CX-Programmer进行编程及监视。

4. 7段LED显示

在2位的7段LED上显示CP1H系列PLC CPU单元的异常信息及模拟电位器操作时的当前值等CPU单元的状态。此外，可用梯形图程序显示任何代码。

5. 模拟电位器

通过旋转电位器，可使A642 CH的值在0～255范围内任意变更。

6. 外部模拟设定输入连接器

通过外部施加0～10V电压，也可将A643 CH的值在0～255范围内任意变更。

7. 拨动开关

各拨动开关功能见附录2。

8. 内置模拟I/O端子台

模拟输入4点、模拟输出2点。模拟I/O端子台排列及引脚功能如图2.3所示。内置模拟I/O规格见附录3。

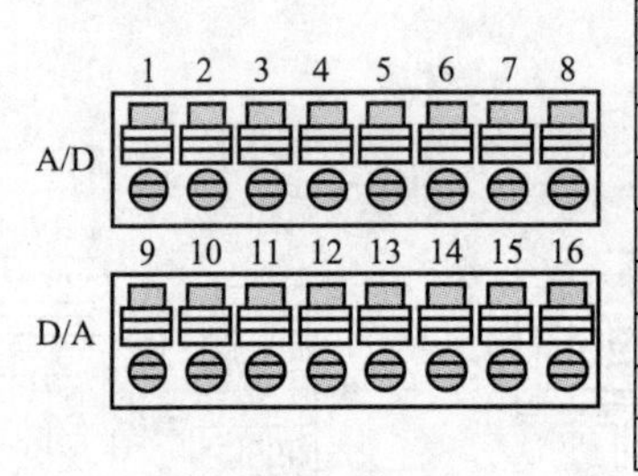

引脚No.	功能
1	IN1+
2	IN1−
3	IN2+
4	IN2−
5	IN3+
6	IN3−
7	IN4+
8	IN4−

引脚No.	功能
9	OUT V1+
10	OUT I1+
11	OUT1−
12	OUT V2+
13	OUT I2+
14	OUT2−
15	IN AG*
16	IN AG*

*:不连接屏蔽线。

图2.3 模拟I/O端子台排列及引脚功能

9. 内置模拟输入切换开关

将各模拟输入在电压输入下使用还是电流输入下使用切换见表2－2。

表2－2 内置模拟输入切换开关一览表

No.	设定	设定内容	出厂时的设定
SW1	ON	模拟输入1 电流输入	OFF
	OFF	模拟输入1 电压输入	
SW2	ON	模拟输入2 电流输入	
	OFF	模拟输入2 电压输入	
SW3	ON	模拟输入3 电流输入	
	OFF	模拟输入3 电压输入	
SW4	ON	模拟输入4 电流输入	
	OFF	模拟输入4 电压输入	

10. 存储器盒槽位

安装CP1W－ME05M(512KB)，可将CP1H系列PLC的CPU单元的梯形图程序、参数、数据内存(DM)等传送并保存到存储器盒。

11. 电源、接地、输入端子台

其作用见表2－3。

表2－3　电源、接地、输入端子台作用一览表

电源端子	供给电源(AC 100～240V或DC 24V)
接地端子	功能接地：为了强化抗干扰性、防止电击，必须接地 保护接地：为了防止触电，必须进行D种接地(第三种接地)
输入端子	连接输入设备

数字量(开关量)输入单元的接点分配图如图2.4所示。X/XA型CPU单元的输入继电器占用0CH的位00～11为止的12点，1CH的位00～11为止的12点，共计24点。因为0CH/1CH的高位位12～15通常被系统清除，故不可以作为内部辅助继电器使用。CP1H－XA型PLC数字量(开关量)输入单元性能指标见附录3。

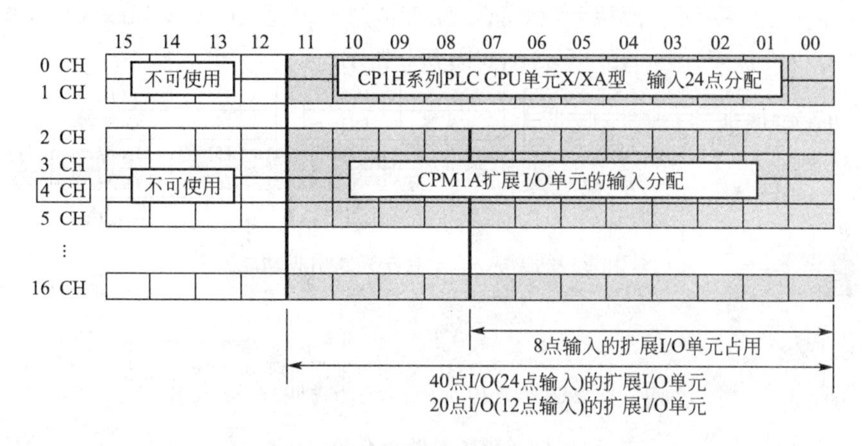

图2.4　CP1H－X/XA型PLC输入接点的分配

在选用开关量输入单元和开关类元件时，应注意以下几点。

① 关于有源开关元件的输出电压。有源开关元件的输出电压应符合CPU单元规定的电压范围，如光敏类接近开关和磁敏类接近开关，可在现场调整开关元件与移动件的距离来得到符合CPU单元规定的电压范围，并由开关量输入单元的LED指示灯来确认。

② 关于开关元件的动作频率。以CP1H－XA型开关量输入单元为例，它的ON和OFF响应时间最长均为1ms，从而限制了开关元件的动作频率。例如，采用增量式旋转编码器检测一个机械轴的转速或转角，编码器每转发出100个脉冲，由输入单元的某一位来计数，则机械轴的转速不能超过5r/s，以保证计数准确。

③ 关于输入单元的公共端(COM)。在生产现场，有些开关元件不能有公共端，因此在选用输入单元时应注意它的回路数，例如，CP1H 系列 PLC 输入单元的回路数为 1，在这种情况下，应选用多回路数且公共端在内部是隔离的输入单元。

④ 关于电源的极性。不同类型的有源开关元件对电源的极性有不同的要求，故各公司 PLC 开关量输入单元的外接电源可任意，但是，在同一个回路中必须是同一极性。

⑤ 关于同时接通的输入点数的限制。在高温下，同时接通的输入点数是受限制的，因为过热会导致内部器件过早损坏。在生产现场，应将常开和常闭开关元件进行搭配，从而延长输入单元的使用寿命。

12. 选件板槽位

可分别将选件板安装到槽位 1 和槽位 2 上，包括 RS-232C 选件板 CP1W-CIF01 和 RS-422A/485 选件板 CP1W-CIF11。

13. 输入指示灯 LED

输入端子的接点为 ON 则灯亮。

14. 扩展 I/O 单元连接器

CP1H 系列整体式 PLC，其 CPU 单元中装配了 20～40 点的 I/O 电路。如果 I/O 点数不够用或需要模拟量 I/O 时，可连接 CPM1A 系列的扩展 I/O 单元(I/O 40 点、I/O 20 点、I/O 8 点)及扩展单元(模拟 I/O 单元、温度传感器单元、CompoBus/S I/O 连接单元、DeviceNet I/O 连接单元)，最大 7 台，如图 2.5 所示。

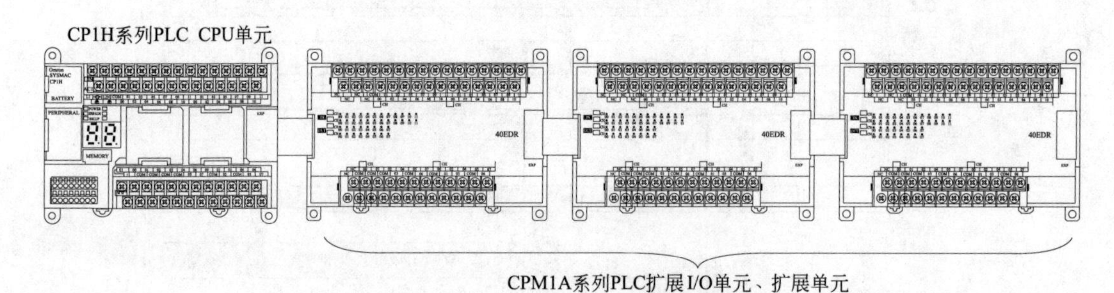

图 2.5 CP1H 系列 PLC 的扩展图

15. 输出指示灯 LED

输出端子的接点为 ON 则灯亮。

16. 外部供给电源/输出端子台

XA/X 型 CPU 单元的 AC 电源规格的机型中，带有 DC 24V，最大 300mA 的外部电源供给端子，可作为输入设备用的服务电源来使用。

X/XA 型 CPU 单元的输出继电器占用 100CH 的位 00～07 为止的 8 点，101CH 的位 00～07 为止的 8 点，共计 16 点。100CH/101CH 的高位位 08～15 可作为内部辅助继电器使用。图 2.6 是 CP1H-XA 型 PLC 输出单元的接点分配图。CP1H 系列 PLC 数字量(开关量)输出单元的性能指标见附录 3。

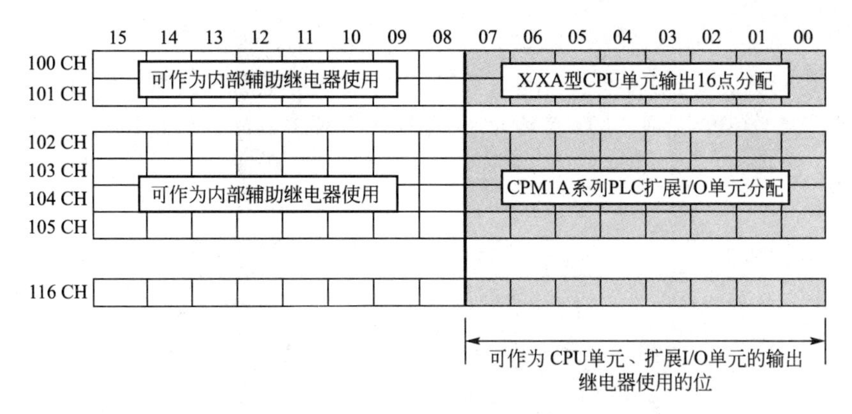

图 2.6　CP1H－XA 型 PLC 数字量(开关量)输出接点的分配

知识小提示

在选用接点输出单元和负载时，应注意以下几点。

① 关于负载。当负载为感性负载时，应该在负载上并联合适的浪涌吸收器，防止噪声，减小碳化物和氮化物沉积的产生，延长继电器的寿命。

电阻、电容串联电路是最基本的浪涌吸收器，适用于交流或直流外接电源，如果电源电压为24V或48V，浪涌吸收器并联在负载上，如果电源电压为100V或220V，浪涌吸收器并联在接点上，对于交流电路，应使用无极性电容器。每1A接点电流，电容器容量为0.5～1 μF，每1V接点电压，电阻器的阻值应为0.5～1Ω，这些数值随负载特性的不同而变化，可通过实验来确定。

压敏电阻也是一种浪涌吸收器，利用压敏电阻的恒压特性来防止接点间产生高压。如果电源电压为24V或48V，压敏电阻并联在负载上，如果电源电压为100V或220V，压敏电阻并联在接点上。

若外接电源仅为直流电源，也可采用二极管作为浪涌吸收器，反向并联在负载上，二极管将感性负载线圈内积聚的电能转变为流入线圈的电流，该电流通过感性负载的电阻被转化为焦耳热。二极管反向耐压值应至少为电源电压值的10倍。二极管正向电流应不小于负载电流。雪崩二极管(TRS)利用其雪崩效应来实现过电压钳位，响应速度更快。

② 关于接点的开关频率。以CP1H系列PLC接点输出单元为例，它的ON和OFF响应时间一般为15ms左右，从而限制了开关元件的动作频率。附录中表F3－2中的电器寿命是在最大1800次/h(0.5Hz)和环境温度为23℃实验条件下得到的，对于感性负载，若以此频率运行，继电器可使用55.55h，按每天两个班次计算，继电器仅能使用3.47d。另外，各种浪涌吸收器都会延长继电器原有的ON和OFF响应时间。因此，接点输出单元不宜用在频繁动作的场合。

③ 关于接点输出单元的公共端(COM)。在生产现场，有些负载不能有公共端，因此在选用接点输出单元时应注意它的回路数，如C200H－OC225的回路数为1(16点/公共端)，在这种情况下，应选用多回路数且公共端在内部是隔离的输出单元或独立接点输出单元，CP1H－XA40DR－A型PLC有6个独立的公共端和6组独立接点。

④ 关于电源的极性。不同类型的负载要求不同的电源，故各公司PLC接点输出单元的外接电源可为交流电源或直流电源，且直流电源的接法可任意，但是，在一个回路中必须是同一极性。

⑤ 关于同时接通的接点数的限制。在高温下，同时接通的接点数是受限制的，因为过热会导致内部器件过早损坏。在生产现场，应将经常处于通态和经常处于断态的负载进行搭配，从而延长接点输出单元的使用寿命。

17. CJ 单元适配器用连接器

CP1H 系列 PLC CPU 单元的侧面连接要用 CJ 单元适配器 CP1W－EXT01，故可以连接 CJ 系列特殊 I/O 单元或 CPU 总线单元最多合计两个单元。但是注意 CJ 系列的基本 I/O单元不可以连接。CJ 系列扩展单元连接框图如图 2.7 所示。

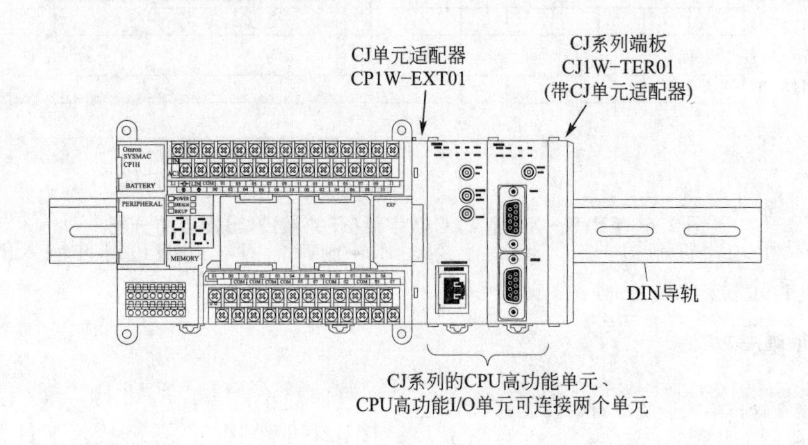

图 2.7　CJ 系列扩展单元连接示意图

2.1.2　CP1H 系列 PLC 的功能

欧姆龙 CP1H 系列 PLC 是一种整体式结构的小型 PLC，其内嵌 4 轴高速脉冲输出功能、模拟 I/O 功能、串行通信功能，分辨率 1/6000、1/12000 可选；通过扩展 CPM1A 系列 PLC 的扩展 I/O 单元，CP1H 系列 PLC 经扩展整体可以达到最大 320 点的 I/O；通过扩展 CPM1A 系列 PLC 的扩展单元，也能够进行功能扩展，如温度传感器输入等；通过安装选件板，可进行 RS－232C 通信或 RS－422A/485 通信，如与 PT、条形码阅读器、变频器等的连接，通过扩展 CJ 系列高功能单元，可扩展向高位或低位的通信功能等。CP1H 系列 PLC 具有指令丰富、可靠性高、适应性好、结构紧凑、便于扩展、性价比高等特点，大大提高了 PLC 的应用能力。

1. 中断功能

CP1H 系列 PLC 的 CPU 单元，通常采用周期性循环“公共处理—程序执行—I/O 刷新—外设端口服务”的处理，执行周期性任务。与此不同，根据特定要求的发生，可以在该周期执行任务的中途中断，使其执行特定的程序，这就是中断功能。CP1H 系列 PLC 具有输入中断、定时中断、高速计数器中断、外部中断等功能。

2. 快速响应功能

由于 PLC 的输出对输入的响应速度受扫描周期的影响，在某些特殊情况下可能使一些瞬间的输入信号被漏掉。为了防止发生这种情况，CP1H 系列 PLC 设计了快速响应输入功能，通过将 CPU 单元内置输入作为脉冲接收功能，与扫描周期时间无关，可随时接收最小脉冲信号宽度为 30μs 的输入信号。X/XA 型 CPU 单元最大可使用 8 点，Y 型 CPU 单元最大可使用 6 点。

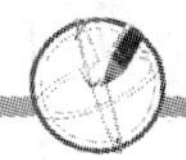

3. 高速计数器功能

在内置输入上连接旋转编码器，可进行高速脉冲输入。CP1H 系列 PLC 有 4 个高速计数器，高速计数器的输入模式有 4 种：递增模式、相位差输入、加/减模式、脉冲+方向模式。

使用高速计数器时，部分内容要预先在 CX-Programmer 编程软件上进行设置，否则高速计数器不会工作。

4. 模拟 I/O 功能

XA 型 CPU 单元中内置模拟输入 4 点及模拟输出 2 点。I/O 分别可选择：0～5V、1～5V、0～10V、−10～10V、0～20mA、4～20mA 共 6 种方式。

5. 脉冲输出功能

从 CPU 单元内置输出中发出固定占空比脉冲输出信号，并通过脉冲输入的伺服电动机驱动器进行定位/速度控制。

6. 串行通信功能

CP1H 系列 PLC CPU 除利用 USB 端口进行通信外，CP1H 系列 PLC 的 CPU 单元还支持的串行通信功能有串行网关、串行 PLC 链接、上位链接、NT 链接、工具总线等。

7. 模拟设定电位器/外部模拟设定输入功能

通过用螺钉工具旋转 CP1H 系列 PLC 的 CPU 单元的模拟设定电位器，可将特殊辅助继电器(A642 CH)的当前值在 0～255 的范围内自由地变更。通过外部模拟设定输入连接器，从外部输入 0～10V 的电压，可将特殊辅助继电器(A643 CH)的当前值在 0～255 的范围内自由地变更。

8. 7 段 LED 显示功能

通过 2 位的 7 段 LED，显示 CP1H 系列 PLC 的 CPU 单元的异常信息及模拟电位器的当前值。此外，还可通过编写梯形图程序，显示用户定义的任何代码。如当前为正常情况，LED 不点亮，没有任何信息显示；若 PLC 报错，ARR/ALARM 灯点亮，从 LED 中可以读取其错误信息，便于用户对 CPU 当前工作状况进行监视。

9. 存储盒功能

CP1H 系列 PLC 的 CPU 单元有专用的存储盒，可用于备份梯形图程序、参数和内存数据等。

10. 无电池运行功能

CP1H 系列 PLC 的 CPU 单元中，通过保存内置闪存中用于备份的数据，可在未安装电池的状态下运行。

11. 程序保护功能

在编程软件中，可以设定密码进行读取保护。如果向“密码解除”对话框连续 5 次输入错误密码，则其在 2h 内不再接受密码输入，以强化装置内 PLC 数据的安全性。

12. 故障诊断功能

为检测用户定义异常的指令(FAL 指令和 FAIS 指令)，可进行将特殊辅助继电器置位，将故障代码置于特殊辅助继电器，在异常记录区域中设置故障代码及发生时刻，使CPU单元的LED灯亮或闪烁。

13. 时钟功能

CP1H系列PLC的CPU单元有内置时钟，可通过电池进行备份。

2.2 编程软件的使用

2.2.1 PLC的编程方式

PLC的用户程序是在用户环境下由使用者编写的应用程序，即用户利用PLC的编程语言，根据控制要求编制的程序。所谓用户环境，是指用户数据结构、用户元件区分配、用户程序存储区以及用户参数等。用户程序是用户使用编程器输入的编程指令或使用编程软件由计算机下载的梯形图程序。在PLC的应用中，最重要的是用PLC的编程语言来编写用户程序，以实现控制目的。

问题2　PLC的编程语言究竟有哪些?

PLC编程语言是多种多样的，对于不同生产厂家、不同系列的PLC产品采用的编程语言的表达方式也不相同，但基本上可归纳两种类型：一是采用字符表达方式的编程语言，如语句表等；二是采用图形符号表达方式编程语言，如梯形图等。此外还有结构化文本、功能块图和顺序功能图等编程语言。下面介绍应用软件中常用的梯形图和指令表两种编程语言。

1. 梯形图

梯形图语言是一种以图形符号及图形符号在图中的相互关系表示控制关系的编程语言，是从继电器电路图演变过来的。但发展到今天两者之间已经有了极大的差别。

PLC的梯形图由左右母线、连接线、接点、输出线圈、应用指令组成。梯形图以独立的接点和线圈的组合作为一条，左边以左母线开始，右边以右母线终止。左母线相当于继电器电路的电源正极，右母线相当于电源负极，程序由多电路构成，如图2.8所示。在梯形图中，动合接点符号用─┤├─表示，动断接点符号用─┤/├─表示，线圈用符号─○─表示。

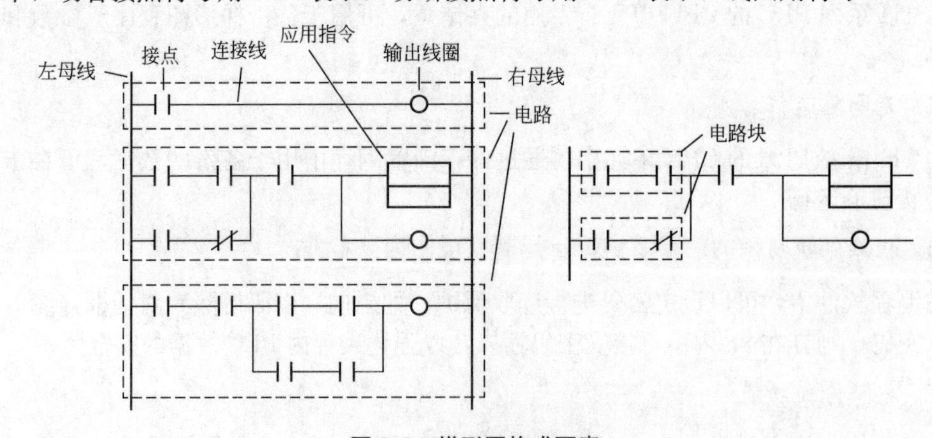

图2.8　梯形图构成要素

1）PLC 编程应遵循的基本规则

(1) 输入/输出继电器、辅助继电器、定时器、计数器等软元件的接点可以多次重复使用，不需要用复杂的程序结构来减少接点的使用次数。

(2) 梯形图每一行都是从左母线开始，线圈止于右母线。接点不能直接接右母线；线圈不能直接接左母线。

(3) 在程序编写中一般不允许双重线圈输出，步进顺序控制除外。

(4) PLC 程序编写中所有的继电器的编号，都应在所选 PLC 软元件列表范围内。

(5) 梯形图中不存在输入继电器的线圈。

2）合理设计梯形图

(1) 程序的编写应按照自上而下、从左到右的方式编写。为了减少程序的执行步数，程序应"左大右小、上大下小"，尽量不出现电路块在右边或下边的情况，如图 2.9 所示。

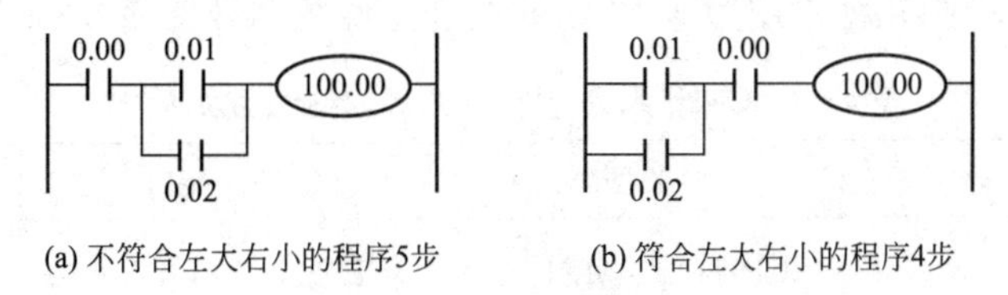

(a) 不符合左大右小的程序5步　　(b) 符合左大右小的程序4步

图 2.9　梯形图编写

(2) 依照扫描的原则，程序处理时尽可能让同时动作的线圈在同一个扫描周期内。

2. 指令表

指令表又称语句表、命令语句、梯形图助计符等。这种编程语言是一种与计算机汇编语言相类似的助记符编程方式，用一系列操作指令组成的语句表将控制流程表达出来，并通过编程器送到 PLC 中去。每一条指令由语句步、操作码、操作数组成。语句步是用户程序中语句的序号，一般由编程器自动依次给出。操作码就是 PLC 指令系统中的指令代码，指令助记符，它表示需要进行的工作。梯形图符号与助记符语句存在一一对应关系，如图 2.10 所示。

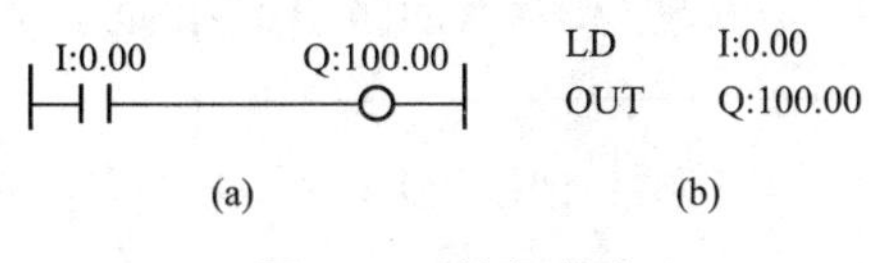

(a)　　(b)

图 2.10　编程方式

语句表的编辑规则如下。

(1) 利用 PLC 基本指令对梯形图编程时，必须按梯形图接点从左至右、自上而下的原则进行。

(2) 在处理较复杂的接点结构时，如接点块的串联、并联或堆栈相关指令，指令表的表达顺序为：先写出参与因素的内容，再表达参与因素间的关系。

2.2.2　CP1H 系列 PLC 的软元件

既然 PLC 的梯形图是由左右母线、连接线、接点、输出线圈、应用指令等要素组成，那么这些要素在梯形图当中应该怎样来编写。

问题 3　梯形图里的继电器与继电控制电路里的继电器一样吗?

1. CP1H 系列 PLC 的软元件地址分配及功能

继电器控制电路中的继电器是真实的，是由硬件构成的；而 PLC 中的继电器，则是虚拟的，是由软件构成的。PLC 中每个继电器其实是 PLC 内部存储单元中的一位，称为软继电器。PLC 内部有大量由软件组成的内部继电器，这些软元件要按一定的规则进行地址编号。

因为早期的 PLC 是针对顺序控制和逻辑控制的继电器-接触器电路设计的，为了方便电气人员使用 PLC，使用继电器电路的术语对 PLC 的内部存储器区进行分配。不同厂家、不同系列的 PLC，其内部软继电器(编程元件)的功能和编号也不相同，因此用户在编制程序时，必须熟悉所选用 PLC 的每条指令涉及编程元件的功能和编号。

CP1H 系列 PLC 中几种常用型号 PLC 的编程元件及编号见表 2 - 4。

表 2 - 4　CP1H 系列 PLC 的内部软继电器及编号

类　型		X 型	XA 型	Y 型
型　号		CP1H - X40DR - A CP1H - X40DT - D CP1H - X40DT1 - D	CP1H - XA40DR - A CP1H - XA40DT - D CP1H - XA40DT1 - D	CP1H - Y20DT - D
I/O 区域	输入继电器	272 点(17 CH) 0.00～16.15		
	输出继电器	272 点(17 CH) 100.00～116.15		
	内置模拟输入继电器区域	—	200～203 CH	—
	内置模拟输出继电器区域	—	210～211 CH	—
	数据链接继电器区域	3200 点(200 CH) 1000.00～1119.15 (1000～1119 CH)		
	CJ 系列 CPU 高功能单元继电器	6400 点(400 CH) 1500.00～1899.15 (1500～1899 CH)		
	CJ 系列 CPU 高功能 I/O 单元继电器	15 360 点(960 CH) 2000.00～2959.15 (2000～2959 CH)		
	串行 PLC 链接继电器	1440 点(90 CH) 3100.00～3199.15 (3100～3199 CH)		
	DeviceNet 继电器	9600 点(600CH) 3200.00～3799.15 (3200～3799 CH)		
	内部辅助继电器	4800 点(300 CH) 1200.00～1499.15 (1200～1499 CH) 37 504 点(2 344 CH) 3800.00～6143.15 (3800～6143 CH)		
内部辅助继电器		8192 点(512 CH) W000.00～W511.15 (W0～W511 CH)		
暂时存储继电器 保持继电器		16 点 TR0～TR15 8192 点(512 CH) H0.00～H511.15 (H0～H511 CH)		
特殊辅助继电器		只读 7168 点(448CH) A0.00～A447.15 (A0～A447CH) 可读/写 8192 点(512CH) A448.00～A959.15 (A448～A959 CH)		

（续）

类　　型	X 型	XA 型	Y 型
定时器	4096 点 T0～T4095		
计数器	4096 点 C0～C4095		
数据内存	32K 字 D0～D32767 CJ 高功能 I/O 单元用 DM 区：D20000～D29599(100 字×96 号机) CJ CPU 高功能单元用 DM 区：D30000～D31599 (100 字×16 号机) Modbus-RTU 用 DM 区：D32200～D32249(1)、D32300～D32349(2)		
数据寄存器	16 点(16 位) DR0～DR15		
变址寄存器	16 点(32 位) IR0～IR15		
任务标志	32 点 TK0000～TK0031		
跟踪存储器	4000 字(跟踪对象数据最大(31 接点、6CH)时，500 采样值)		

1）输入继电器

输入继电器与输入端相连，它是专门用来接受 PLC 外部开关信号的元件。PLC 通过输入接口将外部输入信号状态(接通时为“1”，断开时为“0”)读入并存储在输入映像寄存器中。图 2.11 所示为输入继电器的等效电路。

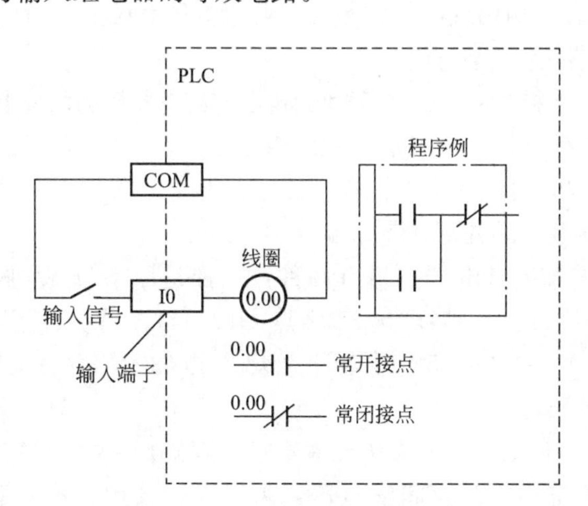

图 2.11　输入继电器的等效电路

输入继电器必须由外部信号驱动，不能用程序驱动，所以在程序中不可能出现其线圈。由于输入继电器为输入映像寄存器中的状态，所以其接点的使用次数不限。

CP1H 系列 PLC 的输入继电器以十六进制进行编号，输入继电器编号范围为 0.00～16.15，最多可达 272 点(17CH)。

注意：基本单元输入继电器的编号是固定的，扩展单元和扩展模块是按与基本单元最靠近开始，顺序进行编号。

2）输出继电器

输出继电器是用来将 PLC 内部信号输出传送给外部负载(用户输出设备)。输出继电器线圈是由 PLC 内部程序的指令驱动，其线圈状态传送给输出单元，再由输出单元对应的硬触点来驱动外部负载。图 2.12 所示为输出继电器的等效电路。

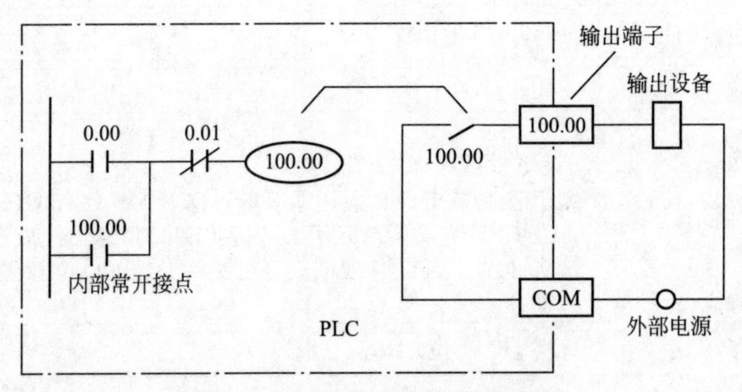

图 2.12　输出继电器的等效电路

每个输出继电器在输出单元中都对应有唯一一个常开动合触点，但在程序中供编程的输出继电器，不管是常开还是常闭接点，都可以无数次使用。

CP1H 系列 PLC 的输出继电器也是十六进制编号，输出继电器编号范围为 100.00～116.15，最多可达 272 点(17CH)。

与输入继电器一样，基本单元的输出继电器编号是固定的，扩展单元和扩展模块的编号也是按与基本单元最靠近开始，顺序进行编号。

在实际使用中，输入/输出继电器的数量，要看具体系统的配置情况。

3）内部辅助继电器

PLC 内部有很多辅助继电器，一般的辅助继电器与继电器控制系统中的中间继电器相似。

辅助继电器与输出继电器一样只能用程序指令驱动，外部信号无法驱动它的常开常闭接点，在 PLC 内部编程时可以无限次地自由使用。但是这些接点不能直接驱动外部负载，外部负载必须由输出继电器的外部接点来驱动。

CP1H 系列 PLC 的辅助继电器编号有两种：一种是以字母 W 加十六进制数来编号，编号范围 W0.00～W511.15，最多可达 8192 点(512CH)；另一种是直接用十六进制数来编号，编号范围 1200.00～1499.15，最多可达 4800 点(300CH)；3800.00～6143.15，最多可达 37504 点(2344CH)。

注意：作为内部辅助继电器，优先使用编号范围 W0.00～W511.15 的辅助继电器地址。

在逻辑运算中经常需要一些中间继电器作为辅助运算用，这些器件往往用作状态暂存、移位等运算。另外，辅助继电器还具有一些特殊功能。

CP1H 系列 PLC 常用特殊辅助继电器见表 2-5。

表 2-5　常用特殊辅助继电器一览表

功　能	地址(符号)
常 ON 触点	P-on(CF113)
开始运行时，第一个扫描周期为 ON	P-First-Cycle (A200.11)
振荡周期为 1min 的时钟脉冲	P-1 分钟(CF104)
振荡周期为 0.1s 的脉冲	P-0-1s (CF100)

（续）

功　　能	地址(符号)
振荡周期为 0.2s 的脉冲	P-0-2s (CF101)
振荡周期为 1s 的脉冲	P-1s (CF102)
CY 标志(执行指令结果有进位时为 ON)	P-CY(CF004)
GR(>)标志(比较结果大于时为 ON)	P-GT(CF005)
EQ(=)标志(比较结果等于时为 ON)	P-EQ (CF006)
LE(<)标志(比较结果小于时为 ON)	P-LT(CF007)

4）定时器 TIM

PLC 中的定时器(T)相当于继电器控制系统中的通电型时间继电器。它可以提供无限对常开常闭延时接点。定时器中有一个设定值寄存器(一个字长)，一个当前值寄存器(一个字长)和一个用来存储其输出接点的映像寄存器(一个二进制位)，这三个量使用同一地址编号，但使用场合不一样，意义也不同。CP1H 系列 PLC 的定时器编号范围为 T0～T4095，最多可达 4096 点。

5）计数器 CNT

CP1H 系列 PLC 计数器分为内部计数器和高速计数器两类。

内部计数器是在执行扫描操作时对内部信号进行计数。内部输入信号的接通和断开时间应比 PLC 的扫描周期稍长。CP1H 系列 PLC 的内部计数器编号范围为 C0～C4095，最多可达 4096 点。

高速计数器与内部计数器相比除允许输入频率高之外，应用也更为灵活，高速计数器均有断电保持功能，通过参数设定也可变成非断电保持。CP1H 系列 PLC 用内部特殊辅助继电器作为高速计数器。适合用来作为高速计数器输入的 PLC 输入端口有 0.01～0.11 及 1.00。0.01～0.11 及 1.00 不能重复使用，即某一个输入端已被某个高速计数器占用，它就不能再用于其他高速计数器，也不能用作它用。

6）数据寄存器 D

PLC 在进行 I/O 处理、模拟量控制、位置控制时，需要许多数据寄存器存储数据和参数。数据存储器是用来存储数值、数据的软元件，以字为单位。数据存储器的内容在 PLC 断电、运行开始或停止时也能保持不变。

数据寄存器为 16 位，CP1H 系列 PLC 的数据寄存器编号范围为 D0～D32767。

7）保持继电器 H

CP1H 系列 PLC 的保持继电器与内部辅助继电器相同，仅可在程序上使用，但电源从断到通或从通到断时，或者工作模式变更时，保持之前的 ON/OFF 状态的继电器。编号范围为 H0～H511，共 512 个通道。

8）暂时存储继电器 TR

在电路的分支点暂时存储 ON/OFF 状态的继电器。编号范围为 TR0～TR15，共 16 个通道。仅可用于 OUT 指令和 LD 指令，OUT 指令存储分支点的 ON/OFF 状态，LD 指令读取(再现)所存储的分支点的 ON/OFF 状态。

同一电路中的暂时存储继电器的编号不可重复使用，但是，重新设置电路情况下可重复使用。

2. CP1H 系列 PLC 的软元件地址表示方式

问题 4　CP1H 系列 PLC 编程元件如何表达?

PLC 中常用的编程元件有两种，即位元件和字元件。

1）位元件

位元件为只处理 ON/OFF 状态的元件。位元件实际上是 PLC 内存区域所提供的一个二进制位单元，又被称为软继电器，主要用作基本顺序指令的编程元件，如输入继电器、输出继电器、内部通用继电器等。其参与控制的方式主要是通过对应接点的通断状态改变影响逻辑运算结果即输出。

2）字元件

字元件为处理数据的元件。字元件为 PLC 内存区域内的一个字单元(16bit)，主要用作功能指令和高级指令的编程元件，通常用以存放数据，如数据寄存器、定时器/计数器的设定值、经过值等。字元件没有触点，通常以整体内容参与控制。

在描述 PLC 的软元件时，还经常用到以下术语：位(bit)、数字(digit)、字节(byte)、字(word)或通道(channel)。

位：二进制数的一位，仅 1、0 两个取值，分别对应继电器线圈得电(ON)或失电(OFF)及继电器触点的通(ON)或断(OFF)。

数字：4 位二进制数构成一个数字，这个数字可以是 0～9(用于十进制数的表示)，也可是 0～F(用于十六进制数的表示)。

字节：2 个数字或 8 位二进制数构成一个字节。

字：2 个字节构成一个字，也称为通道(CH)，一个通道含有 16 位(16 个继电器)。

它们之间的关系如图 2.13 所示。

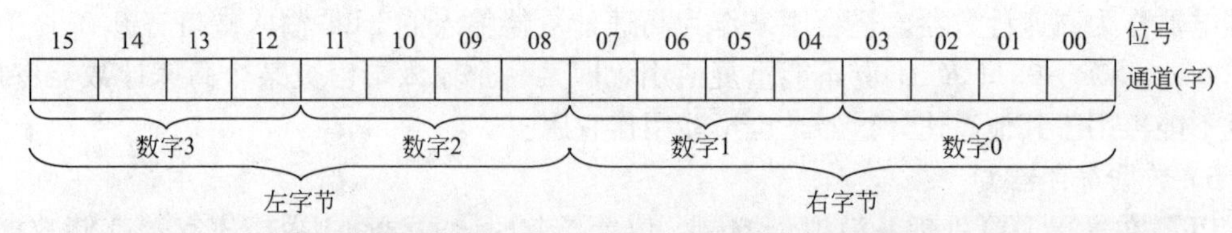

图 2.13　位、数字、字节、字(通道)的关系

位地址的指定方法如图 2.14(a)所示，它由通道号和通道内的位置号组成。例如，输入继电器 0001 通道的 03 位的表示为 1.03，H010 通道的位 08 表示为 H10.08，其中不满最大位数的通道地址高位的 0 可省略。

通道(字)地址的指定方法如图 2.14(b)所示。例如，输入通道 0010CH 的地址表示为 10，内部辅助继电器(WR)W005 CH 的地址表示为 W5，数据存储器(DM)D00200 的地址表示为 D200。

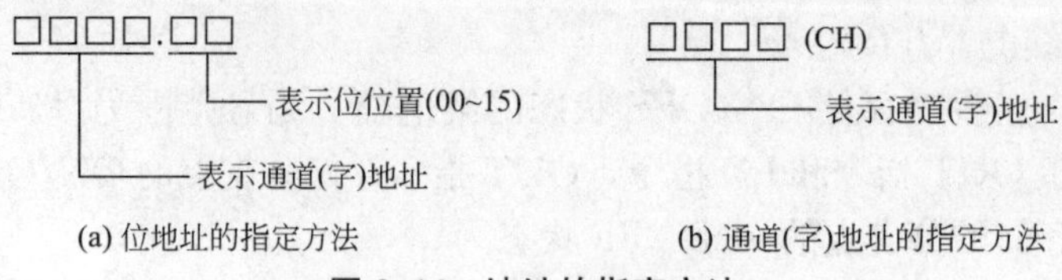

图 2.14　地址的指定方法

2.2.3　CX－Programmer 的安装及使用

前面我们已经知道了 PLC 的编程语言以及编程元件，那么怎样才能把我们编写好的程序放进 PLC 里去呢?

问题 5　CP1H 系列 PLC 编程软件如何使用?

我们有两种方式可以把编好的程序放进 PLC 里：一种是通过编程器直接把编写好的程序写进 PLC 去；另一种是通过上位机电脑，应用 PLC 的编程软件来编写程序，程序编好之后，通过电脑与 PLC 的通信线，把程序从电脑传送到 PLC 中。不同厂家生产的 PLC，他们的编程软件不同，但使用方法基本相似。下面以 CP1H 系列 PLC 的编程软件为例，介绍 PLC 编程软件的安装及使用。

1. CX－Programmer 的安装

CX－Programmer 是一个用于对欧姆龙各系列 PLC 建立程序，进行测试和维护的工具。CX－Programmer 安装运行时需在微软 Windows 环境(Microsoft Windows 98 或者更新版本、Microsoft Windows NT 4.0 或者更新版本)的标准 IBM 及其兼容机上面运行。安装 CX－Programmer 软件视计算机配置不同，对内存和硬盘剩余空间的要求也不同，一般 256M 内存，150M 硬盘空间能满足安装要求。安装时较方便，只要根据提示信息，一步一步操作即可顺利完成。

2. CX－Programmer 的使用

(1) CX－Programmer 的起动。

双击 CX－Programmer 图标，编程软件被起动，显示 CX－Programmer 程序窗口，即可进入编程环境，如图 2.15 所示。

图 2.15　CX－Programmer 程序窗口

（2）编写新程序，新建文件，如图 2.16 所示。

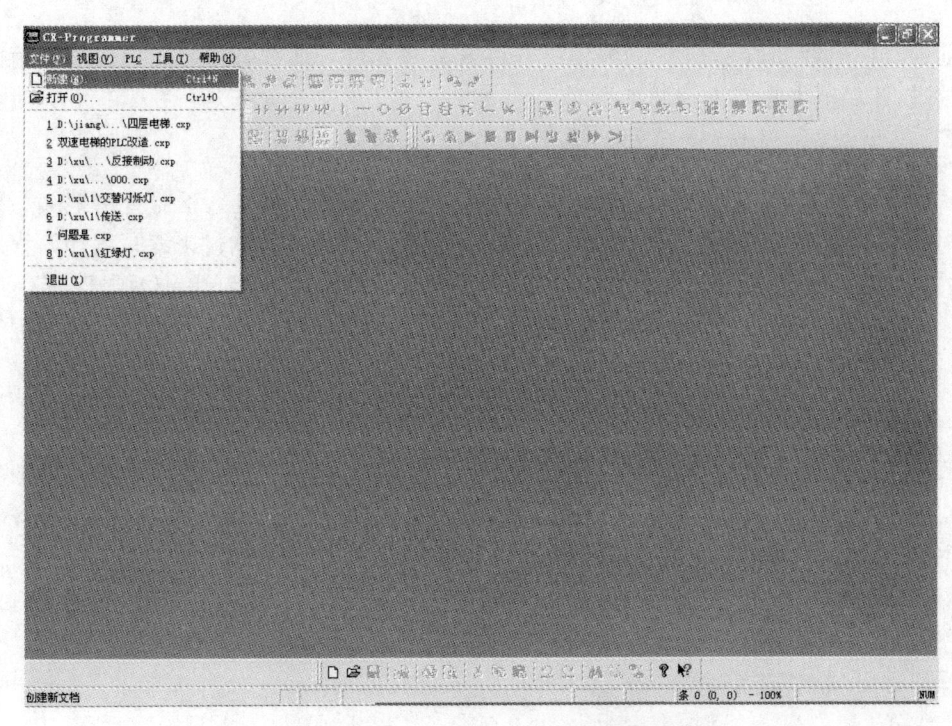

图 2.16　CX－Programmer 文件新建界面

出现 PLC 选型界面，如图 2.17 所示。

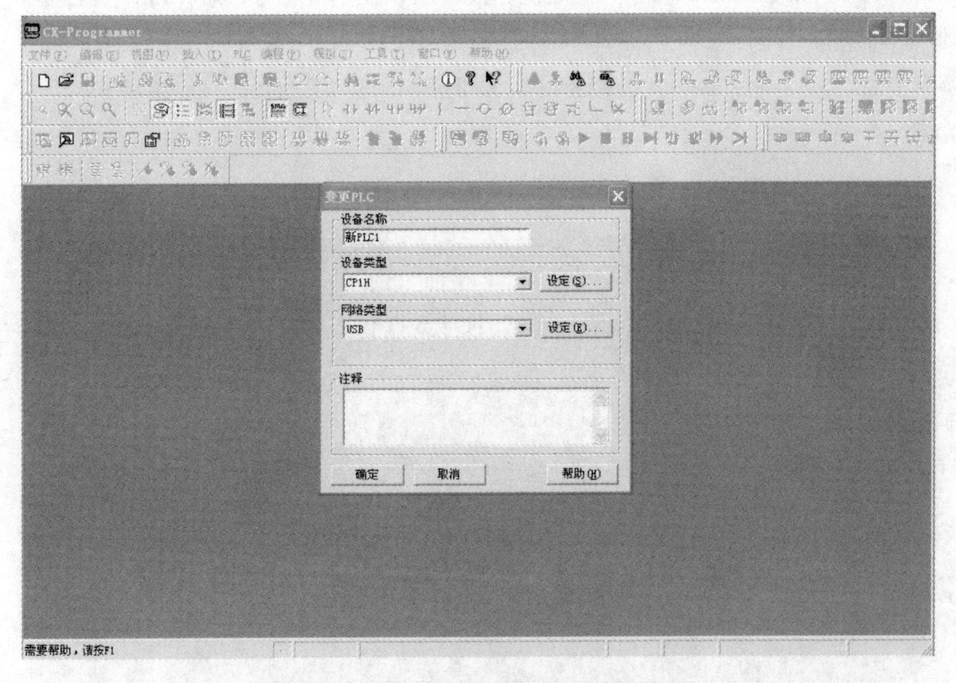

图 2.17　CX－Programmer PLC 选型界面

选择好 PLC 型号后“单击按确实”按钮即可进入编辑界面，在视图中可以切换梯形图、指令表等。建立好文件后就可以在其中编写程序了，如图 2.18 所示。

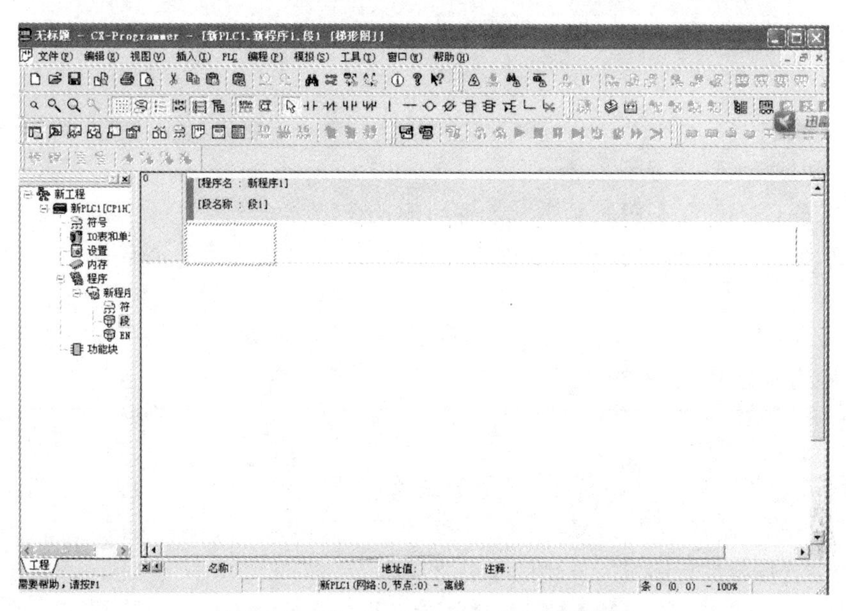

图 2.18　CX－Programmer PLC 编程界面

(3) 程序保存在“文件”菜单下的“另存为”下即可。

(4) PLC 程序上载，传入 PLC。

当编辑好程序后就可以向 PLC 上载程序，方法是：首先必须正确连接好编程电缆，其次是 PLC 通上电源(POWER)指示灯亮，执行菜单“PLC”→“传送”→“到 PLC”命令，如图 2.19 所示。此后就可以进行程序调试。

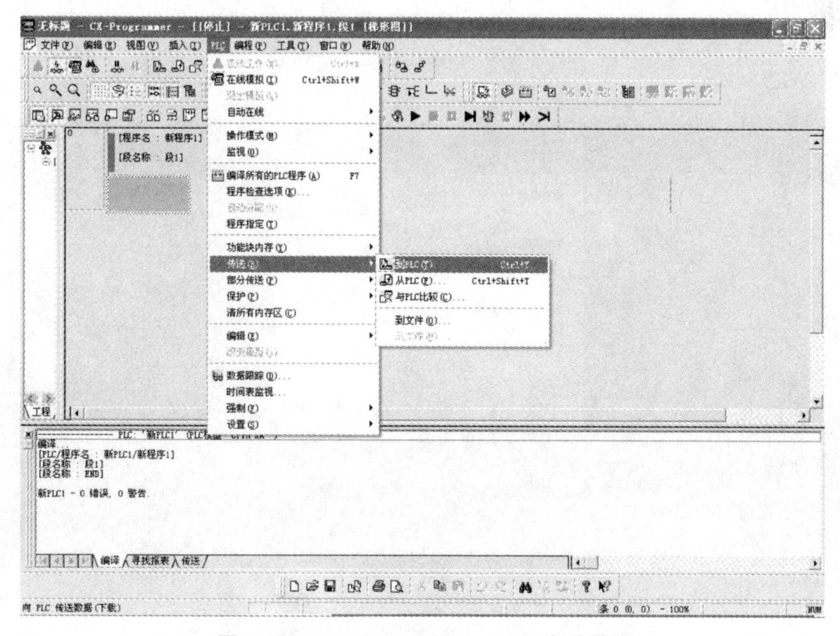

图 2.19　CX－Programmer PLC 传送界面

CX-Programmer 编程软件的详细使用见附录 4。

项目小结

1. 熟悉 CP1H 系列 PLC 的硬件结构。接线时要分清电源接入端子、输入端子、输出端子，特别是输入、输出公共端。

2. 熟悉 CP1H 系列 PLC 内部软元件的地址分配及功能。

3. 掌握 PLC 常用编程语言梯形图和语句表的组成要素、编程规则及使用注意事项。

4. 熟悉 CX-Programmer 编程软件的安装及使用方法。

5. 扩展单元的地址分配及对单元的限制。

思考与练习

1. PLC 有哪些编程语言？常用的是什么语言？

2. CP1H 系列 PLC CPU 单元指示灯的含义是什么？

3. CP1H 系列 PLC 的输出单元有哪些类型？它们各有什么特点？适合哪些场合？

4. 什么是位元件？什么是字元件？它们有什么区别？

5. 说明 CP1H-XA40DT-T 型号的含义。

6. CP1H 系列 PLC 最多能加几个扩展单元？最多能扩展到多少个输入点？多少个输出点？

项目3

可编程控制器基本逻辑控制

项目导读

PLC的指令系统由基本指令、应用指令和高功能指令等几大类组成。其中，CP1H系列PLC的基本指令包括时序输入、时序输出、时序控制及定时/计数器等几类指令。本项目将重点介绍CP1H系列PLC常用的基本指令及其相关的简单逻辑控制实例，使初学者能够应用这些指令进行逻辑控制系统的设计。

知识目标	➢ 时序输入指令的类型及应用 ➢ 时序输出指令的类型及应用 ➢ 可编程控制系统基本编程方法
能力目标	➢ 会使用CP1H系列PLC的基本指令 ➢ 能够应用基本指令编写简单的程序

3.1 时序 I/O 指令及应用

现代 PLC 都具有丰富的指令系统，利用这些指令编程，能够容易地实现各种复杂的控制操作。对于 PLC 系统，指令是最基础的编程语言，掌握常用指令的功能及其应用方法，这对用好 PLC 及其系统设计极其重要。

问题 1　PLC 有哪些指令？如何来使用它们？

3.1.1　时序输入指令

常用的时序输入指令有加载(LD)/取反加载(LDNOT)、与(AND)/与非(ANDNOT)、或(OR)/或非(ORNOT)、块与(ANDLD)/块或(ORLD)、输入微分(UP、DOWN)等，主要用于对继电器进行最基本的输入操作。这些指令非常容易理解，在用梯形图编写程序时，就是常开接点和常闭接点及其串联、并联的组合。

1. LD、LDNOT 指令

(1) 指令名称、助记符、梯形图、操作数范围和指令功能。具体见表 3-1。

表 3-1　LD、LDNOT 指令名称、助记符、梯形图、操作数范围和指令功能

指令名称	助记符	梯形图符号	一般功能	操作数范围
加载	LD 继电器号	N ┤├	常开接点逻辑运算起始	CIO 区、W 区、H 区、A 区、T 区、C 区、任务标志区、条件标志、时钟脉冲、使用变址寄存器间接寻址
取反加载	LDNOT 继电器号	N ┤/├	常闭接点逻辑运算起始	

(2) 程序举例。LD、LDNOT 指令的使用如图 3.1 所示。当输入继电器 0.00 的常开触点闭合时，输出继电器 100.00 得电。当输入继电器 0.01 的常闭接点保持闭合时，输出继电器 100.01 得电。

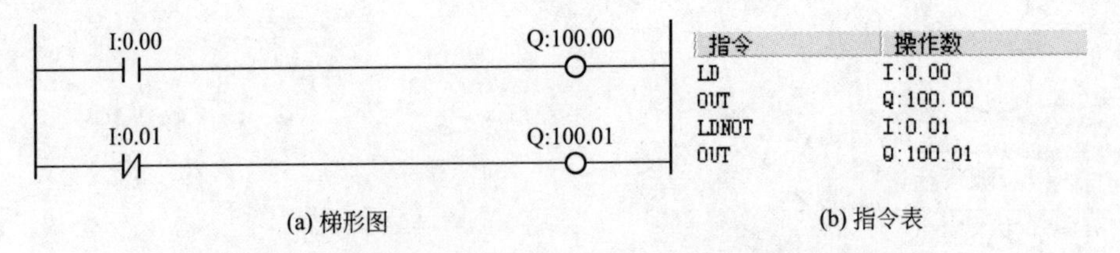

图 3.1　使用 LD 和 LDNOT 指令的梯形图和指令表

(3) 指令使用说明。

① LD：一个常开接点与左母线连接的指令，每一个以常开接点开始的逻辑行都用此指令。

② LDNOT：一个常闭接点与左母线连接指令，每一个以常闭接点开始的逻辑行都用此指令。

③ LD 和 LDNOT 在电路块分支起点处也使用。

2. AND、ANDNOT 指令

(1) 指令名称、助记符、梯形图、操作数范围和指令功能。具体见表 3-2。

表 3-2　AND、ANDNOT 指令名称、助记符、梯形图、操作数范围和指令功能

指令名称	助记符	梯形图符号	一般功能	操作数范围
与	AND 继电器号	N1 N2	常开接点串联连接	CIO 区、W 区、H 区、A 区、T 区、C 区、任务标志区、条件标志、时钟脉冲、使用变址寄存器间接寻址
与非	ANDNOT 继电器号	N1 N2	常闭接点串联连接	

(2) 程序举例。AND、ANDNOT 指令的使用如图 3.2 所示。当输入继电器 0.00 的常开接点闭合与输入继电器 0.02 的常闭接点保持闭合时，输出继电器 100.00 得电。当输入继电器 0.01 的常闭接点保持闭合并且输入继电器 0.03 的常开接点闭合时，输出继电器 100.01 得电。

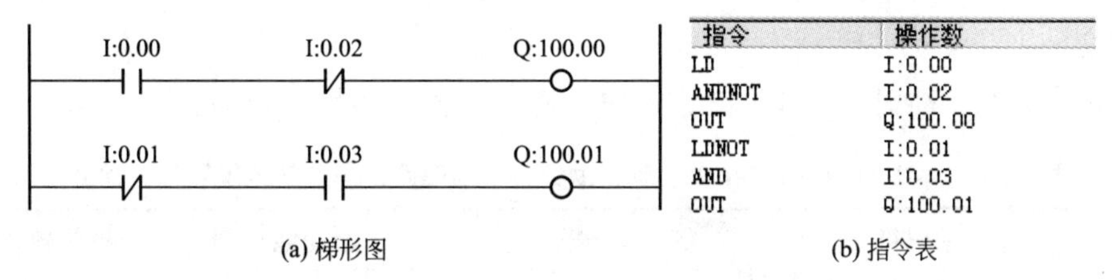

指令	操作数
LD	I:0.00
ANDNOT	I:0.02
OUT	Q:100.00
LDNOT	I:0.01
AND	I:0.03
OUT	Q:100.01

(a) 梯形图　　(b) 指令表

图 3.2　使用 AND 和 ANDNOT 指令的梯形图和指令表

(3) 指令使用说明。

① AND：动合接点串联连接指令。

② ANDNOT：动断接点串联连接指令。

③ AND、ANDNOT 指令可进行单个接点的串联连接。串联接点的数量不受限制，可以连续使用。

3. OR、ORNOT 指令

(1) 指令名称、助记符、梯形图、操作数范围和指令功能。具体见表 3-3。

表 3-3　OR、ORNOT 指令名称、助记符、梯形图、操作数范围和指令功能

指令名称	助记符	梯形图符号	一般功能	操作数范围
或	OR 继电器号	N1 N2	常开接点并联连接	CIO 区、W 区、H 区、A 区、T 区、C 区、任务标志区、条件标志、时钟脉冲、使用变址寄存器间接寻址。
或非	ORNOT 继电器号	N1 N2	常闭接点并联连接	

（2）程序举例。OR、ORNOT 指令的使用如图 3.3 所示。当输入继电器 0.03 的常开接点闭合的同时，若 0.00 的常开接点闭合，或 0.01 的常开接点闭合，或 0.02 的常闭接点保持闭合，输出继电器 100.00 得电。

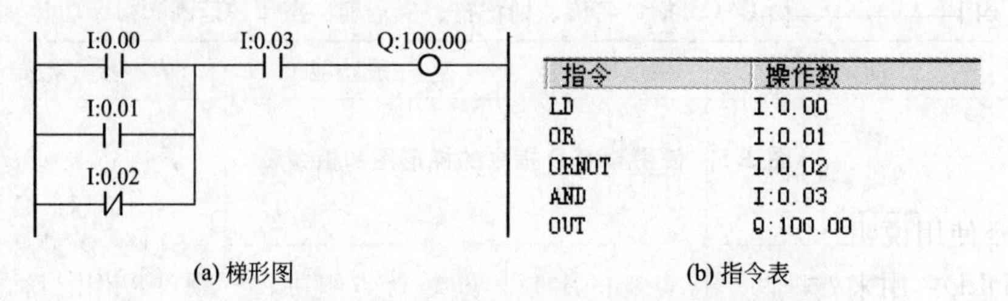

指令	操作数
LD	I:0.00
OR	I:0.01
ORNOT	I:0.02
AND	I:0.03
OUT	Q:100.00

(a) 梯形图　　(b) 指令表

图 3.3　使用 OR 和 ORNOT 指令的梯形图和指令表

（3）指令使用说明。

① OR：动合接点并联连接指令。

② ORNOT：动断接点并联连接指令。

③ OR、ORNOT 指令可进行单个接点的并联连接。并联接点的数量不受限制，可以连续使用。

4. ANDLD、ORLD 指令

（1）指令名称、助记符、梯形图、操作数范围和指令功能。具体见表 3－4。

表 3－4　ANDLD、ORLD 指令名称、助记符、梯形图、操作数范围和指令功能

指令名称	助记符	梯形图符号	一般功能	操作数范围
逻辑块与	ANDLD　继电器号	A　B	并联电路块串联连接	无
逻辑块或	ORLD　继电器号	A　B	串联电路块并联连接	

（2）程序举例。ANDLD 指令的使用如图 3.4 所示。ORLD 指令的使用如图 3.5 所示。

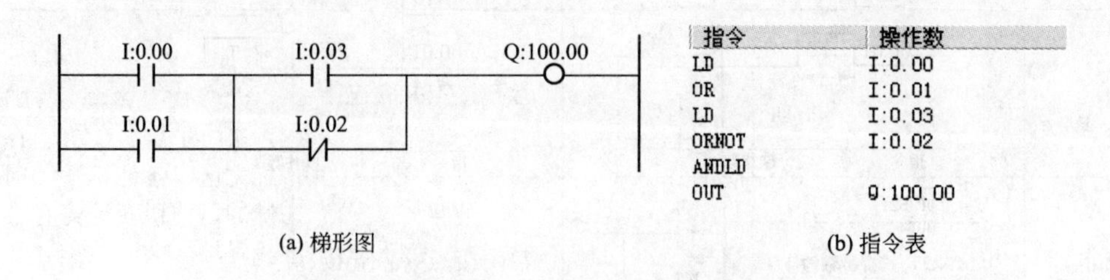

指令	操作数
LD	I:0.00
OR	I:0.01
LD	I:0.03
ORNOT	I:0.02
ANDLD	
OUT	Q:100.00

(a) 梯形图　　(b) 指令表

图 3.4　使用 ANDLD 指令的梯形图和指令表

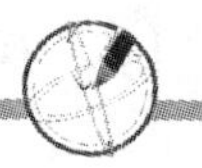

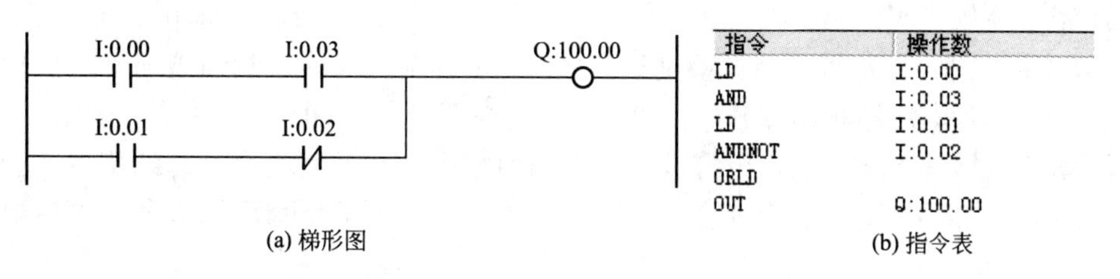

指令	操作数
LD	I:0.00
AND	I:0.03
LD	I:0.01
ANDNOT	I:0.02
ORLD	
OUT	Q:100.00

(a) 梯形图　　(b) 指令表

图 3.5　使用 ORLD 指令的梯形图和指令表

(3) 指令使用说明。

① ANDLD：用来处理两个接点组的串联，即对接点组进行“与”操作。接点组就是若干个接点的组合，也称为程序块。

② ORLD：用来处理两个接点组的并联，即对接点组进行“或”操作。

③ ANDLD、ORLD 为无操作软元件的独立指令，它们只描述电路的串并联关系。

④ 将串联电路并联连接时，分支开始用 LD、LDNOT 指令，分支结束用 ORLD 指令。

⑤ 将并联电路串联连接时，分支开始用 LD、LDNOT 指令，分支结束用 ANDLD 指令。

5. UP、DOWN 指令

(1) 指令名称、助记符、梯形图、操作数范围和指令功能。具体见表 3-5。

表 3-5　UP、DOWN 指令名称、助记符、梯形图、操作数范围和指令功能

指令名称	助记符	梯形图符号	一般功能	操作数范围
上升沿微分	UP	UP(521)	当输入条件从 OFF →ON 时，UP(521) 把执行条件在一个周期内变 ON	无
下降沿微分	DOWN	DOWN(522)	当输入条件从 ON → OFF 时，DOWN(522)把执行条件在一个周期内变 ON	

(2) 程序举例。UP、DOWN 指令的使用如图 3.6 所示。在图 3.6(a)中，0.01 从 OFF 到 ON 时，仅有一周期 100.01 变为 ON；在图 3.6(b)中，0.01 从 ON 到 OFF 时，仅有一周期 100.01 变为 ON。

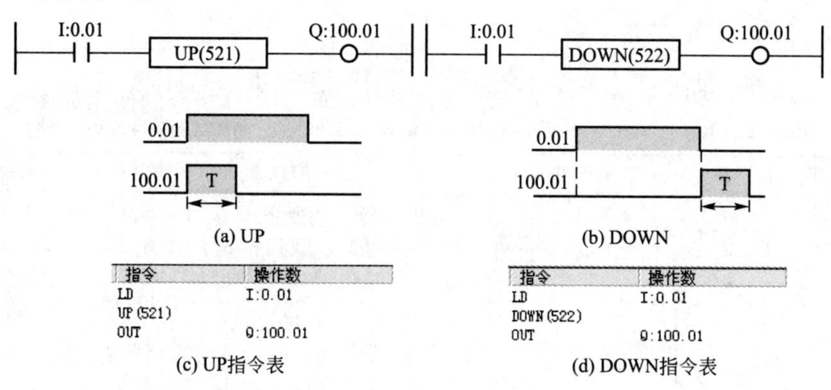

指令	操作数
LD	I:0.01
UP(521)	
OUT	Q:100.01

(c) UP指令表

指令	操作数
LD	I:0.01
DOWN(522)	
OUT	Q:100.01

(d) DOWN指令表

图 3.6　使用 UP、DOWN 指令的梯形图和指令表

(3) 指令使用说明。

① UP上升沿检测运算开始：检测到信号的上升沿时闭合一个扫描周期。

② DOWN下降沿检测运算开始：检测到信号的下降沿时闭合一个扫描周期。

(4) 指令的微分形式。在指令符号前没有加前缀@和%及其组合标志的指令，当执行条件为ON时，指令在每个循环周期都将执行。在LD、AND、OR等指令及以后要用到的应用指令前面加符号@或%，即为指令的微分形式。而对于微分型指令，当执行条件为OFF→ON(上升沿)或ON→OFF(下降沿)变化时，该指令只执行一次。其作用是在加上@符号后的指令，只有在上升沿时才起作用；在加上%符号后的指令，只有在下降沿时才起作用，作用时间是一个扫描周期。

在梯形图中，上升沿和下降沿微分指令中，通常采用↑和↓符号表示，例如@LD A的梯形图可用 A ─┤↑├─ 表示。在画梯形图时，如选择常开接点，单击“新接点”图标，移到光标位置，单击左键，出现对话框，如图3.7(a)所示，再单击“详细资料”按钮，出现如图3.7(b)所示对话框，填入接点地址，在“区别”栏选择“上升”，该接点即具有上升沿微分的作用，在梯形图中显示的图形如图3.7(c)所示。

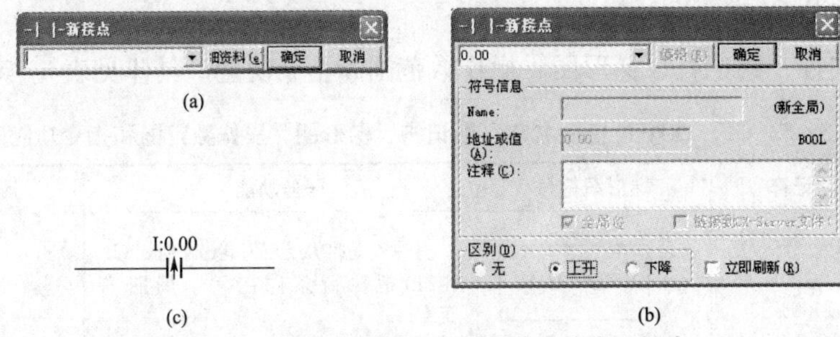

图3.7 在梯形图中输入上升微分的常开接点

下降沿微分(%)仅对LD、AND、OR和REST指令有效。为建立其他指令的下降沿微分变化，可用DIRU(014)或DOWN(522)控制工作位来控制指令的执行。

3.1.2 时序输出指令

常用时序输出指令，包括输出(OUT)和输出非(OUT NOT)、各种置位(SET)和复位(RSET)、保持(KEEP)指令及输出微分(DIFU、DIFD)等。

1. OUT、OUTNOT指令

(1) 指令名称、助记符、梯形图、操作数范围和指令功能。具体见表3-6。

表3-6 OUT、OUTNOT指令名称、助记符、梯形图、操作数范围和指令功能

指令名称	助记符	梯形图符号	一般功能	操作数范围
输出	OUT	A ─○─┤	输出指令，将把执行运算的结果(执行条件)输出到指定的继电器(位)，是继电器线圈的驱动指令	内部辅助继电器、输出继电器、X、T、C
输出非	OUT NOT	A ─⊘─┤	输出非指令，将把执行运算的结果(执行条件)取反后，再输出到指定的继电器(位)，也是继电器线圈的驱动指令	

(2) 程序举例。OUT 指令的使用在上面的时序输入指令学习时就已经很明确了，而 OUTNOT 指令的使用与 OUT 指令的使用相同。

(3) 指令使用说明。

① OUT、OUTNOT 指令是对输出继电器、辅助继电器、状态继电器、定时器、计数器的线圈驱动指令，不能用于驱动输入继电器，因为输入继电器的状态是由输入信号决定的。

② OUT、OUTNOT 指令可作多次并联使用。

③ OUTNOT 指令的功能是将逻辑运算结果(输入条件)取反并输出到指定线圈。

2. KEEP 指令

(1) 指令名称、助记符、梯形图、操作数范围和指令功能。具体见表 3-7。

表 3-7 KEEP 指令名称、助记符、梯形图、操作数范围和指令功能

指令名称	助记符	梯形图符号	一般功能	操作数范围
保持	KEEP	S(置位)— KEEP(011) / B / R(复位)—	用于将输出继电器置为 ON 并保持。当置位端 S 为 ON 时，KEEP(011)使 B 为 ON，直到复位端 R 为 ON。当 S 和 R 同时为 ON 时，R 端输入优先	内部辅助继电器、输出继电器、X、T、C

(2) 程序举例。KEEP 指令的使用如图 3.8 所示。当接点 0.00 闭合时，线圈 100.01 得电；接点 0.00 断开后，线圈 100.01 仍得电。接点 0.01 一旦闭合，则无论接点 0.00 闭合还是断开，线圈 100.01 都不得电。

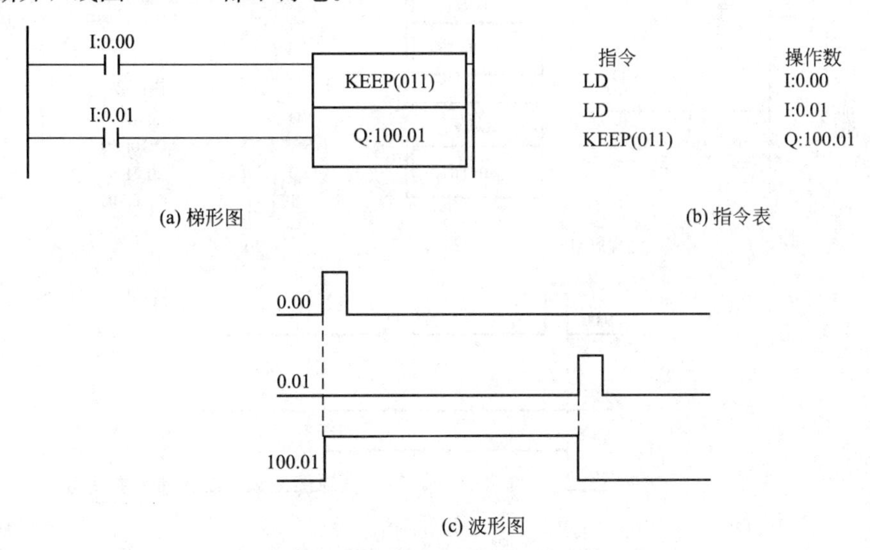

图 3.8 KEEP 指令的使用

(3) 指令使用说明。

① KEEP 指令为锁存指令。当置位端的逻辑条件为 ON 后，继电器接通。此后，尽管置位端逻辑条件会 OFF，而该继电器仍然保持接通，直到复位端逻辑条件为 ON 后，该继电器才断开。即使它位于梯形图的连锁段内，KEEP 指令的操作位仍将保持其 ON 或 OFF 状态。

② 在应用指令编程时，先编置位端、再编复位端、最后编 KEEP 指令。

3. SET、RSET 指令

（1）指令名称、助记符、梯形图、操作数范围和指令功能。具体见表 3-8。

表 3-8　SET、RSET 指令名称、助记符、梯形图、操作数范围和指令功能

指令名称	助记符	梯形图符号	一般功能	操作数范围
置位	SET	SET / B	当执行条件为 ON 时，把操作位 B 变为 ON，并且当执行条件为 OFF 时，不影响操作数的状态。简单讲就是将输出继电器置为 ON 状态，简称置位	内部辅助继电器、输出继电器、X、T、C
复位	RSET	RSET / B	当执行条件为 ON 时，把操作位 B 置为 OFF，并且当执行条件为 OFF 时，不再影响操作数的状态。简单讲就是将输出继电器置为 OFF 状态，简称复位	

（2）程序举例。SET、RSET 指令的使用如图 3.9 所示。当 0.00 常开接点接通时，100.01 变为 ON 状态并一直保持该状态，即使 0.00 断开，100.01 的 ON 状态仍维持不变；只有当 0.01 的常开接点闭合时，100.01 才变为 OFF 状态并保持，即使 0.01 常开接点断开，100.01 也仍为 OFF 状态。

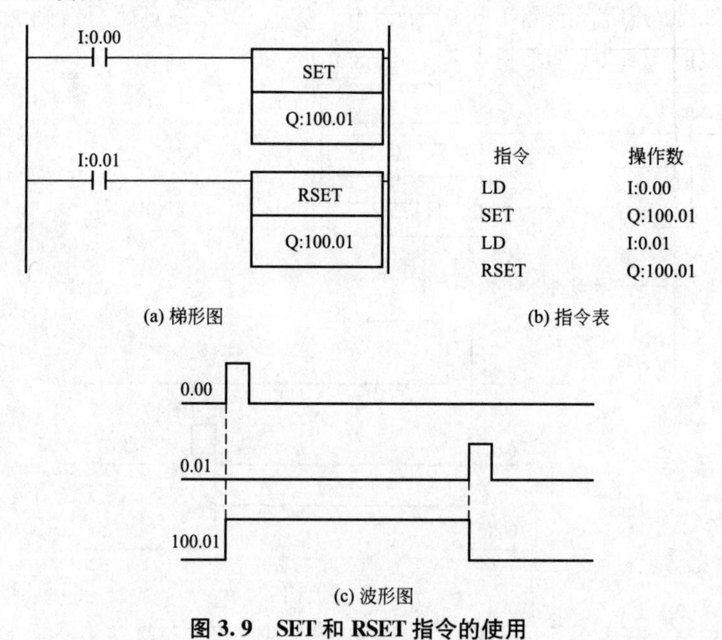

图 3.9　SET 和 RSET 指令的使用

（3）指令使用说明。

① SET 指令称为置 1 指令：功能为驱动线圈输出，使动作保持，具有自锁功能。

② RSET 指令称为复 0 指令：功能为清除保持的动作，以及寄存器的清零。

③ 用 SET 指令使软元件接通后，必须要用 RSET 指令才能使其断开。

④ 对于同一目标元件，SET、RSET 可多次使用，顺序也可随意，但最后执行者有效。

4. DIFU、DIFD 指令

(1) 指令名称、助记符、梯形图、操作数范围和指令功能。具体见表 3-9。

表 3-9　DIFU、DIFD 指令名称、助记符、梯形图、操作数范围和指令功能

指令名称	助记符	梯形图符号	一般功能	操作数范围
上升沿微分	DIFU	DIFU(013) B	当检测到执行条件从 OFF→ON (上升沿)变化瞬间，继电器接点 B (位)仅接通一个扫描周期	内部辅助继电器、输出继电器、X、T、C
下降沿微分	DIFD	DIFD(014) B	当检测到执行条件从 ON→OFF (下降沿)变化瞬间，继电器接点 B (位)仅接通一个扫描周期	

(2) 程序举例。DIFU 和 DIFD 指令的使用如图 3.10 所示。当输入继电器 0.00 的常开接点闭合时，内部辅助继电器 W100.00 输出一个扫描周期，即其常开接点闭合一个扫描周期，但输出继电器 100.00 一直得电。若 0.01 的常开接点闭合时，内部辅助继电器 W100.01 输出一个扫描周期，即其常开接点闭合一个扫描周期，此时输出继电器 100.00 失电。

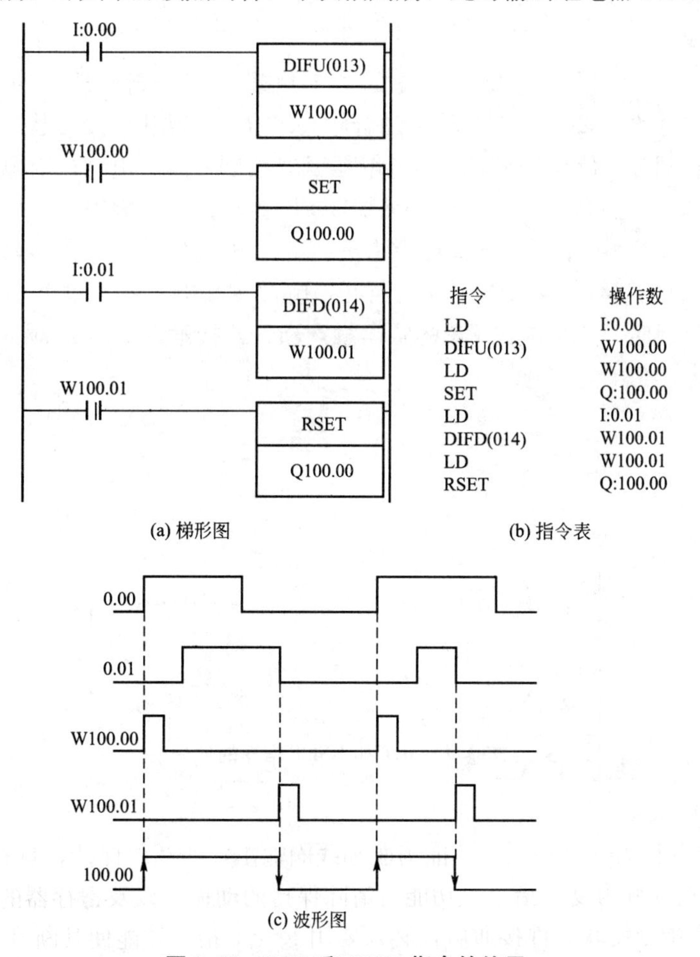

(a) 梯形图　　(b) 指令表

(c) 波形图

图 3.10　DIFU 和 DIFD 指令的使用

（3）指令使用说明。

① DIFU：上升沿微分脉冲指令，在输入信号上升沿产生一个扫描周期的脉冲输出。

② DIFD：下降沿微分脉冲指令，在输入信号下降沿产生一个扫描周期的脉冲输出。

③ 当检测到逻辑关系的结果为上升沿信号时，DIFU 指令驱动的操作软元件产生一个脉冲宽度为一个扫描周期的脉冲信号。

④ 当检测到逻辑关系的结果为下降沿信号时，DIFD 指令驱动的操作软元件产生一个脉冲宽度为一个扫描周期的脉冲信号。

⑤ DIFU 和 DIFD 指令对使用次数不加限制。

3.2 时序 I/O 指令的应用

问题 2　PLC 的时序 I/O 指令究竟如何应用?

时序 I/O 指令的含义及使用方法已经讲得很清楚了，那么，在具体的控制系统中，如何正确使用这些指令，达到我们的控制目的，这才是学习这些指令的最终目的。

1. 三相异步电动机点动、长动控制

1）控制要求

如图 3.11 所示，首先合上电源开关 QS，然后按下起动按钮 SB2，接触器 KM 线圈得电，接触器 KM 主触头闭合，同时辅助动合触头闭合，电动机丫接法起动，电动机进入正常连续运转。直到按下停止按钮 SB1，接触器 KM 线圈失电，电动机断电停止。这就是三相异步电动机的长动控制。按下起动按钮 SB3，接触器 KM 线圈得电，接触器 KM 主触头闭合，同时辅助动合触头闭合，电动机丫接法起动，电动机进入正常运转。松开 SB3，接触器 KM 线圈失电，接触器 KM 主触头断开，电动机断电停止。这就是三相异步电动机的点动控制。过载时，热继电器 FR 的常闭触点断开，接触器 KM 线圈失电，接触器 KM 主触头断开，电动机断电停止。

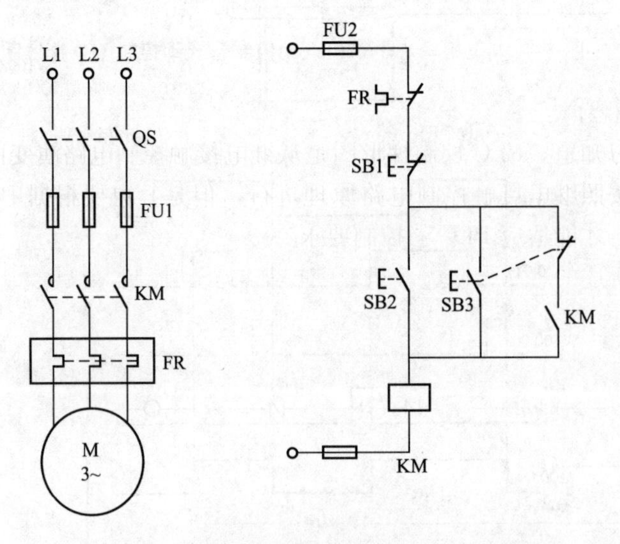

图 3.11　三相异步电动机点的控制、长动控制

2）分析工艺过程，找出控制的因果关系

从上面的继电-接触控制过程来看，起动信号、停止信号及过载信号，是引起接触器线圈得电或失电的原因，当然，结果就是接触器线圈失电或得电。从而，通过主电路来控制电动机的工作。

3）PLC 的 I/O 点的确定和分配

根据找出的因果关系，可以确定用 PLC 来代替继电控制电路时的 I/O 信号及信号的数量，并且按照 PLC 机型给 I/O 信号分配地址，见表 3-10。

表 3-10　I/O 地址分配表

输　入			输　出		
SB1	停止按钮	0.00	KM	接触器	100.01
SB2	长动按钮	0.01			
SB3	点动按钮	0.02			
FR	过载触点	0.03			

4）绘制 PLC 的 I/O 接线图

三相异步电动机点动控制、长动控制的 I/O 接线图如图 3.12 所示。

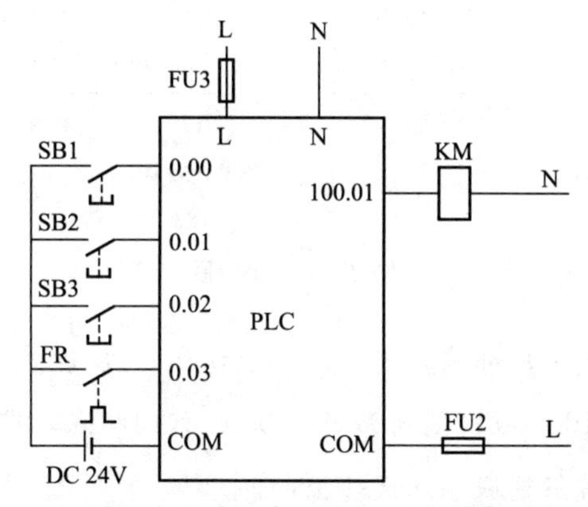

图 3.12　三相异步电动机点动控制、长动控制 I/O 接线图

5）编写控制程序

从前文的学习知道，PLC 控制梯形图是从继电接触控制电路演变而来的，因此，在编写程序时，可以按照继电接触控制电路原理进行，但是，也要根据 PLC 的工作特点进行适当调整和更改，才能适应 PLC 的控制要求。

例如，上文所述的三相异步电动机点动控制、长动控制，如果采用继电控制电路，转化成 PLC 的控制梯形图如图 3.13 所示。

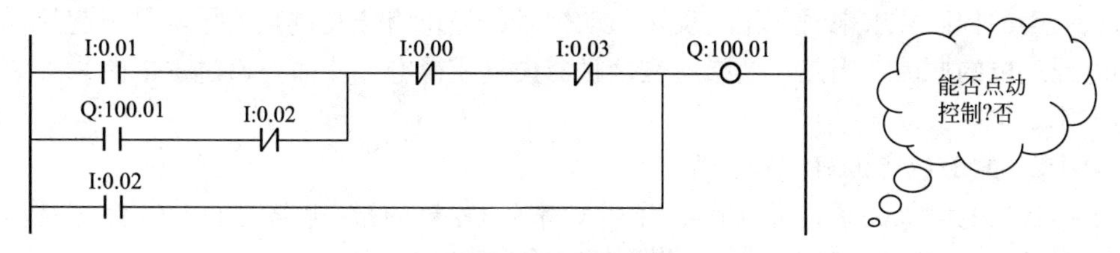

图 3.13　梯形图

6）调试

编写出来的控制程序能否实现其控制功能，要通过调试后才能清楚。

三相异步电动机点动控制、长动控制往往是初学者不好迈过的一道坎。这主要是因为继电器电原理图使用的是复合按钮，形成的思维定式所造成。从图 3.13 所示梯形图中可以看出，0.02 为点动控制触点，因电原理图是使用的复合按钮，思维上自然而然转向了采用 0.02 的常闭接点，与 0.01 的常开形成了与复合按钮相似的效果，想象是不错。但要知道 PLC 在运行状态下，是以扫描的方式按顺序逐句扫描处理的，扫描一条执行一条，扫描的速度是极快的。当按下外接点动按钮时，0.02 常开接点则闭合而常闭接点则断开，但一旦松手其常闭接点几乎就闭合形成了自保，因此失去了点动的功能，变为只有起动的功能。

因此，要对梯形图进行修改，然后再调试，直到所有功能都能实现。把图 3.13 的梯形图试着加一个中间元件，也就是 PLC 的内部辅助继电器，改进后的梯形图如图 3.14 所示。

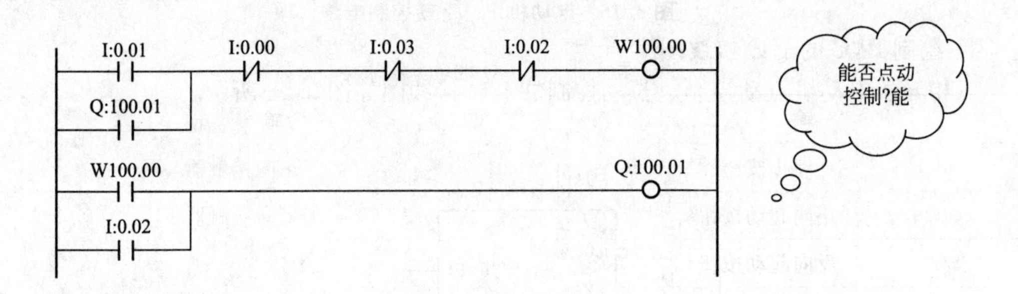

图 3.14　梯形图

1. 梯形图中内部辅助继电器 W100.00 的功能是什么？

2. 在 W100.00 线圈前面串联 0.02 常闭接点，在操作上有什么好处？

2. 三相异步电动机接触器联锁正反转控制

1）控制要求

电动机正反转控制电路如图 3.15(a)所示。要求在电动机停止时，按下正向起动按钮 SB2，接触器 KM1 线圈得电，其动合触头闭合，电动机正转；在电动机停止时，若按下反向起动按钮 SB3，接触器 KM2 线圈得电，其动合触点闭合，电动机反转；停机时按下停止按钮 SB1，或过载时热继电器常开接点 FR 闭合时，接触器 KM1 或 KM2 失电，电动机停转。

2）分析工艺过程，找出控制的因果关系

从上面的控制要求来看，正、反转起动信号、停止信号及过载信号，是引起接触器线圈得电或失电的原因，当然，结果就是接触器失电或得电。从而，通过主电路来控制电动机的工作。

3）PLC 的 I/O 点的确定和分配

根据找出的因果关系，可以确定用 PLC 来代替继电控制电路时的 I/O 信号及信号的数量，并且按照 PLC 机型给 I/O 信号分配地址，见表 3-11。

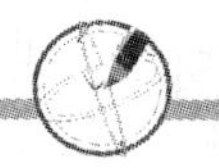

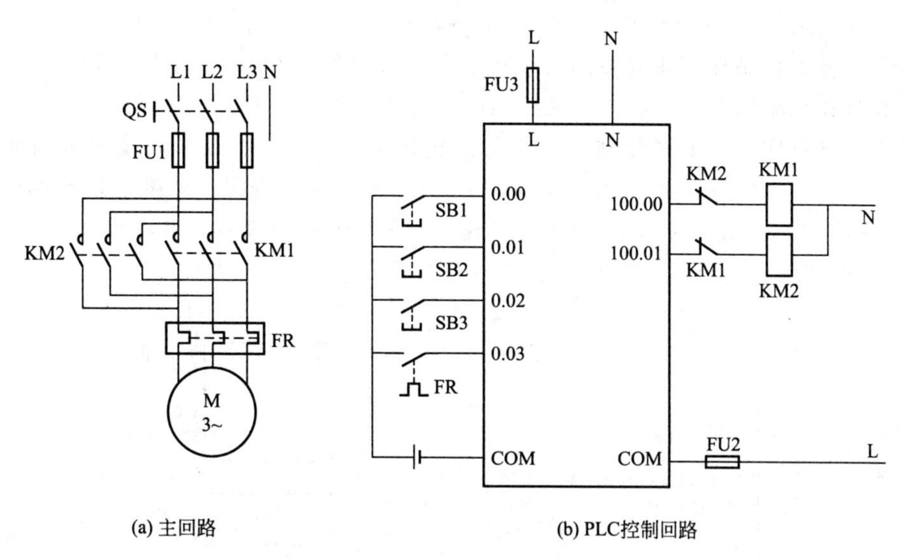

(a) 主回路　　(b) PLC控制回路

图 3.15　电动机正、反转控制电路

表 3-11　I/O 地址分配表

输　入			输　出		
SB1	停止按钮	0.00	KM1	正向接触器	100.00
SB2	正向起动按钮	0.01	KM2	反向接触器	100.01
SB3	反向起动按钮	0.02			
FR	过载触点	0.03			

4) 绘制 PLC 的 I/O 接线图

三相异步电动正、反转控制的 I/O 接线图如图 3.15(b)所示。

5) 编写控制程序

符合控制要求的梯形图如图 3.16 所示。按下正向起动按钮 SB2，输入继电器常开接点 0.01 闭合，输出继电器 100.00 被驱动，并自锁，接触器 KM1 得电，其常开触点闭合，电动机正转；与此同时，输出继电器的常闭接点 100.00 断开，以确保 100.01 不能得电，实行软件互锁。若按下反向起动按钮 SB3，输入继电器常开接点 0.02 闭合，输出继电器 100.01 被驱动，并自锁，接触器 KM2 得电，其常开触点闭合，电动机反转；与此同时，输出继电器的常闭接点 100.01 断开，以确保 100.00 不能得电，实行软件互锁。停机时按

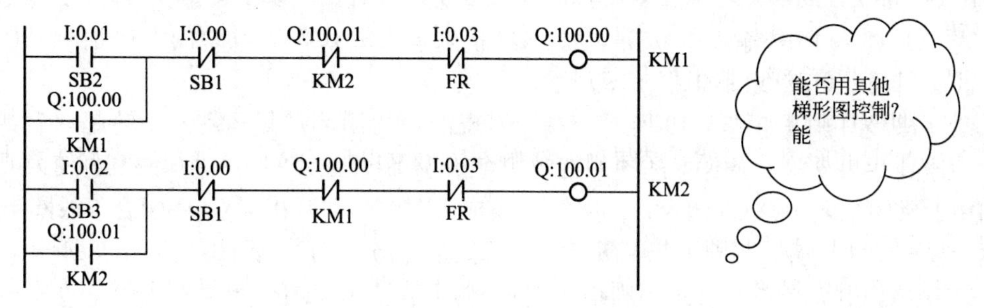

图 3.16　电动机正、反转控制梯形图

下停止按钮 SB1，常闭接点 0.00 断开；过载时热继电器常开触点 FR 闭合，常闭接点 0.03 断开，这两种情况都能使输出继电器 100.00 或 100.01 失电，从而导致 KM1 或 KM2 失电，电动机停转。

注意：由于 PLC 运行速度极快，在正、反转控制状态下若没有必要的外围联锁，将会造成短路。如果只靠 PLC 内部的联锁是不行的。

电动机的正、反转控制梯形图也能用 SET、RSET 指令实现，如图 3.17 所示，请读者自行分析其中的道理。

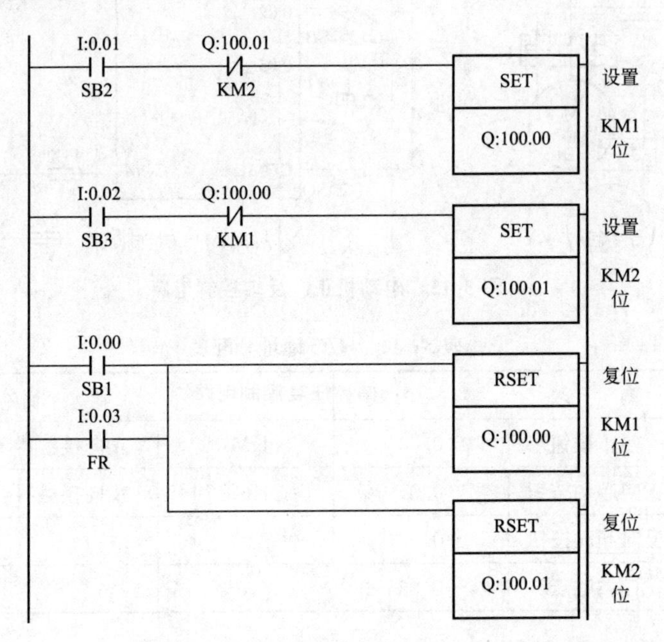

图 3.17　用 SET、RSET 指令的电动机正、反转控制梯形图

考考您? 电动机的正、反转控制能用 KEEP 指令实现吗？试一试。

3. 循环往复控制

在电动机正、反转控制的基础上，若电动机正转，带动滑台向右运动；电动机反转，带动滑台向左运动。将行程开关 SQ1 装在右端，限制滑台右行的位置；将行程开关 SQ2 装在左端，限制滑台左行的位置，又将如何进行控制？

分析：从控制要求分析，控制系统的主电路可以保持不变，由于增加了左右限位，因此 PLC 的 I/O 接线图要增加左右限位的输入信号，而输出对象不变。

将 SQ1 接入 PLC 输入端 0.04，将 SQ2 接入输入端 0.05，其余的 I/O 信号点保持不变，改画后的 I/O 接线图如图 3.18 所示。

改写梯形图程序如图 3.19 所示，就能实现滑台的循环往复运动。正转起动后，滑台右行，碰到 SQ1，第一条梯形图中的常闭接点 0.04 断开，线圈 100.00 失电，使第二条梯形图中的常闭接点 100.00 闭合；同时第二条梯形图中的常开接点 0.04 闭合，线圈 100.01 得电，使电动机反转，滑台左行；滑台左行到位，碰到 SQ2，常闭接点 0.05 断开，线圈 100.01 失电，其常闭接点 100.01 闭合；同时常开接点 0.05 闭合，线圈 100.00 得电，滑台右行，依此循环往复。

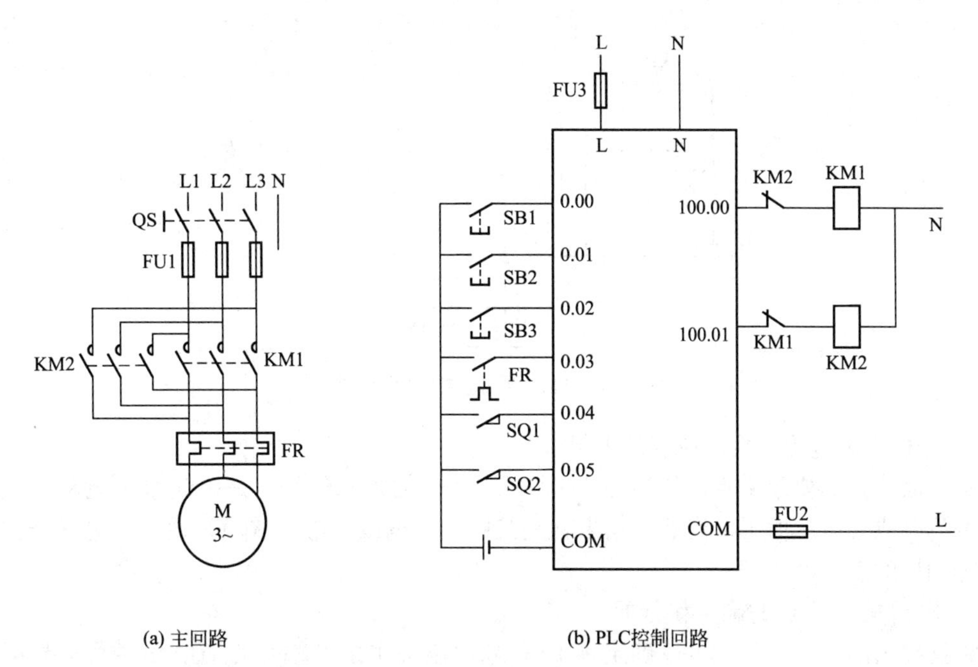

(a) 主回路

(b) PLC控制回路

图 3.18 循环往复控制电路

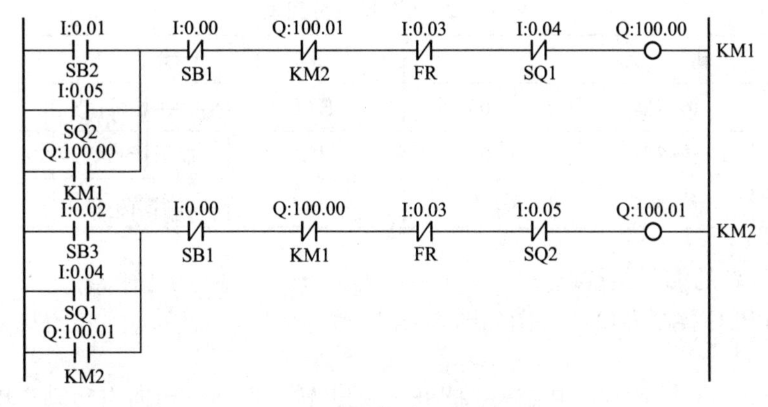

图 3.19 循环往复控制梯形图

4. 抽水泵的控制

1) 控制要求

抽水泵自动控制示意图如图 3.20 所示。其中传感器 H1 为水塔中有无水检测传感器；H2 为水塔中低水位检测传感器；H3 为水塔中高水位检测传感器。所有传感器在检测到有水时动作(即动合触点闭合，动断触点断开)，无水时复位。

(1) 当液位传感器 H1 检测到储水池有水，并且传感器 H2 检测到水塔处于低水位时，抽水泵电动机运行，抽水到水塔。

(2) 当传感器 H1 检测到储水池无水，电动机停止运行，同时池干指示灯亮。

(3) 若传感器 H3 检测到水塔水满(高于上限)，电动机停止运行。

(4) 若传感器 H2 检测到水塔内水位低于下限，水塔无水指示灯亮。

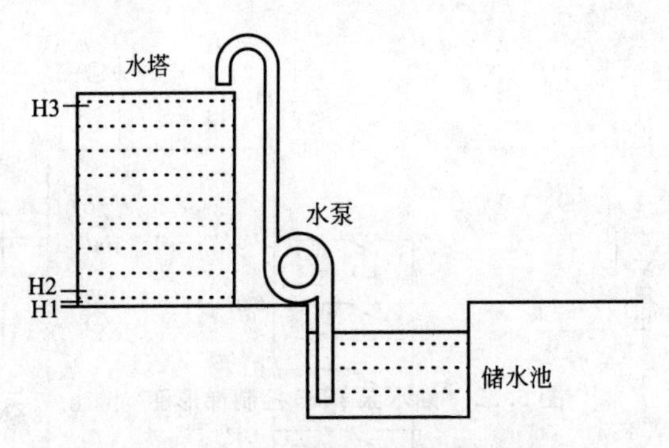

图 3.20　抽水泵自动控制示意图

2）分析工艺过程，找出控制的因果关系

从上面的控制要求来看，传感器 H1、H2、H3 的检测信号，是引起水泵电动机接触器线圈得电或失电的原因，当然，结果就是接触器失电或得电。从而，通过主电路来控制水泵电动机的工作。

3）PLC 的 I/O 点的确定和分配

根据找出的因果关系，可以确定用 PLC 来控制抽水泵电路时的 I/O 信号及信号的数量，并且按照 PLC 机型给 I/O 信号分配地址，见表 3－12。

表 3－12　I/O 地址分配表

输　入			输　出		
H1	传感器	0.00	KM	接触器	100.00
H2	传感器	0.01	HL1	池干指示灯	100.01
H3	传感器	0.02	HL2	无水指示灯	100.02

4）绘制 PLC 的 I/O 接线图

抽水泵的 PLC 控制 I/O 接线图如图 3.21 所示。

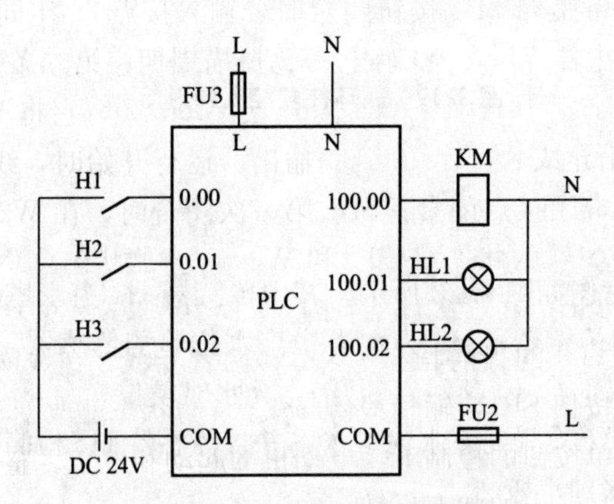

图 3.21　抽水泵 I/O 接线图

5）编写控制程序

符合控制要求的抽水泵 PLC 控制梯形图如图 3.22 所示。

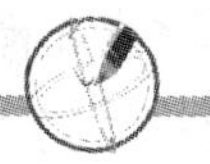

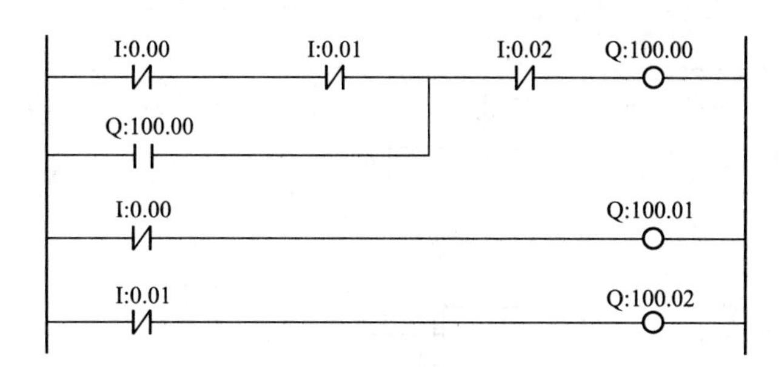

图 3.22 抽水泵 PLC 控制梯形图

5. 单按钮单地起动和停止控制

下面讨论如何用一只普通按钮就能实现在三相异步电动机起动、停止电路中两个按钮作用的控制方法。

1) 控制要求

三相异步电动机单地起动、停止控制是控制电路中最基本的控制方法，通常采用一个起动按钮和一个停止按钮的组合来实现，如图 1.5 所示。现在利用所学的基本逻辑指令采用一个按钮来实现起动、停止控制功能。

所谓单按钮控制，就是采用一只普通按钮接入 PLC 的输入点(如 0.01)，编写新的用户程序，使当按动一次按钮时，相应的输出点 ON，再按动一次按钮，该输出点为 OFF，如此可不断循环执行。从逻辑上讲这是一种双稳态电路，又称为分频电路，即输出信号的频率是输入信号频率的 1/2。

分析： 应用微分型指令和 I/O 指令，能方便地写出使用单按钮实现电动机起动、停止控制的梯形图程序。为简单起见，以下程序统一设定输入元件为普通按钮 SB1，接入输入端 0.01，输出元件为接触器 KM，接到输出端 100.00。

2) 利用微分指令和接点组合编写的单按钮控制梯形图

利用输出微分 DIFU 指令和接点组合编写的控制梯形图如图 3.23 所示。从图中看出，该梯形图分为两条，第一条是当 SB1 按钮闭合时，输入接点 0.01 同时闭合，由于 DIFU 指令的作用，内部辅助继电器 W200.00 得电一个扫描周期；第二条是一个典型的异或电路，即 $100.00 = W200.00\uparrow \times \overline{100.00} + \overline{W200.00\uparrow} \times 100.00$，它将 W200.00 的状态和输出继电器 100.00 的状态相异或后，在 100.00 输出。运行开始时，线圈 100.00 的状态为 OFF，其常开接点断开，常闭接点闭合；SB1 第一次闭合时，在 W200.00 上产生一个上升沿脉冲(ON)，线圈 100.00 的状态(OFF)和 W200.00 的状态(ON)两者异或，在线圈 100.00 得到结果为 ON；SB1 第二次闭合时，在 W200.00 上又产生一个上升沿脉冲(ON)，此时因为线圈 100.00 的当前状态为 ON，两者异或，在线圈 100.00 得到结果为 OFF。这样，当每按一次按钮 SB1，输出线圈 100.00 的状态就改变一次，接触器 KM 得电或失电一次，达到了在单按钮的控制下，电动机的起动和停止。整个电路其实是一个双稳态电路，即来一个脉冲，输出的状态反转一次。

利用输入微分 UP 指令，当接点闭合时，也能在 W200.00 产生一个脉冲，第二条梯形图和利用 DIFU 指令编号的梯形图的第二条相同。图 3.23 的梯形图也可如图 3.24 所示编写。

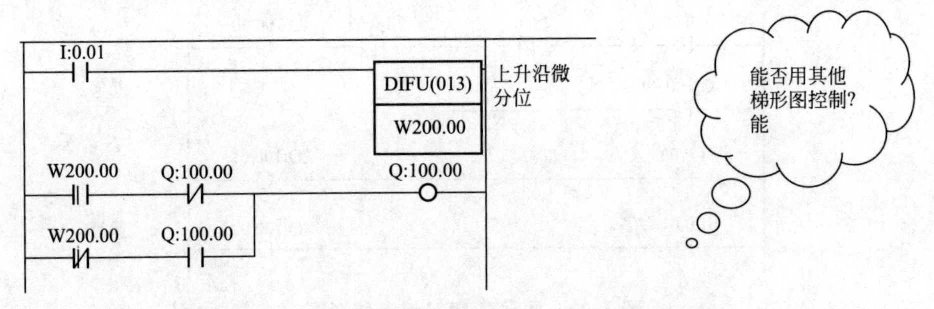

图 3.23　利用 DIFU 指令编写的单按钮控制梯形图

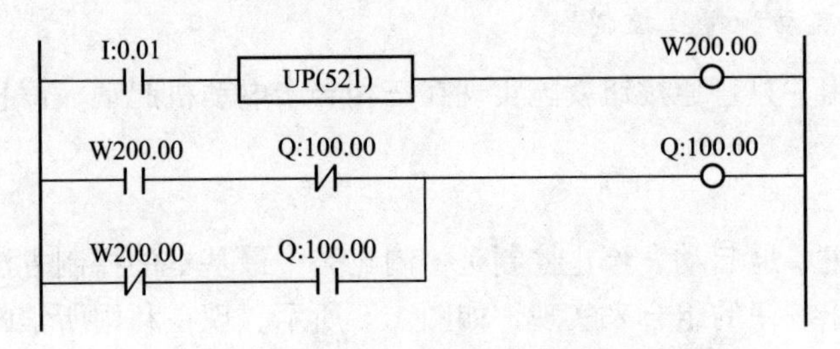

图 3.24　利用 UP 指令编写的单按钮控制梯形图

更简单的还可以如图 3.25 所示，它直接利用了输入指令的微分形式，使程序更加简单。

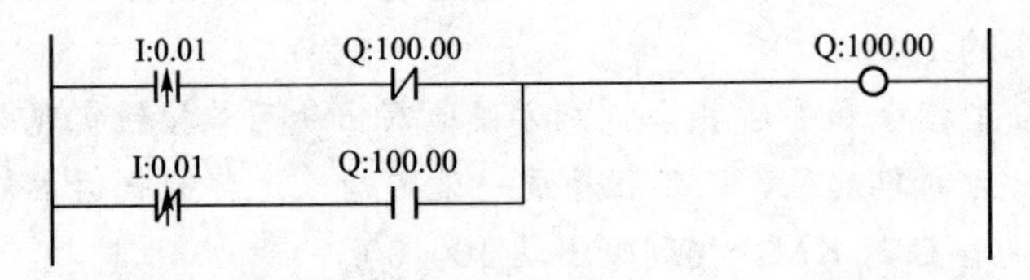

图 3.25　直接利用输入接点微分形式的梯形图

注意：一定要使用微分形式，千万不能将图 3.25 中的“↑”去掉。如去掉，当 SB1 闭合时，在每个扫描周期，输出线圈 100.00 的状态都要改变一次，这显然是达不到控制目的。

3）利用保持指令编写的控制梯形图

单按钮控制也能用保持指令来编写，当然肯定要用到微分指令或指令的微分形式。用 DIFU 和 KEEP 指令编写的单按钮控制梯形图如图 3.26 所示。

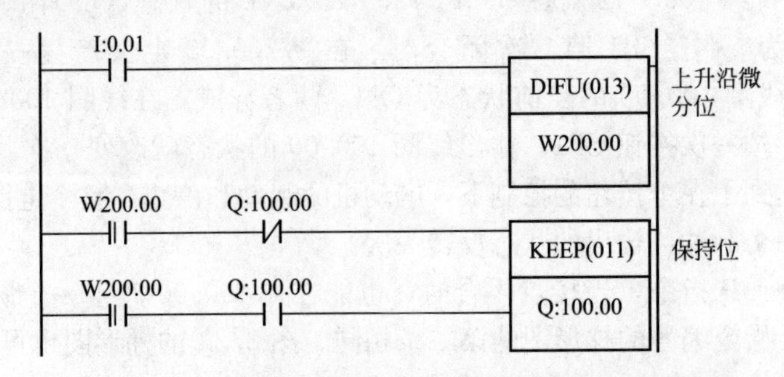

图 3.26　用 DIFU 和 KEEP 指令编写的单按钮控制梯形图

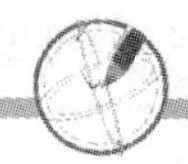

图 3.26 的基本思想在 KEEP 指令的驱动端串接了输出线圈的接点 100.00，用于引导 W200.00 脉冲的走向。当线圈 100.00 为 OFF 时，接点 100.00 的状态引导 W200.00 的脉冲到置位端 S，使线圈 100.00 为 ON；并且使 100.00 常开接点闭合，常闭接点断开，准备引导下一个脉冲到复位端 S。

当然还有更简单的方案，如图 3.27 所示，其原理请读者自行分析。

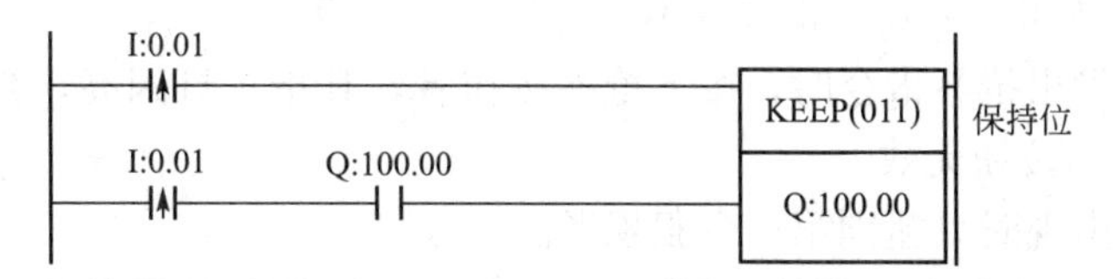

图 3.27　用指令的微分形式和 KEEP 指令编写的梯形图

考考您？ 电动机的单按钮起动和停止控制能用置位、复位指令编写控制梯形图吗？试一试。

项目小结

1. 基本指令是 PLC 程序中应用最频繁的指令，理解和掌握这些基本指令是进行程序设计的基础。

2. 掌握时序 I/O 指令的格式及应用规则。

3. 掌握微分指令的格式及应用规则。

4. 学会典型的单元程序编制的基本原则和步骤。

5. 能用基本指令，结合单元程序，解决简单的控制要求；掌握程序调试的步骤和方法。

思考与练习

1. 三个按钮 SB1、SB2、SB3 控制三只灯 HL1、HL2、HL3，要求任意一个按钮动作时，只有 HL1 亮，有任意两个按钮动作时，只有 HL2 亮，三个按钮都动作时，只有 HL3 亮。写出符合控制要求的梯形图。

2. 楼梯照明灯控制：楼上、楼下各有一只开关(0.01、0.02)共同控制一盏照明灯(输出 100.01)。要求两只开关均可对灯的状态(亮或熄)进行控制。若在三个地点，分别各用一只开关(0.01、0.02、0.03)共同控制一盏照明灯(输出 100.01)。要求三只开关均可对灯的状态(亮或熄)进行控制又怎样实现。

3. 两台电动机，M1 需要正反转，M2 只需要正转，只有 M1 在运行状态时，M2 才能起动运行，M2 能单独先停止。M1、M2 热保护时，分别由各自的故障灯闪烁报警。写出符合控制要求的梯形图。

4. 设计一个四人抢答器。有六个输入按钮(全部为常开)：主持人持有开始按钮(0.00)和复位按钮(0.05)，1 号选手到 4 号选手分别持有抢答按钮(0.01～0.04)；共有五个输出：开始指示灯(100.00)，1号选手到4号选手指示灯(100.01~100.04)。具体控制要求如下。

(1) 主持人控制抢答过程，当他按下开始按钮，开始指示灯亮时，选手才能抢答；否则被判犯规。一轮抢答结束，主持人按复位按钮，复位所有选手的抢答器。

(2) 每位选手听到主持人发出抢答指令后，选手首先按下抢答按钮者，其指示灯亮，其余选手按下抢答按钮，无效，指示灯不亮(提示：考虑互锁)。

(3) 主持人未发出抢答指令时，按下抢答按钮者，其指示灯闪亮，被判作犯规。有人犯规后主持人按开始按钮无效。

(4) 犯规情况出现时只甄别第一个犯规者。

5. 高层建筑中，当微机系统检测到发生火灾时，会发出报警声并自动起动消防水泵进行消防。具体过程如下。

(1) 当发生火灾时，火灾传感系统对PLC发出传感信号，PLC接到传感信号后，自动起动1号水泵和2号水泵，同时相应的水泵运转指示灯亮，报警扬声器发声报警。在消防过程中，若消防1号水泵出现故障停车，则系统自动起动1号备用水泵投入消防，同时1号备用泵运行指示灯发亮；同理，若在消防过程中，消防2号水泵出现故障停车，则系统自动起动2号备用水泵投入消防，同时2号备用泵运行指示灯发亮。

(2) 消防完毕后，手动按下各水泵的停止按钮，水泵停止工作。

(3) 1号消防水泵、2号消防水泵、1号备用水泵、2号备用水泵均可手动起停控制。

项目4

可编程控制器定时、计数控制

项目导读

通过前面的学习，熟悉了PLC的基本时序I/O指令，应用这些指令编写简单程序的方法。但是在实际的控制系统中，除了这些基本指令要经常用来编程外，还要用到定时器、计数器指令来进行编程，从而实现控制要求。本项目将结合具体的项目，学习PLC的定时器、计数器指令。

知识目标	➢ 定时器的种类及应用 ➢ 计数器的种类及应用
能力目标	➢ 会应用定时器指令进行编程 ➢ 会应用计数器指令进行编程

4.1　定时器指令及应用

问题 1　PLC 有哪些定时器指令?

定时控制就是以时间作为条件的控制。定时器的指令主要包括普通定时器、高速定时器、1ms 定时器、累积定时器、长定时器、多路输出定时器及复位定时器。除长定时器、多路输出定时器的指令外，其他的指令都有一个定时器(编)号 N。定时器号为 0～4095 之间。在编程时，定时器号不能重叠。与小型机不同，CS1 系列的定时器号和计数器号是各自独立编号的。

在定时方式上，除了累积定时器和多路输出定时器是递增方式之外，其他的都为递减方式。

在刷新方法上，除了可以用 BCD 码之外，还可以用二进制数设置。用二进制数时，只要在 BCD 码指令助记符的后缀加“X”字母即可。如普通定时器 TIM，输入是 BCD 码；而 TIMX(550)输入为二进制数。输入 BCD 码的设定值(SV)为 0～9999，而二进制数的 SV 为 0～65535。当使用二进制数指令进行计算时，其中间结果也可以直接用于定时器/计数器的 SV(值)。

4.1.1　定时器指令

常用的定时器指令有 TIM(BCD 定时器)、TIMH(BCD 高速定时器)、TTIM(BCD 累计定时器)和 TIML(BCD 长时间定时器)等，如果在指令后缀 X，并在 CX－P 编程软件的“PLC 属性”设定为“以二进制形式执行定时器/计数器”，即成为以二进制 BIN 计数的定时器。BCD 定时器指令名称、助记符、梯形图、操作数范围和指令功能见表 4－1。

表 4－1　BCD 定时器指令名称、助记符、梯形图、操作数范围和指令功能

名称	助记符	功能	梯形图	说　明
普通定时器	TIM	精度为 0.1s 的减法定时 (0～999.9s)	TIM 定时器号N 设置值S	(1) 定时器号 N：0～4095(十进制)； (2) 设定值 S：＃0000～9999(BCD)，S 值可直接设定，也可存放在数据存储器 D 中直接设定或间接设定； (3) TIML BCD 码最大设定 99999999(115d)，BIN 码设定 FFFFFFFF(4971d)
高速定时器	TIMH	精度为 0.01s 的减法定时 (0～99.99s)	TIMH 定时器号N 设置值S	
累计定时器	TTIM	精度为 0.1s 的加法累计定时 (0～999.9s)	I R TTIM 定时器号N 设置值S	
长时间定时器	TIML	精度为 0.1s 的减法长时间定时 (0～115d)	TIML D1 D2 S	

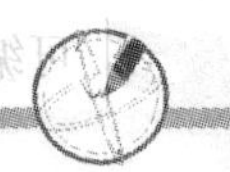

1. 普通定时器

(1) 普通定时器 TIM 是单位为 0.1s 的递减计数器，定时器的时序关系如图 4.1 所示。定时器 TIM 输入为 OFF 时，定时器复位，其常开接点为 OFF，定时器的当前值等于设置值；定时器输入为 ON 时，开始定时，当前值从设置值开始以 1 次/0.1s 的速率减 1 运算；当定时器的当前值变为 0 时，当前值保持，其常开接点为 ON。

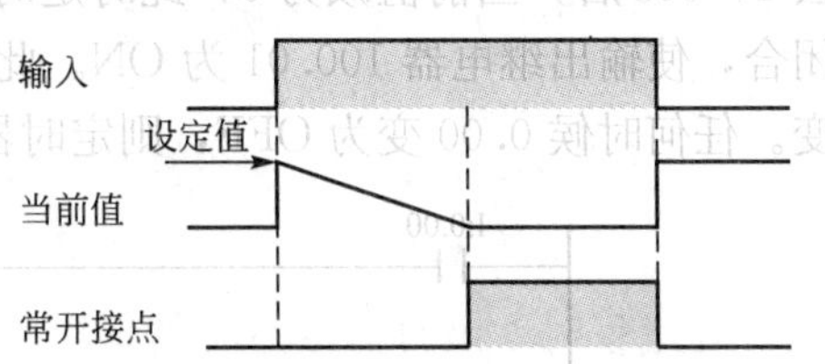

图 4.1　普通定时器的时序关系

(2) 程序举例。定时器指令 TIM 的使用如图 4.2 所示。定时器 TIM0000 的设定值为 80。当执行条件 0.00 为 OFF 时，TIM0000 处于复位状态，当前值等于设定值。当 0.00 为 ON 时，TIM0000 开始定时，定时器的当前值从设定值 80 开始，每隔 0.1s 减去 1，8s 后，当前值减为 0，此时定时器 TIM0000 的输出为 ON，TIM0000 的常闭接点闭合，使输出继电器 100.01 为 ON。此后，如果 0.00 一直为 ON，则 TIM0000 的状态不变。任何时候 0.00 变为 OFF，则定时器复位，当前值恢复为设定值。

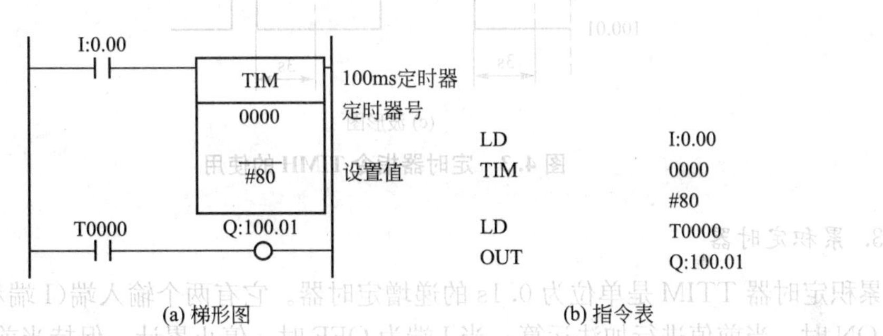

(a) 梯形图　　　　(b) 指令表

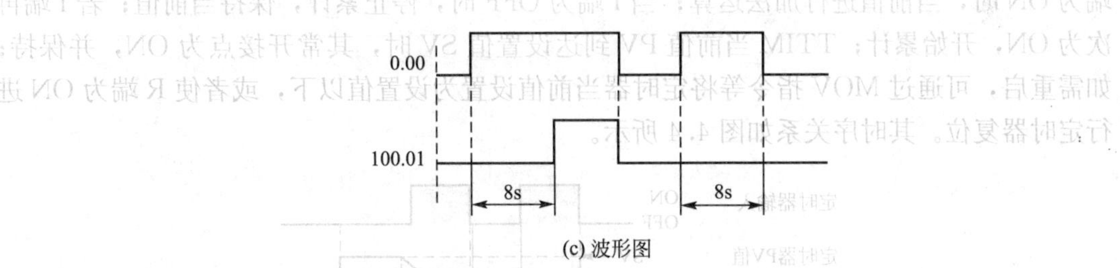

(c) 波形图

图 4.2　定时器指令 TIM 的使用

在图 4.2(a)中，也可把定时器 T0 的设定值设为通道(如 D1)中的数据。当以通道内容设定设定值(SV)时，如果在定时过程中改变通道内容，只有当 TIM0000 的输入经过关断后，在下一次定时时，新的设定值才有效。

2. 高速定时器

(1) 高速定时器 TIMH 和普通定时器 TIM 的符号含义相同，N 是定时器号，其范围为 0～4095，SV 为设定值，设定范围为 0～9999。它们的主要差异是定时精度不同，高速定时器 TIMH 的定时精度为 0.01s。高速定时器 TIMH(015)的 SV 和 N 值的操作数、功能和注意事项与普通定时器基本一致，这里不再赘述。

（2）程序举例。定时器指令 TIMH 的使用如图 4.3 所示。定时器 TIM0000 的设定值为 300。当执行条件 0.00 为 OFF 时，TIM0000 处于复位状态，当前值等于设定值。当 0.00 为 ON 时，TIM0000 开始定时，定时器的当前值从设定值 100 开始，每隔 0.01s 减去 1，30s 后，当前值减为 0，此时定时器 TIM0000 的输出为 ON，TIM0000 的常闭接点闭合，使输出继电器 100.01 为 ON。此后，如果 0.00 一直为 ON，则 TIM0000 的状态不变。任何时候 0.00 变为 OFF，则定时器复位，当前值恢复为设定值。

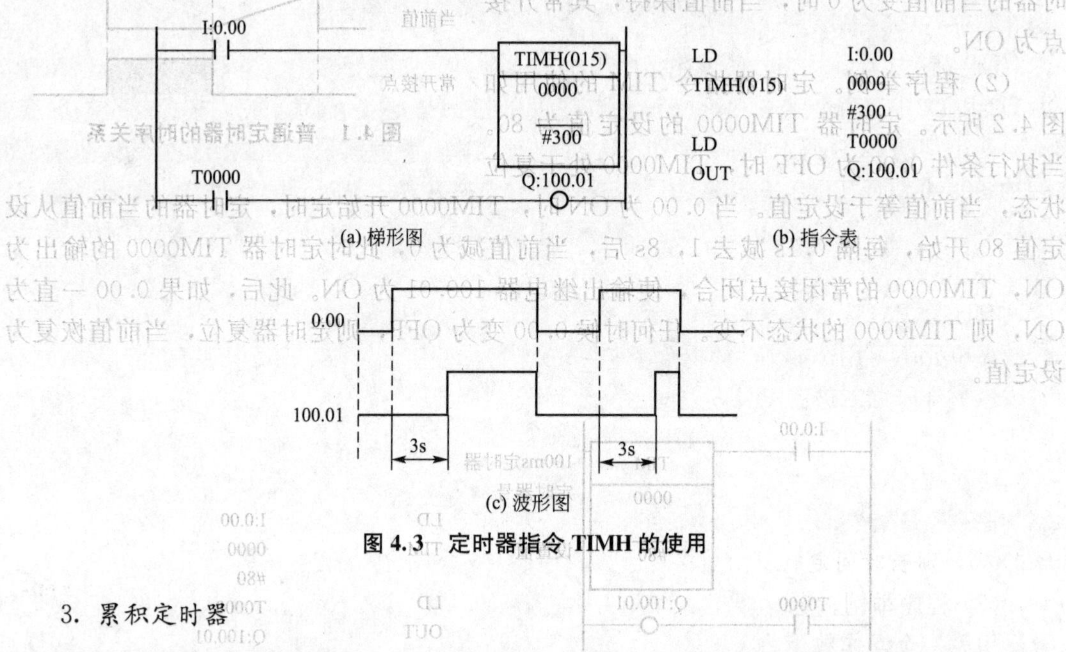

图 4.3 定时器指令 TIMH 的使用

3. 累积定时器

累积定时器 TTIM 是单位为 0.1s 的递增定时器。它有两个输入端(I 端和 R 端)，当 I 端为 ON 时，当前值进行加法运算；当 I 端为 OFF 时，停止累计，保持当前值；若 I 端再次为 ON，开始累计；TTIM 当前值 PV 到达设置值 SV 时，其常开接点为 ON，并保持；如需重启，可通过 MOV 指令等将定时器当前值设置为设置值以下，或者使 R 端为 ON 进行定时器复位。其时序关系如图 4.4 所示。

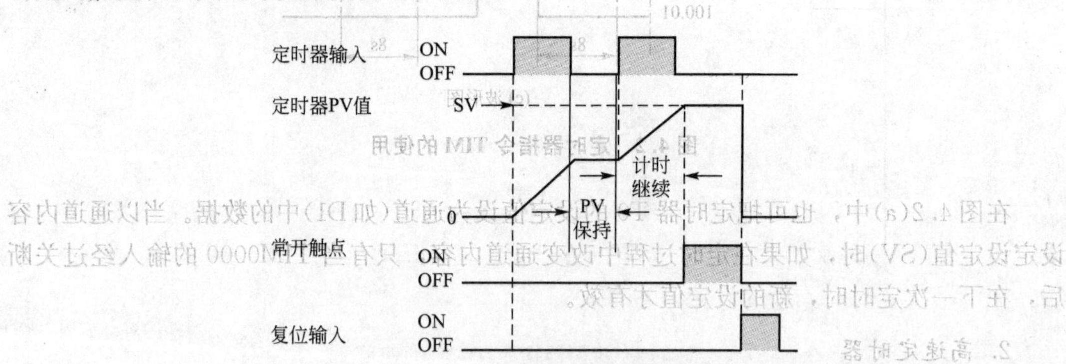

图 4.4 累积定时器的时序关系

4. 长时间定时器

（1）长时间定时器 TIML 是单位为 0.1s 的递减定时器，其梯形图如图 4.5 所示。

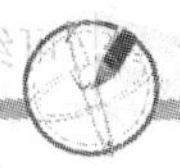

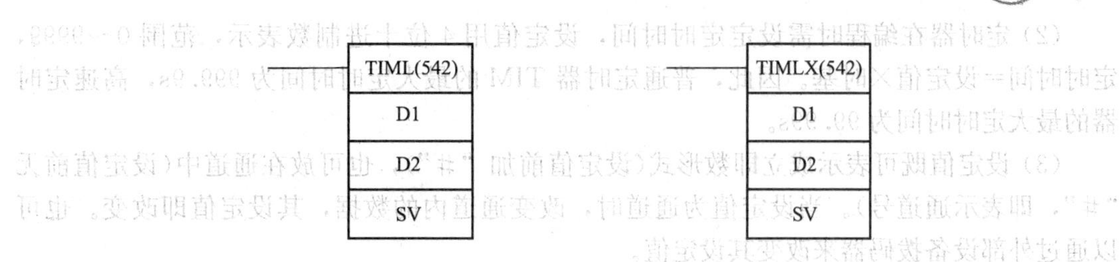

图 4.5　长时间定时器的梯形图

D1 为完成标志，其中 0 位作为 TIML(542)的完成标志，其他位不用；D2 为 PV 字，由 D2 和 D2＋1 两个字的 BCD 码组成，D2 和 D2＋1 必须在同一数据区；SV 字由 S 和 S＋1两个字的 BCD 码组成，SV 和 SV＋1 必须在同一数据区，TIML(542)的 SV 范围为 0～99999999，而 TIMLX(542)的 SV 范围为 0～FFFFFFFF，精度为 1s。因此，TIML(542)最长的定时时间可达到 115d，而 TIMLX(534)最长的定时时间可达 49710d。

上述三者操作数可用的数据区为 CIO 区、W 区、H 区、A 区、DM 区、无区号 EM 区、有区号 EM 区。在这些区里，D1 操作数为这些区里所有的单元，而 D2 和 SV 这些区的最高单元不可用，如 D1 的操作是在 CIO 区为 0000～6143，而 D2 和 SV 则为 0000～6142。另外采用二进制间接(寻址)DM/EM 区、BCD 间接 DM/EM 区和使用变址寄存器间接寻址时，都可作为这三者的操作数。对于 SV，定时器区、计数器区的单元和常数也可以用作操作数。

注意： D2 和 D2＋1 中包含的 PV 值或 SV 和 SV＋1 中包含的 SV 值，如果它们不是 BCD 码，则长时间定时器的错误标志(ER)为 ON，其他情况都为 OFF。

(2) 程序举例。定时器指令 TIML 的使用如图 4.6 所示。长时间定时器不设定时器号，用第一个操作数 W100 的最低位作为定时结束标志，第二个操作数 D2 存放该定时器的当前值(PV)，第三个操作数为设定值(SV)，此处设为＃1728000，即 172800s(2d)。当接点 0.00 闭合时，定时器开始计时，2d 时间到，W100 的最低位 W100.00 常开接点闭合，100.01 输出；当 0.00 断开，定时器复位。

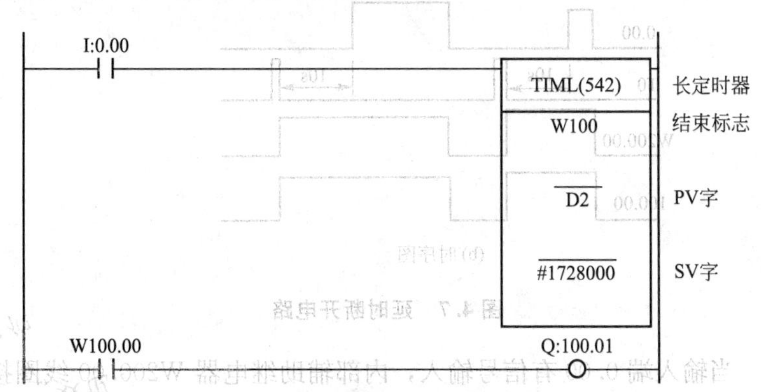

图 4.6　定时器指令 TIML 的使用

5. 定时器指令使用注意事项

(1) 定时器的编号 0～4095 由 TIM、TIMH、TIML、TTIM 等指令共同占有，所以在同一程序中不同的指令最好不要使用同一个编号。

(2) 定时器在编程时需设定定时时间，设定值用 4 位十进制数表示，范围 0～9999，定时时间＝设定值×时基。因此，普通定时器 TIM 的最大定时时间为 999.9s，高速定时器的最大定时时间为 99.99s。

(3) 设定值既可表示成立即数形式(设定值前加“#”)，也可放在通道中(设定值前无“#”，即表示通道号)。当设定值为通道时，改变通道内的数据，其设定值即改变。也可以通过外部设备拨码器来改变其设定值。

(4) 定时器的常开接点和常闭接点的使用次数不限，但不能直接对外输出，需通过输出继电器控制外部设备。

注意：PLC 的定时器用来控制某些事件出现或消失的时间，定时器相当于继电器电路中的时间继电器，时间继电器分为接通延时型和断开延时型两种。

PLC 的定时器有断开延时吗？没有

6. 延时断开程序

欧姆龙系列 PLC 没有断开延时定时器，那么如何实现断开延时操作？可以用图 4.7 所示的电路来实现断开延时定时器的功能。

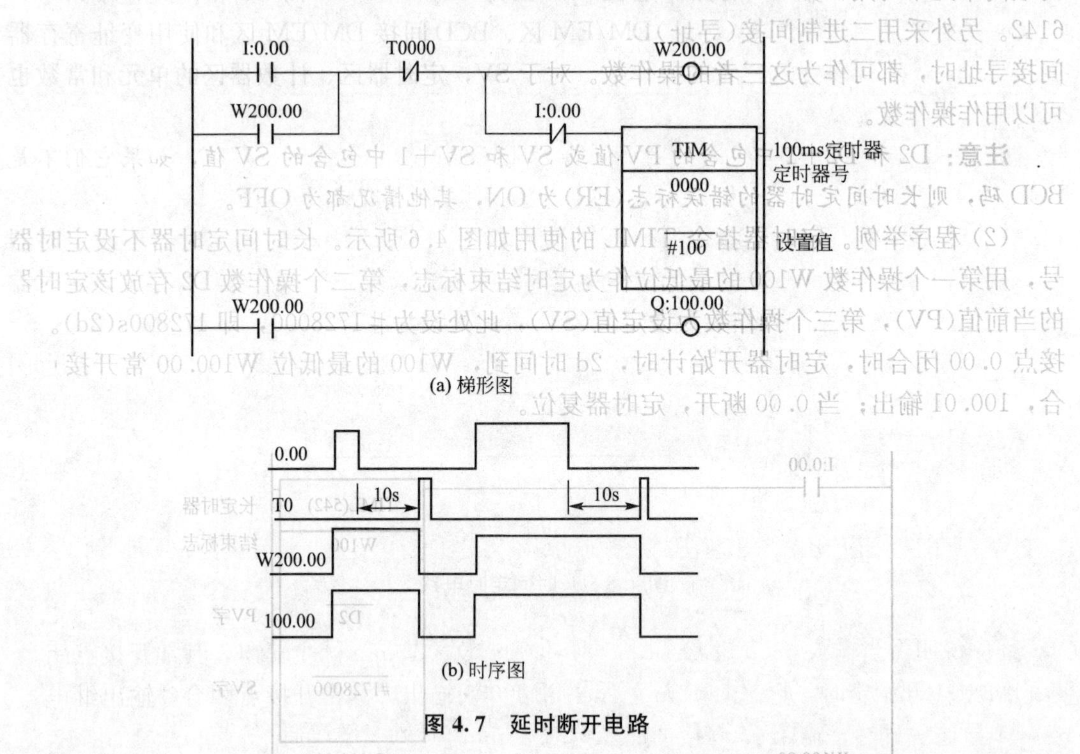

图 4.7　延时断开电路

程序说明：当输入端 0.00 有信号输入，内部辅助继电器 W200.00 线圈接通，其常开接点闭合，输出继电器 100.00 接通，定时器还没有开始定时。当输入端 0.00 没有信号输入时，定时器 TIM0000 开始计时，此时，W200.00 线圈和 100.00 线圈保持接通，延时 10s 后，TIM0000 的常开接点打开，内部辅助继电器 W200.00 线圈打开，输出继电器 100.00 线圈断开。可见，输入 0.00 接通后，输出 100.00 接通；输入 0.00 断开后，输出 100.00 并没有马上断开，而是经过 10s 时间延时后输出 100.00 才断开。

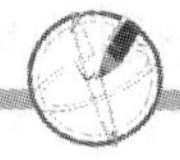

想一想：TIM定时器最长定时时间是999.9s，如果需要更长时间的定时，应该如何实现？

7. 长时间定时程序

单个定时器的定时值由最大设定值所限定，如欲延长定时时间，除采用长时间定时器指令外，可以如常规继电控制线路一样，将多只定时器“级联”，总定时值为多只定时器的定时值之和，以扩展定时时间，如图4.8所示。

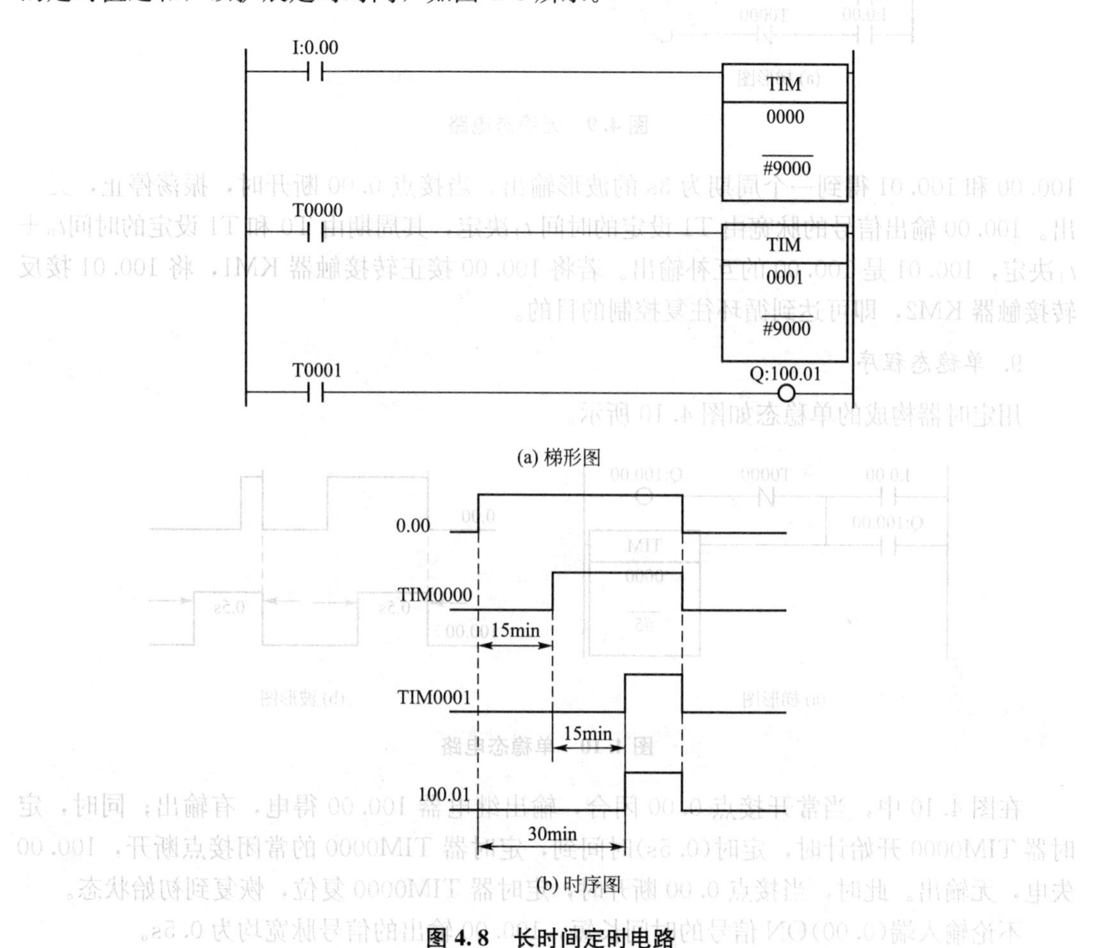

图4.8　长时间定时电路

程序说明：当输入0.00为ON时，TIM0000定时15min产生输出，其常开接点闭合使TIM0001开始定时，再定时15min后，TIM0001输出，其常开接点闭合，输出继电器100.01导通。显然，输入0.00接通后，延时30min使100.01接通。

8. 循环定时程序

用定时器构成的循环定时程序本质上就是无稳态程序，其电路图如图4.9所示。

在图4.9中，无稳态电路又称为多谐振荡器。当接点0.00闭合，定时器TIM0000开始计时；1s时间到，常开接点T0000闭合，定时器TIM0001开始计时；2s时间到，常闭接点T1断开，将定时器TIM0000复位导致常开接点T0断开，使定时器TIM0001复位导致常闭接点T1闭合，使定时器TIM0000又重新开始计时……于是在输出线圈

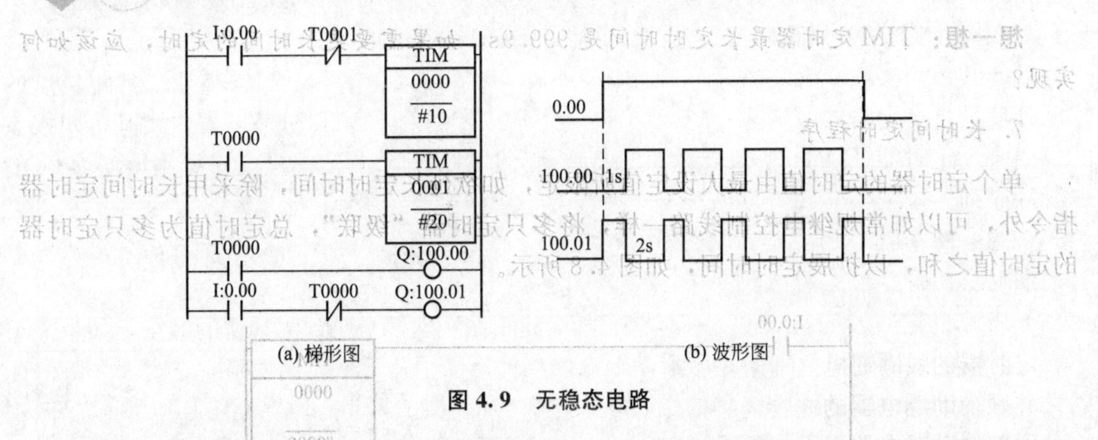

图 4.9　无稳态电路

100.00 和 100.01 得到一个周期为 3s 的波形输出。当接点 0.00 断开时，振荡停止，无输出。100.00 输出信号的脉宽由 T1 设定的时间 t_1 决定，其周期由 T0 和 T1 设定的时间 t_0+t_1 决定，100.01 是 100.00 的互补输出。若将 100.00 接正转接触器 KM1，将 100.01 接反转接触器 KM2，即可达到循环往复控制的目的。

9. 单稳态程序

用定时器构成的单稳态如图 4.10 所示。

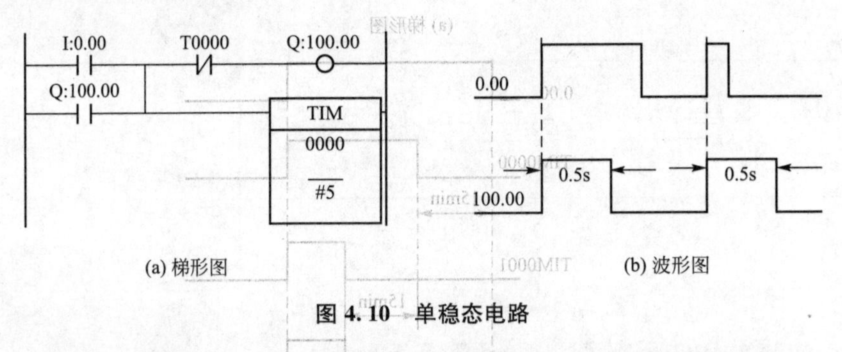

图 4.10　单稳态电路

在图 4.10 中，当常开接点 0.00 闭合，输出继电器 100.00 得电，有输出；同时，定时器 TIM0000 开始计时，定时(0.5s)时间到，定时器 TIM0000 的常闭接点断开，100.00 失电，无输出。此时，当接点 0.00 断开时，定时器 TIM0000 复位，恢复到初始状态。

不论输入端(0.00)ON 信号的时间长短，100.00 输出的信号脉宽均为 0.5s。

10. 连续脉冲产生程序

用定时器构成的连续脉冲发生电路如图 4.11 所示。

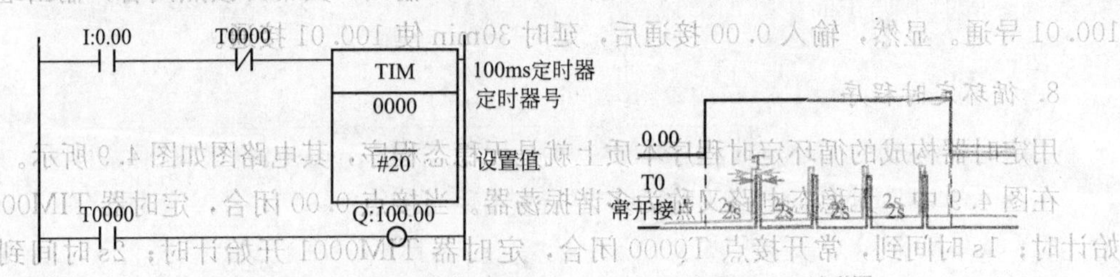

图 4.11　脉冲序列发生电路

在图 4.11 中，当控制接点 0.00 闭合时，定时器 TIM0000 开始定时，2s 后，定时时间到，其常闭接点断开，常开接点闭合，100.00 接通。在下一个扫描周期，常闭接点的断开使其自身定时器 TIM0000 复位。再下一个工作周期，因 TIM0000 复位，其常闭接点再闭合，定时器 TIM0000 又开始第二次定时，如此循环，在其常开接点得到周期为 2s 的脉冲序列。

想一想：PLC 的定时器相当于继电控制电路的时间继电器，那么定时器怎样来实现时间继电器的瞬动触点的功能？

PLC 的定时器的触点虽然采用普通触点的画法，实际上是延时动作的触点，如果需要在定时器的线圈通电立即动作的瞬动触点，在梯形图中，可以在接通延时定时器线圈的两端并联辅助继电器的线圈，它的触点相当于该定时器的瞬动触点，如图 4.12 所示。图中的内部辅助继电器 W100.00 的常开接点就相当于定时器 TIM0000 的瞬动触点。

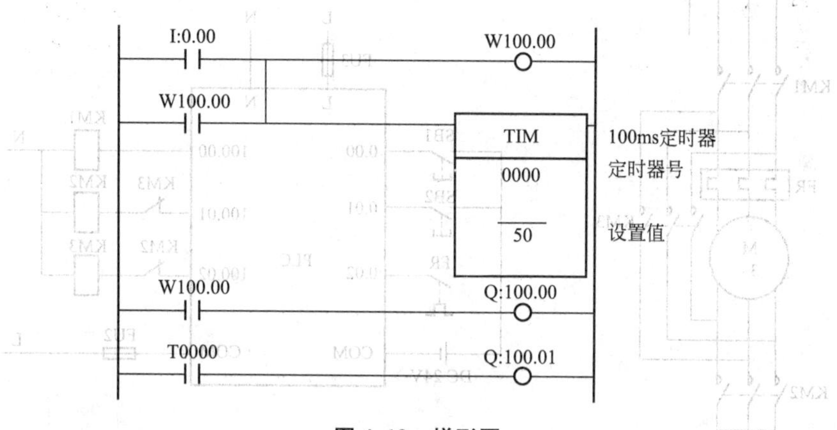

图 4.12 梯形图

4.1.2 定时器指令的应用

问题 2 PLC 定时器指令如何应用?

定时器指令的含义及使用方法已经讲得很清楚了，那么，在具体的控制系统中，如何正确使用这些指令，达到我们的控制目的，下面通过一些具体的项目来进行应用。

1. 三相异步电动机Y/△降压起动控制

1) 控制要求

(1) 按下起动按钮 SB1，接触器线圈 KM1、KM2 得电，主回路电动机成Y接法，开始起动，同时开始定时；定时时间到，接触器线圈 KM2 失电，KM3 得电，电动机成△接法，进入正常运转。

(2) 按下停止按钮 SB2，接触器线圈均失电，主回路电动机停止。

(3) 若电动机过载时，FR 常开触点闭合，接触器线圈也均失电，电动机停止。

(4) KM2 和 KM3 除在输出回路中有硬触点互锁外，还要求在梯形图程序中也互锁。

2) PLC 的 I/O 点的确定和分配

分析工艺过程，找出控制的因果关系。根据找出的因果关系，确定用 PLC 控制的 I/O 信号及信号的数量，并且按照 PLC 机型给 I/O 信号分配地址，见表 4-2。

表 4-2　I/O 地址分配表

输入元件	符号	输入地址	输出元件	符号	输出地址
起动按钮	SB1	0.00	接触器线圈	KM1	100.00
停止按钮	SB2	0.01	接触器线圈	KM2	100.01
热继电器常开触点	FR	0.02	接触器线圈	KM3	100.02

3）绘制主电路和 PLC 的 I/O 接线图

三相异步电动机Y/△降压起动控制电路如图 4.13 所示，其中图 4.13(a)是主回路，图 4.13(b)是 PLC 控制回路。

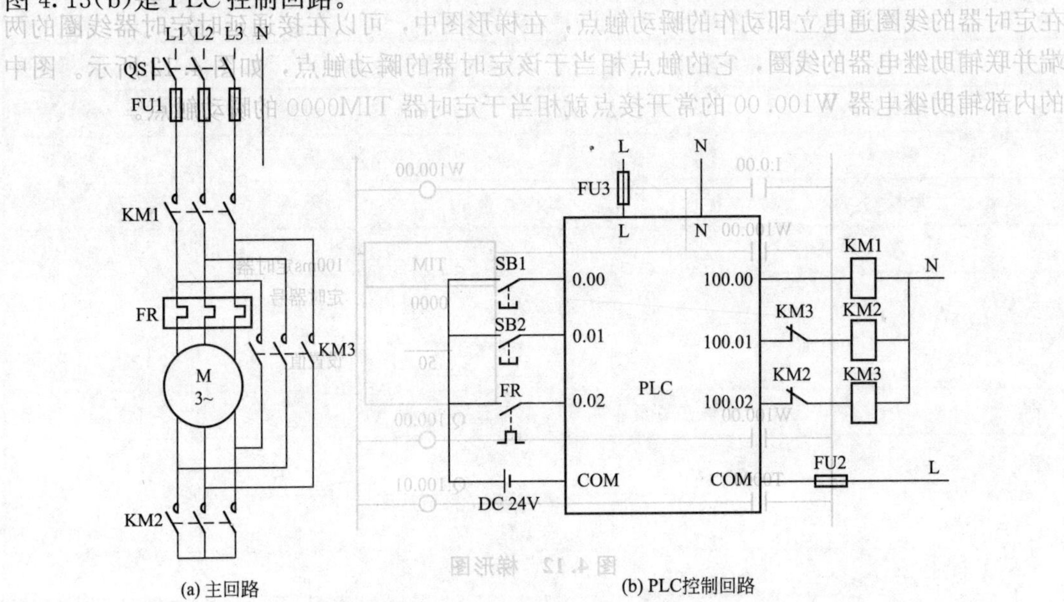

(a) 主回路　　(b) PLC控制回路

图 4.13　三相异步电动机Y/△降压起动电路

4）编写控制程序

符合Y/△降压起动控制要求的梯形图如图 4.14 所示。

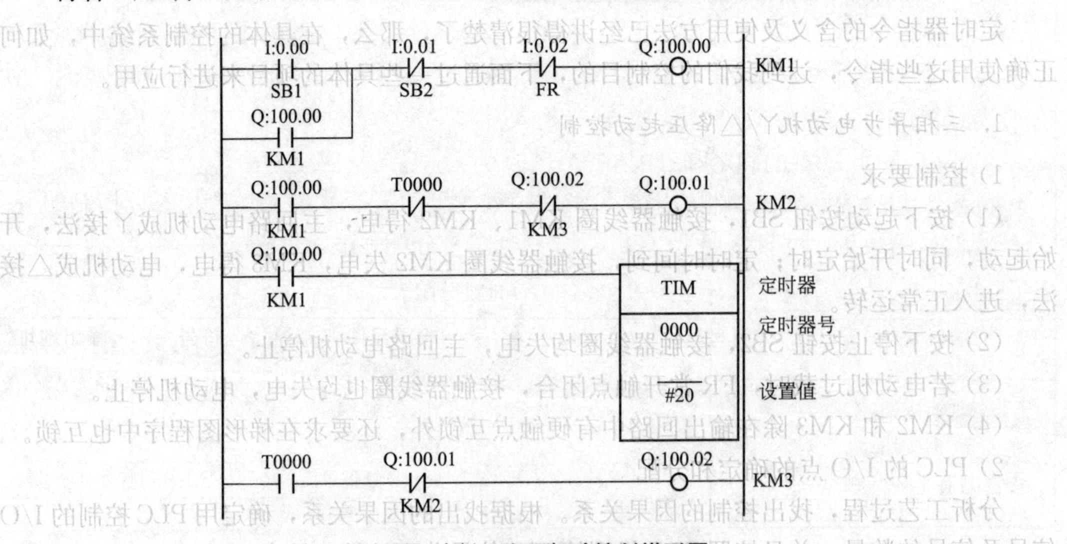

图 4.14　Y/△降压起动控制梯形图

在图 4.14 中，当按下起动按钮 SB1 时，接点 0.00 闭合，输出继电器 100.00 得电并自锁，常开接点 100.00 闭合，导致输出继电器 100.01 也得电，此时 KM1、KM2 得电，电动机联结成星型起动；与此同时，定时器 TIM0000 开始计时；2s 时间到，常闭接点 T0 断开，输出继电器 100.01 失电，其常闭接点 100.01 闭合，又因为常开接点 T0 闭合，所以输出继电器 100.02 得电，此时 KM1、KM3 得电，电动机联结成三角形投入稳定运行。在输出线圈 100.01 和 100.02 各自的回路中，相互串联了 100.02 和 100.01 的常闭接点，使输出线圈 100.01 和 100.02 不能同时得电，达到软互锁的目的。热继电器 FR 和停止按钮 SB1 的功能同前所述。

2. 皮带运输机控制

皮带运输机的示意图如图 4.15 所示。

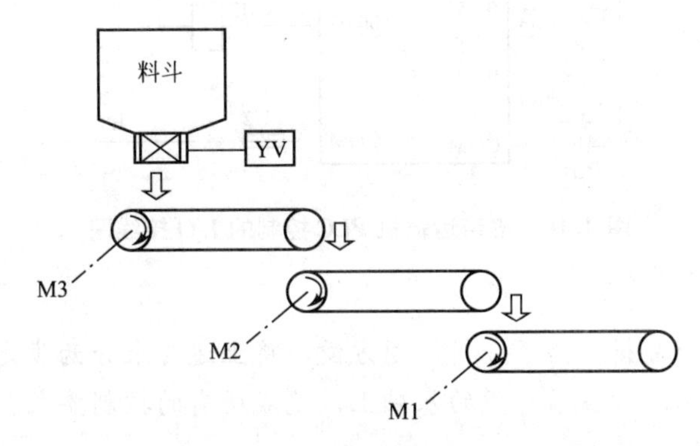

图 4.15　皮带运输机的示意图

1）控制要求

（1）正常起动：起动时为了避免在前段运输皮带上物料堆积，要求逆物料流动方向按一定时间间隔顺序起动，起动顺序：M1→M2→M3→YV，时间间隔分别为 6s、5s、4s。

（2）正常停止：停止顺序 YV→M3→M2→M1，时间间隔均为 4s。

（3）紧急停止：YV、M3、M2、M1 立即停止。

（4）故障停止：M1 过载时，YV、M3、M2、M1 立即同时停止；M2 过载时，YV、M3、M2 立即同时停止，M1 延时 4s 后停止；M3 过载时，YV、M3 立即同时停止，M2 延时 4s 后停止，M1 在 M2 停止后再延时 4s 停止。

2）PLC 的 I/O 点的确定和分配

分析工艺过程，找出控制的因果关系。根据找出的因果关系，确定用 PLC 控制的 I/O 信号及信号的数量，并且按照 PLC 机型给 I/O 信号分配地址，见表 4-3。

表 4-3　I/O 地址分配表

输入元件	符号	输入地址	输出元件	符号	输出地址
起动按钮	SB1	0.01	电磁阀	YV	100.00
急停按钮	SB2	0.02	M1 接触器	KM1	100.01
停止按钮	SB3	0.03	M2 接触器	KM2	100.02
热继电器 1 常开触点	FR1	0.04	M3 接触器	KM3	100.03
热继电器 2 常开触点	FR2	0.05			
热继电器 3 常开触点	FR3	0.06			

3）绘制 PLC 的 I/O 接线图

皮带运输机 PLC 控制的 I/O 接线图如图 4.16 所示。

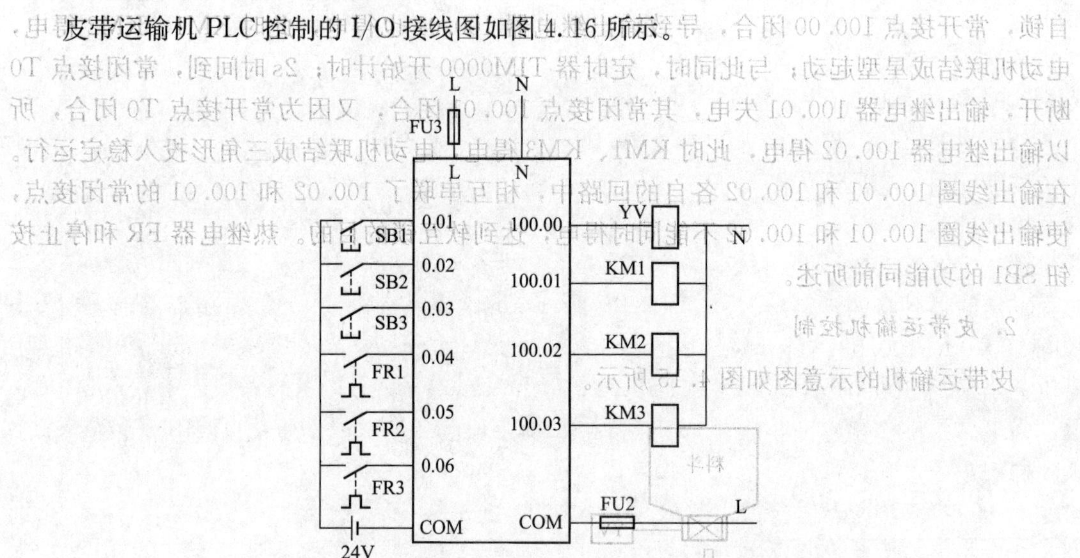

图 4.16　皮带运输机 PLC 控制的 I/O 接线图

4）编写控制程序

分析：从控制要求分析，为了分析问题方便，将上述要求分两步走：第一步只考虑顺序起动和紧急停止，第二步在第一步的基础上，完成所有的控制要求。

（1）顺序起动和紧急停止

顺序起动和紧急停止如图 4.17 所示。在图中，利用了 3 个定时器，由各定时器的常开接点依次控制下一个状态的实现。例如，起动时，按下起动按钮 SB1，接点 0.01 闭合，输出继电器 100.01 得电并自锁，同时定时器 TIM0000 开始计时，定时 6s；定时时间到，

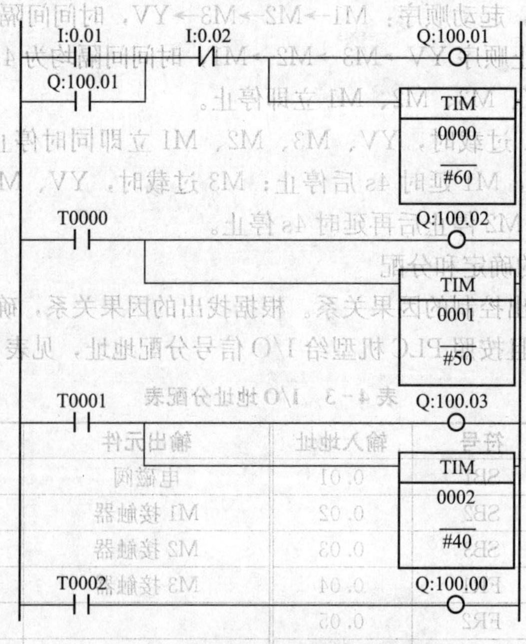

图 4.17　顺序起动和紧急停止

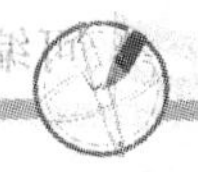

常开接点 T0 闭合，输出继电器 100.02 得电，同时定时器 TIM0001 开始定时……，直到输出继电器 100.00 得电。若按下紧急停止按钮 SB2，则常闭接点 0.02 断开，按梯形图顺序，依次使 100.01 失电，TIM0000 复位，100.02 失电，TIM0001 复位，100.03 失电，TIM0002 复位，100.00 失电。

(2) 顺序起动、紧急停止、正常停止和过载保护

功能完整的梯形图如图 4.18 所示。在图中，增加了三条梯形图，用于正常停止控制。在新增加的第一条梯形图中，按下正常停止按钮 SB3 时，接点 0.03 闭合，W200.01 得电并自锁，定时器 TIM0003 开始定时，然后依次起动 TIM0004、TIM0005，进入正常停止过程；定时器各自的常闭接点串联到前四条的梯形图中，如图 4.18 中虚线框内所示，使线圈 100.00、100.03、100.02、100.01 依次失电，TIM0002、TIM0001、TIM0000 依次复位；当最后 100.01 失电后，其常开接点断开，使 TIM0003、TIM0004、TIM0005 复位，为下一次操作做好准备。对过载情况的处理，根据控制要求，将各热继电器的接点接入到梯形图中点画线框所示位置，其作用请读者自行分析。

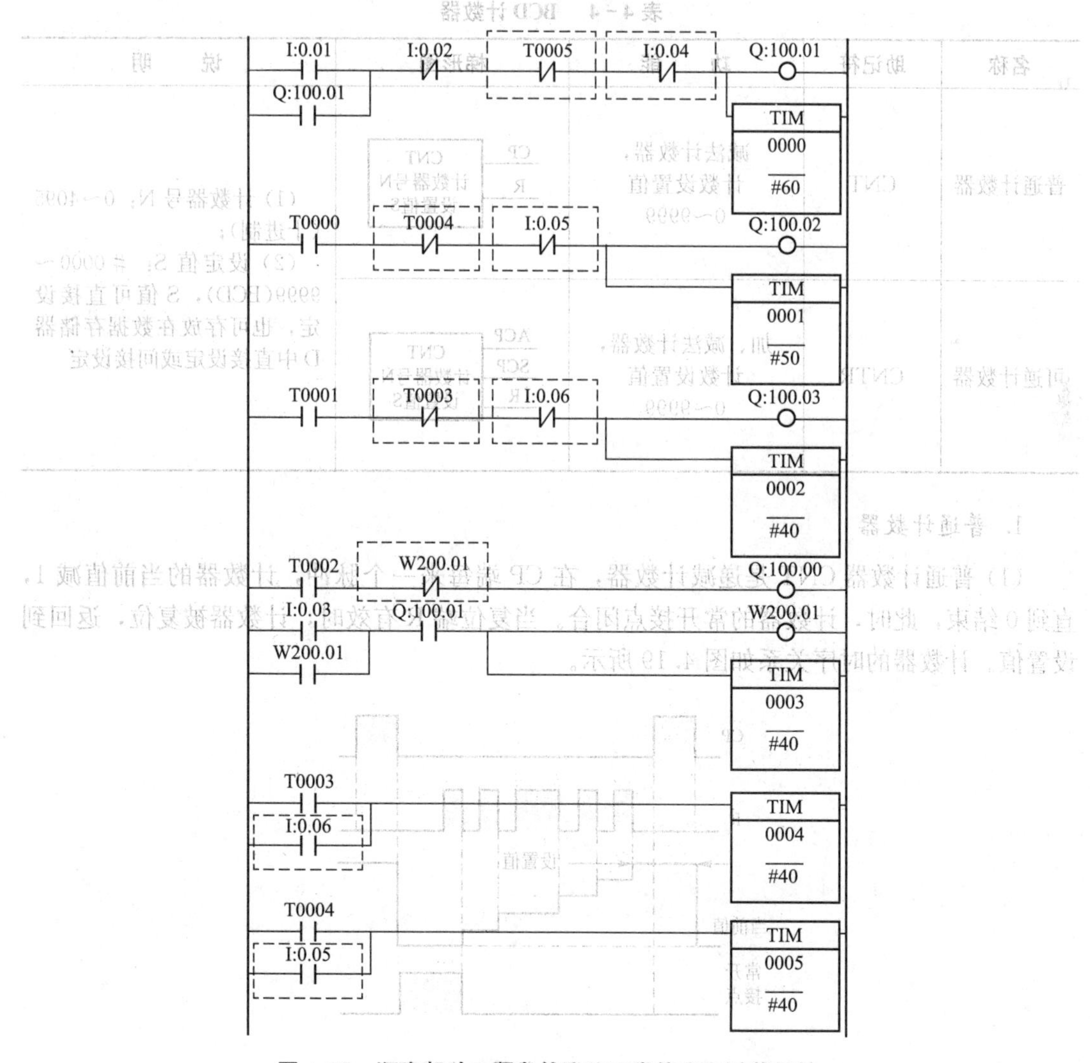

图 4.18 顺序起动、紧急停止、正常停止和过载保护

4.2 计数器指令及应用

问题 3　PLC 有哪些计数器指令?

计数控制就是以数量作为条件的控制。计数器的指令主要包括普通计数器、可逆计数器及复位计数器。指令都有一个计数器(编)号 N。在编程时，计数器号不能重叠，计数器号为 0～4095。

4.2.1　计数器指令

常用的计数器指令有 CNT(BCD 计数器)、CNTR(BCD 可逆计数器)，如果在指令后缀 X，并在 CX－P 编程软件的“PLC 属性”设定为“以二进制形式执行定时器/计数器”，即成为以二进制 BIN 计数的计数器。BCD 计数器见表 4－4。

表 4－4　BCD 计数器

名称	助记符	功　能	梯形图	说　明
普通计数器	CNT	减法计数器，计数设置值 0～9999	CP R CNT 计数器号N 设置值S	(1) 计数器号 N：0～4095 (十进制)； (2) 设定值 S：＃0000～9999(BCD)，S 值可直接设定，也可存放在数据存储器 D 中直接设定或间接设定
可逆计数器	CNTR	加、减法计数器，计数设置值 0～9999	ACP SCP R CNT 计数器号N 设置值S	

1. 普通计数器

(1) 普通计数器 CNT 是递减计数器，在 CP 端每来一个脉冲，计数器的当前值减 1，直到 0 结束，此时，计数器的常开接点闭合。当复位端 R 有效时，计数器被复位，返回到设置值。计数器的时序关系如图 4.19 所示。

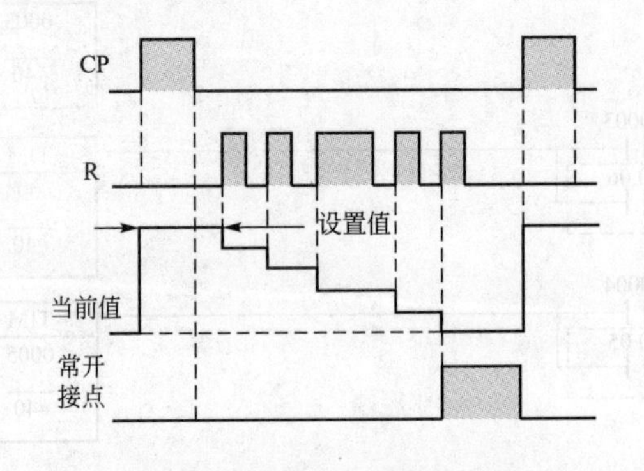

图 4.19　普通计数器工作过程

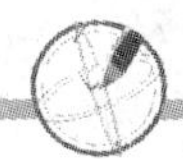

（2）程序举例。

① 计数器 CNT 的计数功能：普通计数器 CNT 指令的使用如图 4.20 所示。在输入继电器接点 0.01 接通期间，接点 0.00 有两次接通，但此时计数器不计数，因为当计数器 CP 与复位逻辑 R 同时接通时，复位优先。只有当接点 0.01 断开后，计数器才开始计数，0.00 每接通一次，计数值减 1。当 0.00 接通 3 次时，计数器计数值减到 0，其动合接点 C0001 动作，使输出继电器 100.01 产生输出。此后，0.00 再接通，计数器计数仍然是 0，其动合接点一直保持闭合，直到被复位。

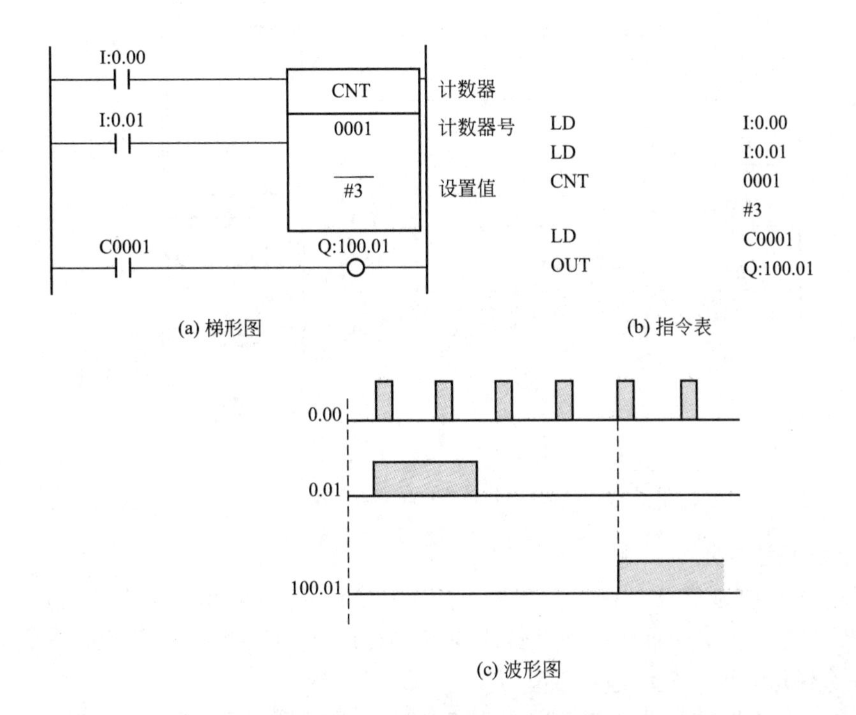

图 4.20　计数器 CNT 指令的使用

② 计数器 CNT 的定时功能：如果把图 4.20 中的 0.00 换成 P _ 1s(产生秒脉冲)，则计数器又可以当定时器使用，如图 4.21 所示，当计数器设置值为＃500，当计数器满 500 时，其计数过程所用的时间刚好是 500s。

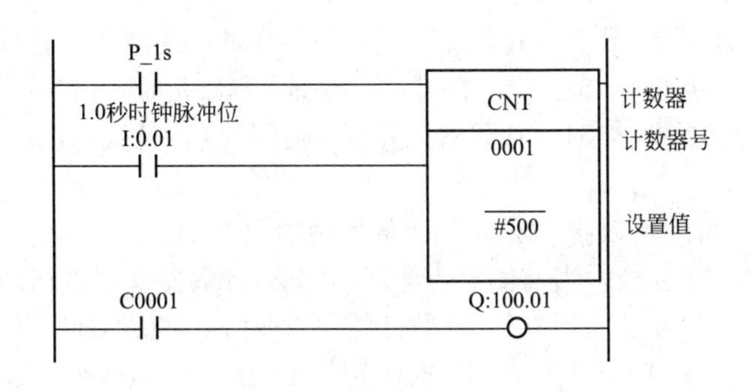

图 4.21　CNT 的定时功能

注意：由于计数器有掉电保护功能，所以用计数器做成的定时器也有掉电保持功能。

③ 计数器 CNT 容量的扩展：用一个计数器的常开接点作为另一个计数器的计数输入，即两个计数器连用，就可以实现计数器容量的扩展，总的计数器容量为两个计数器设定值的乘积，如图 4.22 所示。图中，用 P－First－Cycle 对两个计数器进行初始复位，计数过程中 CNT0001 能自复位。

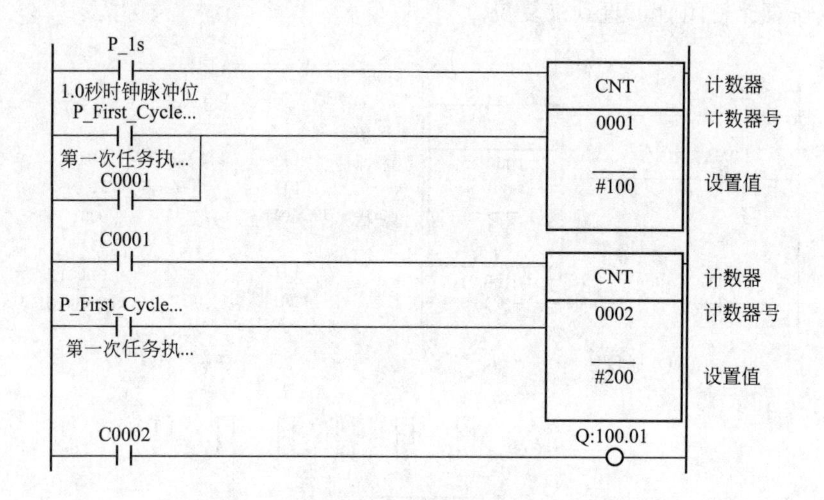

图 4.22　CNT 容量的扩展

（3）指令使用说明。

① 当复位端 R 为 OFF，在 CP 端执行条件从 OFF 变 ON(相当于上升沿)时，计数器从 PV＝SV 值开始依次减计数；当计数器的当前值 PV 计到零时，计数器的完成标志变为 ON，并一直保持 ON，直到复位为止。

② 计数器具有断电保持功能，当电源断电时，计数器的当前值保持不变。

③ 当 SV 不是 BCD 数或间接寻址的 DM 通道不存在时，ER 标志位置为 ON（出错）。

2. 可逆计数器

（1）可逆计数器 CNTR 既可递增计数，又可递减计数。ACP 为加计数脉冲输入端，SCP 为减计数脉冲输入端，R 为复位端。可逆计数器在进位或借位时有输出，即在加计数过程中当加到设置值再加 1，或在减计数过程中减到 0 再减 1 时，计数器的常开接点闭合，常闭接点断开。当复位端有效时，计数器被复位，返回到 0。计数器的时序关系如图 4.23 所示。

（2）程序举例。可逆计数器 CNTR 指令的使用如图 4.24 所示。当复位端 0.02 为 ON 时，计数器 CNTR0001 复位，当前值 PV 变为 0，此时计数器既不进行加计数，也不进行减计数。当复位端 0.02 变为 OFF 时，计数开始，当前值 PV 在加计数脉冲输入端 0.00 或减计数脉冲输入端 0.01 从 OFF 变为 ON 时分别加 1 或减 1。但两个计数脉冲输入端同时为 ON 时，不进行计数。

（3）指令使用说明。

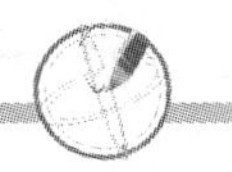

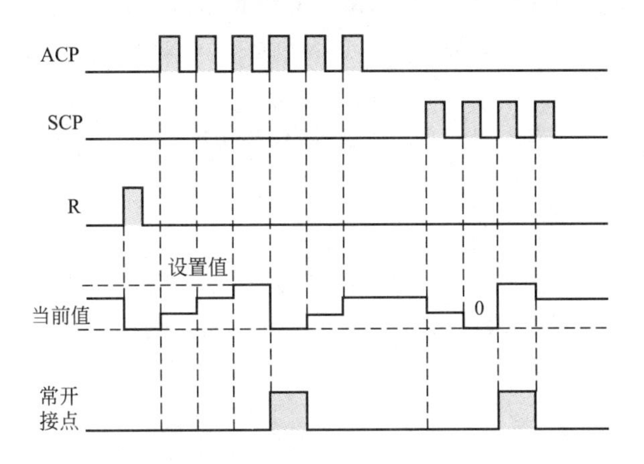

图 4.23　可逆计数器的时序关系

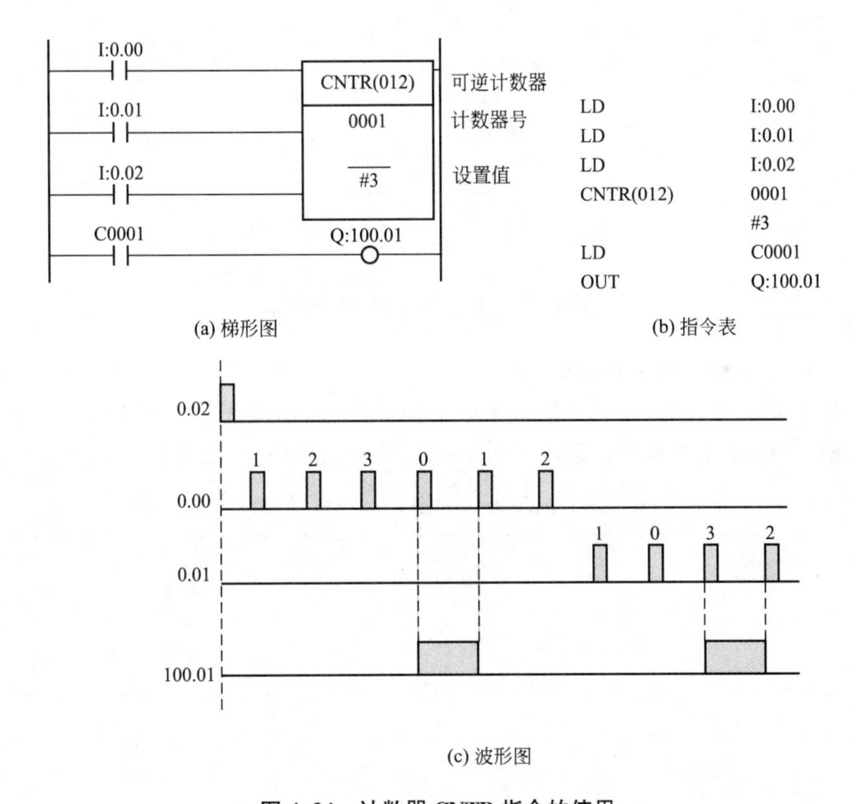

图 4.24　计数器 CNTR 指令的使用

① 可逆计数器 CNTR 当加计数端有上升沿脉冲输入时，计数器当前值加 1；当到达预置值时，计数器完成标志变为 ON，此时若再输入一个脉冲，则计数器复位到 0000，同时标志位为 OFF。当减计数端有上升沿脉冲输入时，计数器和普通计数器 CNT 一样，作递减计数。

② 加计数端和减计数端同时加上升沿脉冲时，则计数值不变。

注意：CNT 和 CNTR 指令的主要区别是当计数器 CNT 达到设定值，只要不复位，其输出就一直为ON，即使计数脉冲仍在输入；计数器CNTR达到设定值后，其输出为ON，只要不复位，在下一个计数脉冲到来时，计数器CNTR立即变为OFF，且开始下一轮计数，即CNTR是循环计数器。

4.2.2 计数器指令的应用

问题4　PLC计数器指令如何使用?

计数器指令的含义及使用方法已经讲得很清楚了，那么，在具体的控制系统中，如何正确使用这些指令，达到我们的控制目的，下面也通过一些具体的项目来进行应用。

1. 运料小车的PLC控制

1）控制要求

运料小车运行示意图如图4.25所示。按下起动按钮SB1，小车在原位SQ2处，电动机正转，小车向右运行，前进至SQ1处，撞击行程开关SQ1后，小车电动机反转，小车向左运行，运行到SQ2处，撞击行程开关SQ2后，电动机正转，小车又向右运行，如此循环往复10次后，电动机停止，小车停止运行。

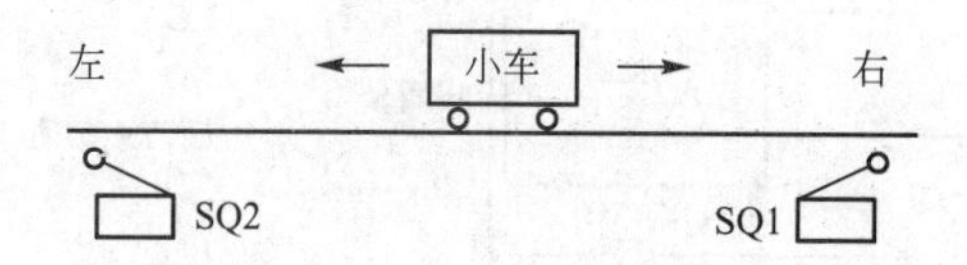

图4.25　运料小车运行示意图

2）PLC的I/O点的确定和分配

分析工艺过程，找出控制的因果关系。根据找出的因果关系，可以确定用PLC来控制密码锁的I/O信号及信号的数量，并且按照PLC机型给I/O信号分配地址，见表4-5。

表4-5　I/O地址分配表

输　入			输　出		
SB1	停止按钮	0.00	KM1	正向接触器	100.00
SB2	正向起动按钮	0.01	KM2	反向接触器	100.01
SB3	反向起动按钮	0.02			
FR	过载触点	0.03			
SQ1	右限位	0.04			
SQ2	左限位	0.05			

3）绘制PLC的I/O接线图

运料小车PLC控制的I/O接线图如图4.26所示。

4）编写控制程序

符合控制要求的梯形图如图4.27所示。

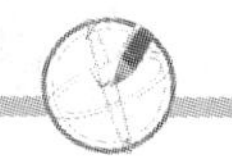

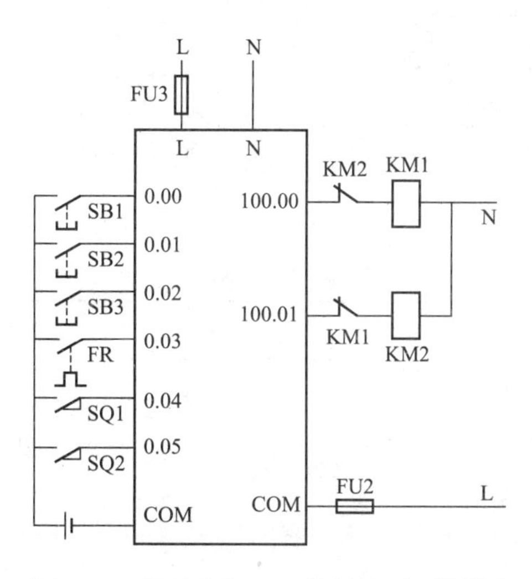

图 4.26 运料小车 PLC 控制的 I/O 接线图

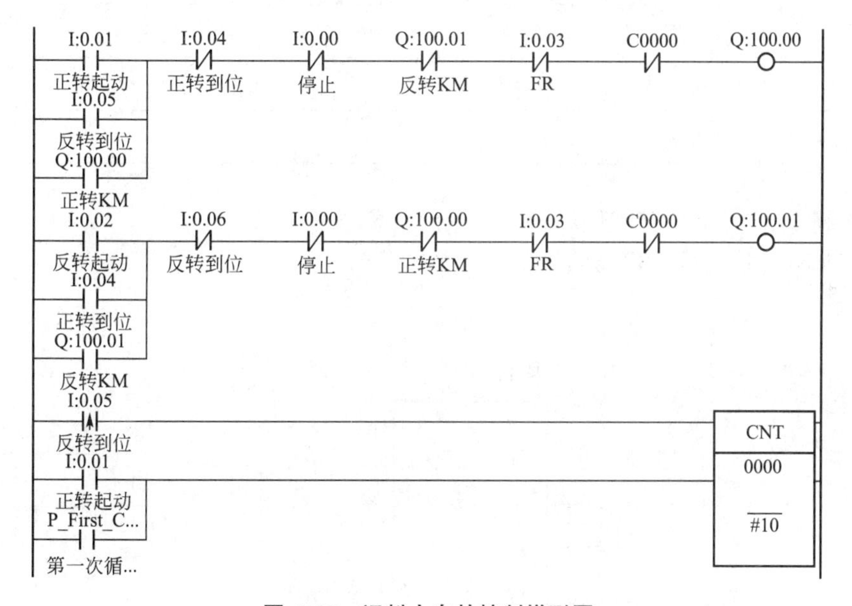

图 4.27 运料小车的控制梯形图

2. 密码锁的 PLC 控制

1）控制要求

有 8 个按钮 SB1～SB8，其控制要求如下。

① SB7：起动按钮，按下 SB7 才可以进行开锁作业。

② SB1、SB2、SB5：可按压键。开锁条件：SB1 设定按压次数为 3 次，SB2 设定按压次数为 2 次，SB5 设定按压次数为 4 次，如按此条件依次按键，则密码锁打开，并且开锁信号维持 1s。

③ SB3、SB4：不可按压键，一按压报警器就响，发出警报。

④ SB6：复位键，按下 SB6，重新开始开锁。

⑤ SB8：停止按键，按下 SB8，停止开锁作业。

2）PLC 的 I/O 点的确定和分配

分析工艺过程，找出控制的因果关系。根据找出的因果关系，可以确定用 PLC 来控制密码锁的 I/O 信号及信号的数量，并且按照 PLC 机型给 I/O 信号分配地址，见表 4－6。

表 4－6　I/O 地址分配表

输　入			输　出		
SB1	开锁条件键	0.00	KA1	开锁信号	100.00
SB2	开锁条件键	0.01	KA2	报警信号	100.01
SB3	不可按压键	0.02			
SB4	不可按压键	0.03			
SB5	开锁条件键	0.04			
SB6	复位键	0.05			
SB7	开锁起动键	0.06			
SB8	停止键	0.07			

3）绘制 PLC 的 I/O 接线图

密码锁 PLC 控制的 I/O 接线图如图 4.28 所示。

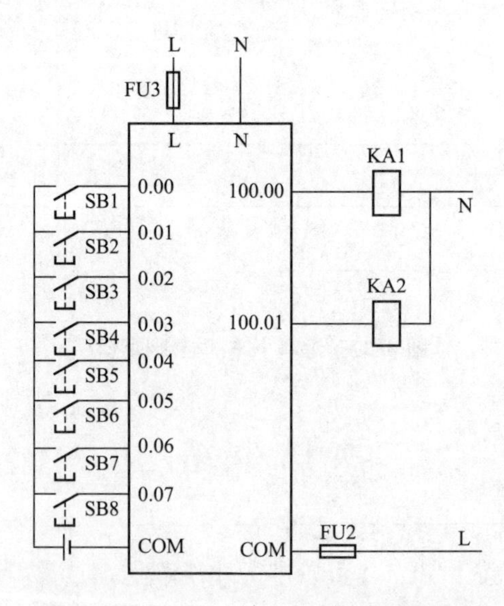

图 4.28　密码锁 PLC 控制的 I/O 接线图

4）编写控制程序

符合控制要求的密码锁 PLC 控制梯形图如图 4.29 所示。

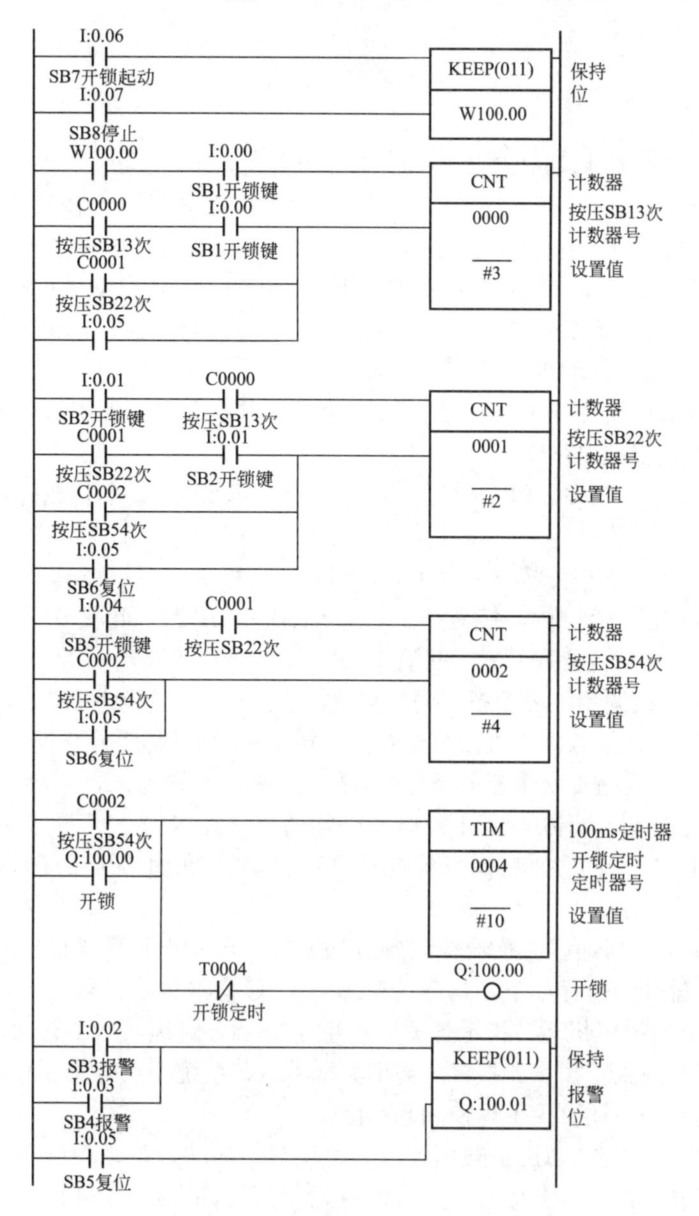

图 4.29　密码锁 PLC 控制梯形图

项 目 小 结

1. 掌握接通延时型定时器指令、断开延时型定时器指令和保持型接通延时定时器指令的格式及应用规则。
2. 掌握减计数器指令、循环计数器指令的格式及应用规则。
3. 会在程序中合理使用定时器指令。
4. 会在程序中合理使用计数器指令。

思考与练习

1. 三台电动机顺序起动和顺序停止：按一下起动 SB1 按钮，M1 电动机起动运行，10s 后 M2 电动机也起动运行，再过 10s M3 电动机也起动运行。按一下停止按钮 SB2，M3 电动机立即停止，过 10s M2 电动机停止，再过 10s M1 电动机也停止。

2. 设计电动机正、反转控制程序：按一下起动按钮 SB1，电动机正转 20s、暂停 10s、再反转 20s 后停。按一下 SB2 急停按钮，电动机运行立即停止。电动机热保护动作时运行立即停止，且故障指示灯闪烁报警。

3. 设计一个节日礼花弹引爆程序。礼花弹用电阻点火引爆器引爆，采用 PLC 控制，要求编制以下两种控制程序。

(1) 第 1～12 个礼花弹，每个引爆间隔为 0.1s；第 13～14 个礼花弹，每个引爆间隔为 0.2s。

(2) 第 1～4 个礼花弹引爆间隔为 0.1s，引爆完后停 10s，接着第 5～8 个礼花弹引爆，间隔 0.1s，引爆完后又停 10s，接着第 9～12 个礼花弹引爆，间隔 0.1s，引爆完后再停 10s，接着第 13～16 个礼花弹引爆，间隔 0.1s。

4. 某染料生产线调制一种颜料，调制步骤如下：按一下起动按钮 SB1，电磁阀 YV1、YV2 得电，液体 1、2 加入调料缸中且调料缸正转，20s 后液体 1 停止加入，再过 10s 液体 2 和调料缸都停止，再过 20s 电磁阀 YV3 得电，液体 3 开始加入，调料缸开始反转，10s 后电磁阀 YV4 也得电，液体 4 也开始加入，再过 20s 后 YV3、YV4 及调料缸反转都停止。放液电磁阀 YV5 打开放液体，当液面下降至 L 时，再过 30s 关闭放液电磁阀 YV5，再开始下一循环。

5. 高层建筑中，当烟雾传感器检测到有烟雾时，会发出报警声同时会自动起动排烟系统进行排烟。排烟的过程如下：烟雾传感器对 PLC 发出传感信号，PLC 接到信号后起动排风机 M1，同时排风机运转指示灯发亮；经过 1s 后，送风机 M2 起动，同时送风机指示灯发亮。此时接通报警扬声器报警。当烟雾排尽后，系统手动停机。排风机 M1 及送风机除可以自动起动外，还可由手动控制起动停止。

6. 自动门的控制由电动机正转(100.00)、反转(100.01)带动门的开和关。门内、外侧装有人体感应器(常开，内 0.00、外 0.01)探测有无人的接近，开、关门行程终端分别设有行程开关(常闭，开到位 0.02、关到位 0.03)。当任一侧感应器作用范围内有人，感应器输出 ON，门自动打开至开门行程开关止。两感应器作用范围内超过 10s 无人时，门自动关闭至关门行程开关关到位止。

7. 送料系统由 PLC 控制，送料系统示意图如图 4.30 所示。料仓设置“料仓空”传感器 B1，料仓出料口由电磁阀 Y1 控制。是否有料送出由传感器 B2 检测。传送带 1、2 分别由接触器 KM1、KM2 控制电动机 M1 和 M2，并分别安装有热保护继电器 FR1、FR2。SB0 为事故急停按钮，SB1 为停止按钮，SB2 为起动按钮。系统正常工作时指示灯 H1 亮，系统出现故障时指示灯 H2 亮。各 I/O 点分配见表 4-7。请编写符合控制要求的梯形图。

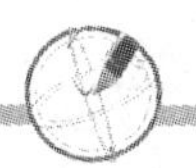

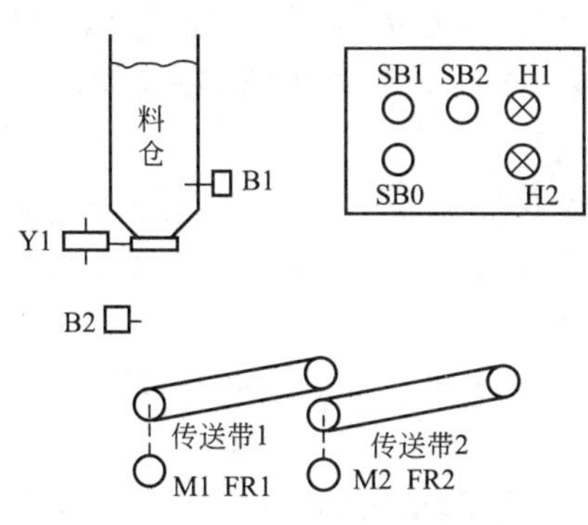

图 4.30 送料系统示意图

表 4-7 I/O 分配表

输 入		输 出	
SB0	0.00	KM1	100.00
SB1	0.01	KM2	100.01
SB2	0.02	Y1	100.02
B1	0.03	H1	100.03
B2	0.04	H2	100.04
FR1	0.05		
FR2	0.06		

(1) 当料仓内有料时(B1=1)按下起动按钮 SB2 后，电动机 M1 运行，传送带 1 运行，2s 后电磁阀 Y1 动作，料仓送料，如果有料送出(B2=1)，则电动机 M2 起动，传送带 2 运行，工作指示灯 H1 亮。如果料口被卡住(无料送出 B2=0)，则 2s 后故障指示灯 H2 闪光。

(2) 按停止钮 SB1 后，Y1 立即关闭，H1 灭，5s 后传送带 1 停止，再过 5s 后传送带 2 停止。

(3) 按急停按钮 SB0 后，或 FR1、FR2 动作时电磁阀 Y1 立即关闭，传送带 1、2 立即停止，故障指示灯 H2 亮。

(4) 如果料仓已空(传感器 B1=0)，超过 2s 后系统自动进入停止状态，并且故障指示灯 H2 亮。(提示：参考皮带运输机控制)

8. 路灯定时接通、断开控制要求是 19：00 开灯，6：00 关灯，用时钟运算指令控制，设计出梯形图。

9. 现有 8 盏彩灯 H1～H8，将其设计成“追灯”(即流水灯)效果，试根据以下要求设计出梯形图，并 PLC 上模拟调试通过。

(1)“追灯”花样的控制要求：能实现以下两种彩灯移动方式的选择。

① 按单灯移动：H1 亮 1s 后灭→H2 亮 1s→H3 亮 1s 后灭→……→H8 亮 1s 后灭→8 盏灯全灭 1s→8 盏灯全亮 1s→H1 亮 1s 后灭→……，自动循环。

② 按双灯移动：H1、H3 亮 1s 后灭→H2、H4 亮 1s→H3、H5 亮 1s 后灭→……→

H4、H6 亮 1s 后灭→H5、H7 亮 1s 后灭→H1、H3 亮 1s 后灭→……，自动循环。

（2）彩灯移动速度的控制要求：能实现以下两种移动速度的选择。

① 彩灯能按 1s1 次的速度移动。

② 彩灯能按 2s1 次的速度移动。

（3）其他要求：具有暂停功能。在任意时刻接通暂停按钮，彩灯保持该时刻状态不变；断开暂停按钮，彩灯继续运行。

10. 有 4 台电动机 M1、M2、M3、M4，请根据以下控制要求，设计出相应的梯形图，并 PLC 上模拟调试通过。

（1）电动机的起动顺序：按下起动按钮，M1 起动→M2 起动→M3 起动→M4 起动，每台电动机起动间隔时间为 10s。

（2）电动机的停止顺序：按下停止按钮，M4 停止→M3 停止→M2 停止→M1 停止，每台电动机停止间隔时间为 10s。

（3）在电动机起动过程中，随时按下停止按钮，立即停止刚起动的本台电动机，然后按停止顺序和原有时间间隔逐台停止所有电动机。

（4）数码管在电动机没有起动前，显示“0”，并按照亮 1s 灭 1s 的规律闪烁。电动机起动后，数码管显示已经起动的电动机数量。

（5）停止电动机时，数码管的显示数字也相应减少，并显示尚未关闭的电动机数量。当电动机全部停止后，数码管应显示“0”，并按照亮 1s 灭 1s 的规律闪烁。

11. 居室安全系统是指居室户主在度假期间，利用室内的一些灯光等设备设施的运作，使盗窃分子产生一种错觉，从而达到居室安全的目的。在户主度假期间，4 个居室的百叶窗在白天时打开，在晚上时关闭。而 4 个居室的照明灯在晚上 6：00—10：00 轮流接通点亮 1h。这样使人感觉到居室有人居住。PLC 控制系统由户主在外出时早晨 7：00 起动。试设计出符合控制要求的梯形图。

项目5

可编程控制器顺序控制

项目导读

在工业控制系统中，顺序控制的应用最为广泛，特别在机械行业中，几乎都是利用顺序控制来实现机械加工的自动控制。所谓顺序控制，就是按照生产工艺预先规定的顺序，在各个输入信号的作用下，根据内部状态和时间的顺序，生产过程的各个执行机构自动有序地进行操作。

本项目将结合具体的任务，介绍顺序控制的几个基本概念、顺序功能图的绘制方法、相关指令的基本功能及相应的PLC控制程序设计方法。

知识目标	➢ 熟悉顺序功能图的组成 ➢ 熟悉顺序功能图的四种基本结构 ➢ 掌握相关指令的基本功能
能力目标	➢ 能够根据工艺要求画出顺序功能图 ➢ 能够根据顺序功能图画出梯形图

5.1 顺序功能图

5.1.1 工步

在实际的控制系统中，经常可以将生产过程的控制以工艺规定的工序划分成若干段，每一个工序完成一定的控制功能，在满足转移条件后，从当前工序转移到下一个工序。

问题 1 什么是工步？如何划分工步？

生产机械的一个工作循环可以分成若干个工序顺序进行，在每一个工序中，生产机械进行着特定的动作。在顺序控制系统中，我们把每一个工序称为“工步”或“状态”，当一道工序完成做下一道工序时，可以表述为从一个工步转移到另一个工步。

工步是依据生产机械即 PLC 控制对象工作状态的变化来划分，控制对象工作状态的变化是由 PLC 输出继电器状态的变化引起的，所以 PLC 输出继电器状态的变化可以作为工步划分的依据。如某机械动力头的动作过程，动力头在原始位置 SQ3 处时按一下起动按钮 SB1，动力头首先“快进”至 SQ1 处再“工进”至 SQ2 处，然后“快退”回 SQ3 处时再“停止”，该动力头整个动作过程可以划分为四个工步，即“快进”“工进”“快退”“停止”四个工步，如图 5.1(a)所示。该动力头的动作是由 PLC 的输出点 100.00、100.01、100.02 控制的，如图 5.1(b)所示。从图中可以看出，快进时 100.00、100.01 两个输出点的状态为“ON”；工进时 100.00 输出点的状态为“ON”；快退时 100.02 输出点的状态为“ON”；停止时，没有输出。

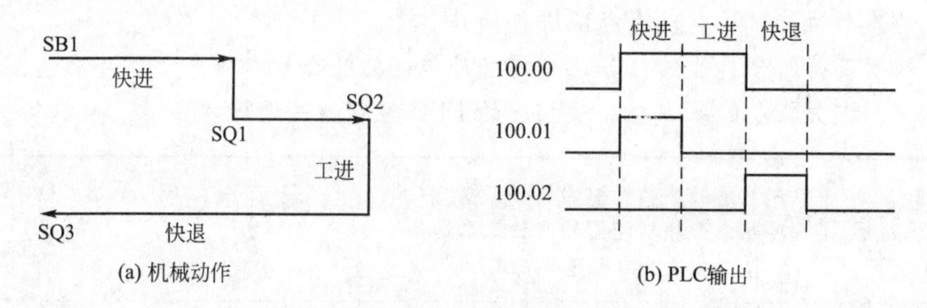

图 5.1 工步的划分

5.1.2 顺序功能图的组成元素

顺序功能图由工步、动作、有向线段、转换和转换条件组成，如图 5.2(a)所示。图 5.2(b)所示为前述动力头的顺序功能图。

1. 工步

顺序功能图中用矩形框表示步，矩形方框中是代表该步的编程元件的元件号，常用 PLC 内部辅助继电器来表示，为了便于识读功能图也可以再加上中文注释。

(1) 初始步与系统的初始状态相对应的步称为初始步，初始状态一般是系统等待起动命令的相对静止的状态，用双线框表示，如 W0.00 。

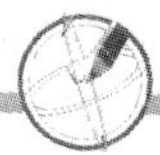

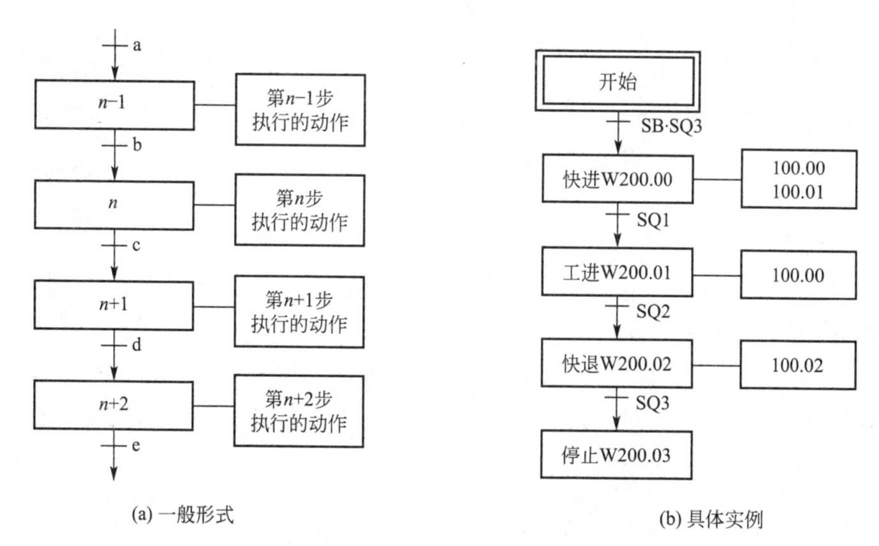

图 5.2　功能顺序图的基本组成

(2) 活动步当处于某一步所在的阶段时，该步处于动作状态，称该步为“活动步”。步处于活动状态时，相应的动作(输出)为“ON”，处于不活动状态的步，其相应的动作(输出)为“OFF”。

2. 与步对应的动作

与步对应的动作用矩形框中的符号与注释来表示，画在相对应的步的右边并用横线将两者相连接，一个步可以有多个动作，也可以没有任何动作。

3. 有向线段

在画顺序功能图时，将各步的矩形方框按它们成为活动的先后次序顺序排列，并用有向线段将它们连接起来，表示步活动进展的方向。若步的活动进展方向是从上向下的，有向线段的箭头可以省略不画。如果不是上述方向，则必须用箭头标明工步进展的方向。

4. 工步的转换及转换条件

步的活动状态的进展是由转换来实现的，系统从一个工步进入另一个工步，称为工步的转换。导致工步转换的原因称为转换条件，常用的转换条件有各种输入信号、定时器触点、计数器触点等。如动力头由快进工步转为工进工步的转换条件是行程开关 SQ1 动作；由工进工步转为快退工步的转换条件是行程开关 SQ2 动作；由快退工步转为停止工步的转换条件是行程开关 SQ3 动作；由开始工步转为快进工步的转换条件是起动按钮 SB1 和行程开关 SQ3 的逻辑与组合。

转换用垂直于有向线段的短划线来表示，转换将相邻两个工步隔开，边上的字符为转换条件，在图 5.2(a)中，b 为 $n-1$ 工步转出、n 工步转入的条件。转换条件可以写元件名称，如 SB・SQ3；也可能写元件地址，如 0.00・0.01。转换条件 a 和 $\bar{a}$，分别表示转换信号“ON”或“OFF”时条件成立；转换条件 a↑和 a↓分别表示转换信号从“OFF”变成“ON”和从“ON”变成“OFF”时条件成立。

5.1.3 顺序功能图的基本结构

根据工步与工步之间转换的不同情况，顺序功能图有以下几种不同的基本结构。

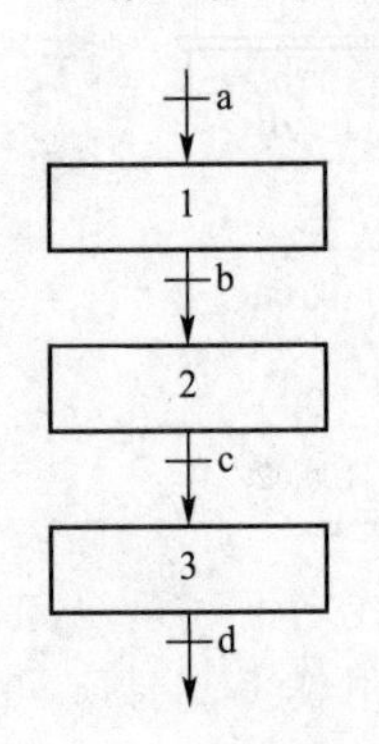

图 5.3 单列结构功能顺序图

1. 单列结构

单列结构由一系列相继激活的工步组成，每一步的后面仅有一个转换，每一个转换的后面只有一个工步，如图 5.3 所示。为了叙述方便，在图中只画出了状态及其转换条件，每一状态的输出，不在图中表现出来。

在图 5.3 中，在状态 1 有效时，若转换条件 b 成立，立即转入状态 2，同时复位状态 1；在状态 2 有效时，若转换条件 c 成立，立即转入状态 3，同时复位状态 2。

2. 选择结构

选择结构由选择开始和选择结束两部分组成。选择开始称为分支，是指在某一工步有效时，根据转换条件的不同，可选择不同的分支流向，但只有一条分支可选，任何两条分支都不可能同时激活，如图 5.4(a)所示，分支的转换条件必须画在水平连线之下。选择结束称为合并，几个选择分支工步合并到一个公共的工步，如图 5.4(b)所示，合并的转换条件必须画在水平连线之上。

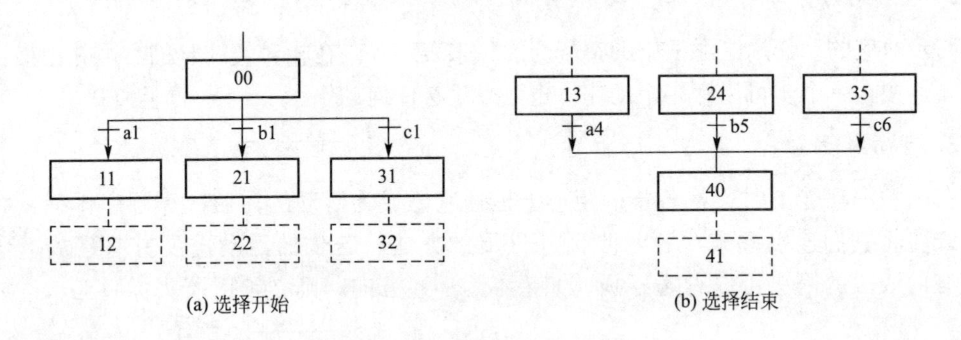

图 5.4 选择结构顺序功能图

在图 5.4(a)中，状态 00 面临着三种选择，在状态 00 有效时，若转换条件 a1 成立，转向状态 11；若转换条件 b1 成立，转向状态 21；若转换条件 c1 成立，转向状态 31。不管转向哪一个状态，均复位状态 00。当转到某一分支后，该分支工作，其他两条分支不工作。在图 5.4(b)中，无论哪一条分支运行到该分支的最后一个状态，只要相应的转换条件成立，都能转到状态 40，同时将转换前的状态复位。

3. 并列结构

并列结构也由并列开始和并列结束两部分组成。并列开始是指在某一状态有效时，若转出条件成立，可使后继的每一条分支同时激活，如图 5.5(a)所示，转换条件必须画在水平连线之上，且只允许有一个转换条件。几个分支同时激活后，每个分支中活动步的进展将是独立的。

并列结束是当每条分支各自先后进行到各自分支的最后状态，当转换条件成立时，转

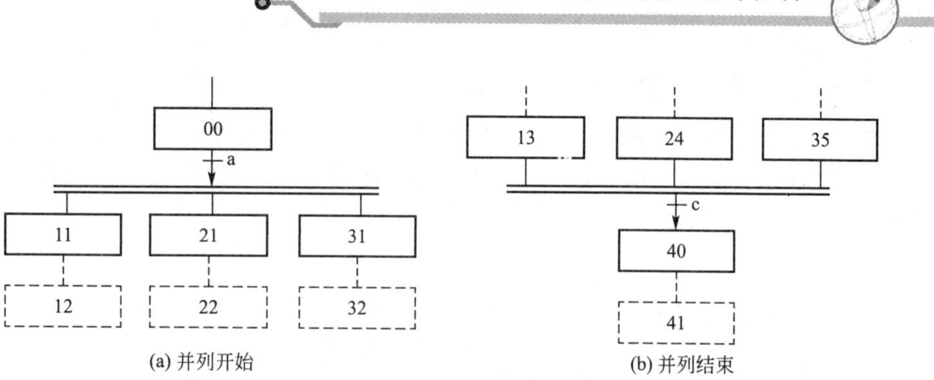

(a) 并列开始　　(b) 并列结束

图 5.5　并列结构顺序功能图

入到一个共同的状态，如图 5.5(b)所示，转换条件必须画在水平连线之下，且只允许有一个转换条件。值得注意的是，为了强调转换的同步实现，水平连线用双线表示。

在图 5.5(a)中，状态 00 后面紧跟着三条分支，在状态 00 有效，且转换条件 a 成立时，同时转向状态 11、状态 21 和状态 31，三条分支同时运行，且复位状态 00。在图 5.5(b)中，三条分支都必须分别运行到最后一个状态 13、24、35，若转换条件 c 成立，则转入状态 40，同时将状态 13、24 和 35 复位。

4. 循环结构

循环结构有单循环、条件循环、多重循环等几种，单循环和条件循环如图 5.6 所示。

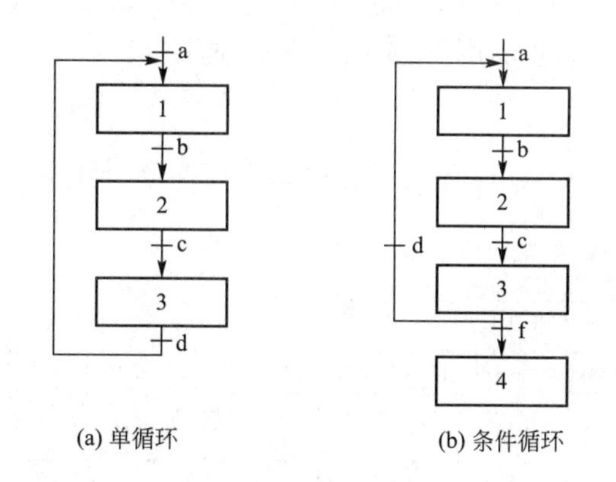

(a) 单循环　　(b) 条件循环

图 5.6　循环结构顺序功能图

在图 5.6(a)中，只要转换条件 a 成立，立即进入状态 1，而后根据转换条件，依次进入各个状态，在状态 3 时，若条件 d 成立，则返回到状态 1，周而复始，依次循环。

在图 5.6(b)中，当状态 3 有效时，若转换条件 d 成立，则如单循环一样，返回到状态 1，继续循环；当状态 3 有效时，若转换条件 f 成立时，则跳出循环，转到状态 4。

5.1.4　顺序功能图梯形图程序的编写

顺序功能图的结构多种多样，但不管哪种结构，都可采用前面学习过的时序 I/O 指令来编写梯形图，用这个方法编写出的梯形图具有更大的自由度和灵活性。

问题 2　如何用时序指令编写顺序功能图的梯形图程序？

1. 时序 I/O 指令编写梯形图的方法

用时序 I/O 指令编写顺序功能图的梯形图程序的方法是将每个工步号的继电器线圈用图 5.7 所示的程序功能模块来驱动，然后用工步号的继电器的常开接点的组合驱动输出。程序功能模块的含义如下。

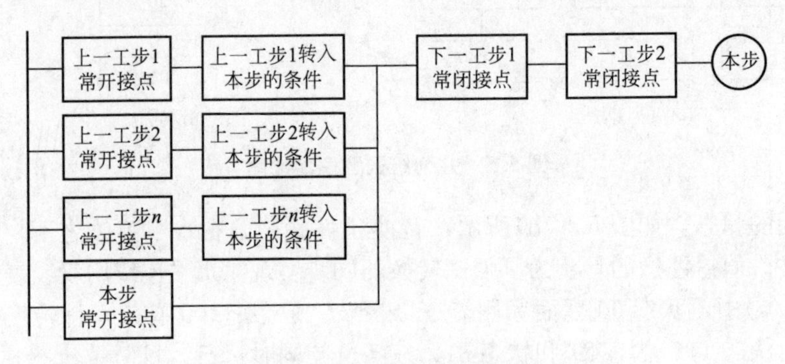

图 5.7　程序功能模块

(1) 将本步的上一工步的常开接点和相应的转换条件串联形成一个驱动模块，本步有几个上一工步就有几个驱动模块，并将这些驱动模块并联，最后用本步自己的常开接点自锁。

(2) 将本步的所有下一工步的常闭接点串联到上述驱动模块后驱动本工步线圈，当进入到下一工步时，下一工步的常闭接点断开，复位本工步。

2. 程序举例

以顺序功能图 5.8 为例，用时序 I/O 指令来编写梯形图程序。

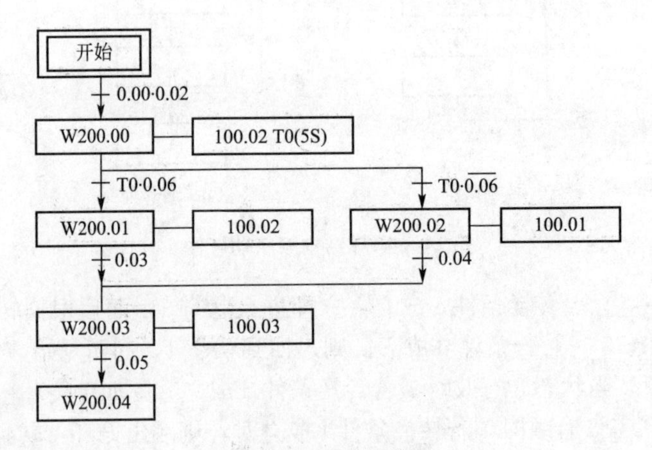

图 5.8　顺序功能图

用时序 I/O 指令编写的程序如图 5.9 所示。从图 5.9 可以看出，起动时接点 0.00 和 0.02 同时闭合，驱动 W200.00，当进入工步 W200.01 或工步 W200.02 时，常闭接点断开，复位 W200.00 工步。

依此类推，其他各工步都一样的编程方法。为了避免双线圈输出，各步的输出在工步转换程序模块后以组合的形式写出。

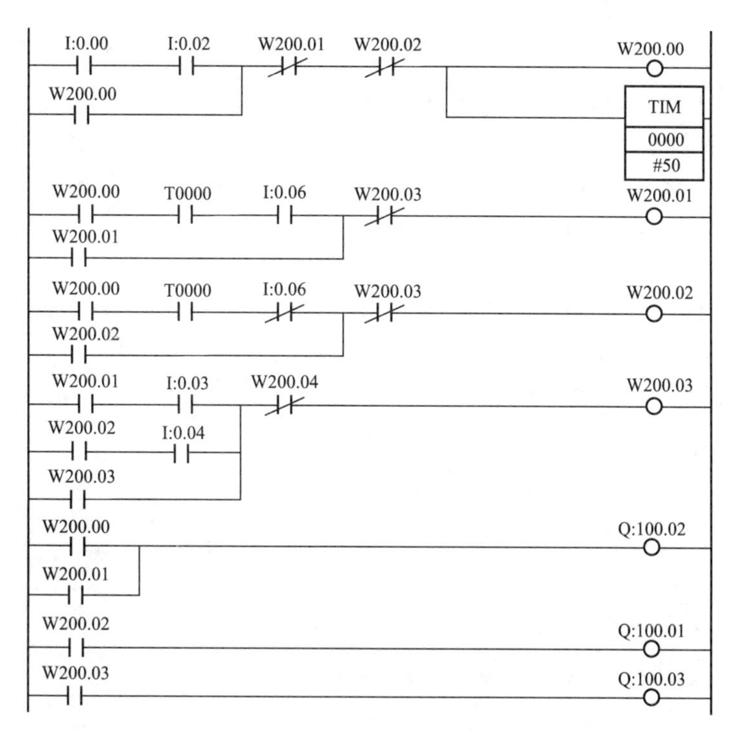

图 5.9　时序指令编写的梯形图

5.2　顺序控制相关指令

与顺序控制相关的指令是步进指令、移位指令、程序控制指令，下面将详细介绍这些指令的功能、编程应用。

5.2.1　步进指令

步进指令包括步进控制领域定义指令(STEP)和步进控制指令(SNXT)。

1. 步进指令的助记符、名称、功能、梯形图符号

具体见表 5 - 1。

表 5 - 1　步进指令的助记符、名称、功能、梯形图符号

名称	助记符	功　　能	梯形图符号	说　　明
步进控制领域定义	STEP	步进控制结束指令，该指令以后的是常规梯形图控制程序	STEP	(1) S 为工步编号，地址为 W000.00～W511.15； (2) 步进区内的编号和步进区外的编号不能重复； (3) 步进区内不能使用互锁、转移、结束、子程序指令
	STEP	定义 S 编号工步的起始指令	STEP S	
步进控制	SNXT	复位指令所在的工步、激活当前 S 编号的工步	SNXT S	

2. 程序举例

图 5.2(b) 顺序功能图用步进指令编写的程序如图 5.10 所示。当起动信号(0.00)和行程开关 SQ3 信号(0.03)同时作用时，执行 SNXT W200.00 指令，激活 W200.00 工步，W200.00 工步中的输出 100.00、100.01 为 ON，动力头快进；当行程开关 SQ1(0.01)动作时，执行 SNXT W200.01 指令，激活 W200.01 工步，同时复位 W200.00 工步，W200.01 工步中的输出 100.00 为 ON，动力头工进；当行程开关 SQ2(0.02)动作时，执行 SNXT W200.02 指令，激活 W200.02 工步，同时复位 W200.01 工步，W200.02 工步中输出 100.02 为 ON，动力头快退；最后一条是传送指令，当停止时，0.04 接点闭合，将数据“0”送给 W200 通道，使 W200 通道的所有继电器均为 OFF，即动力头停止工作。

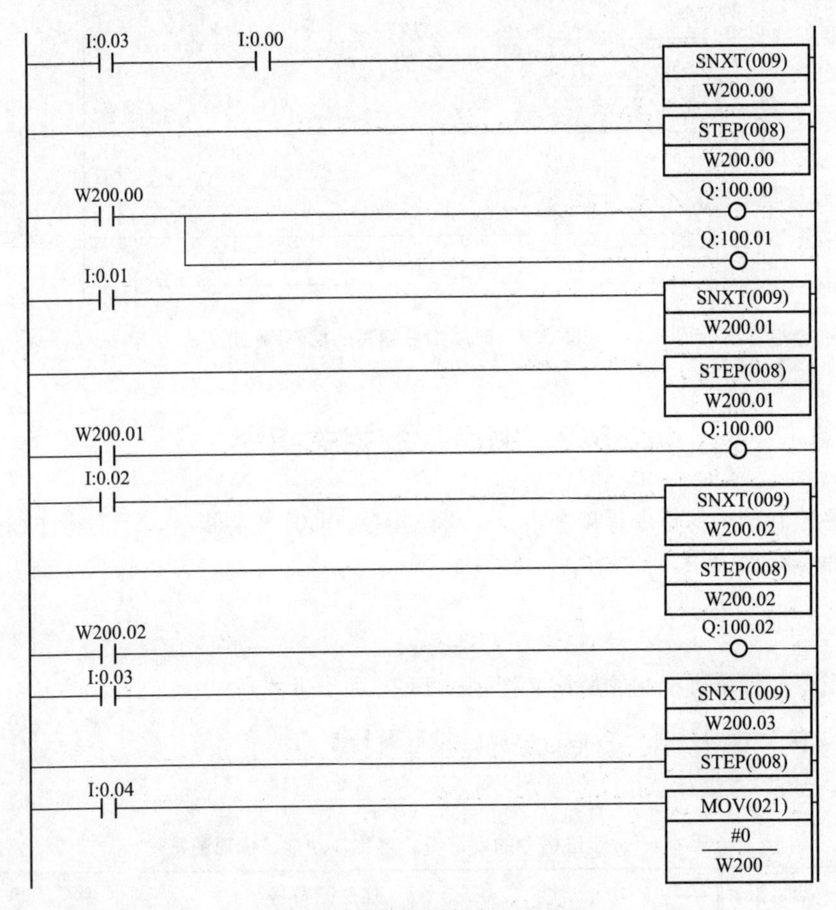

图 5.10　用步进指令编写的程序

3. 指令说明

（1）步进程序区的定义：由第一句 SNXT 指令开始，一直持续到没有操作数的 STEP 指令为止都属于步进程序区，在第一句 SNXT 指令之前及没有控制位的 STEP 指令之后的程序属于常规控制程序。

（2）STEP 指令不需要驱动条件，没有操作数的 STEP 指令是步进程序区的结束指令，有操作数的 STEP 指令是当前控制位即 S 编号工步程序段的起始语句。

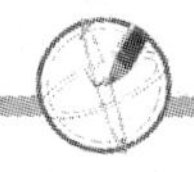

(3) SNXT指令需要驱动条件，当SNXT指令的驱动条件为ON时，具有同一操作数的工步将被激活而执行，而SNXT指令所在的工步将被复位。SNXT指令的驱动条件就是顺序功能图中的转换条件。

(4) 工步被复位后，该工步中所有的继电器都为OFF，所有定时器都复位，计数器、移位寄存器及KEEP中使用的继电器都保持其状态。

(5) 在步进区域中，可使用同名双线圈，不会出现同名双线圈输出引起的问题，但是不能和非步进区域有同名双线圈。

(6) 每个工步的程序段以有操作数的STEP指令开始，中间为该工步的输出、定时等程序，最后是以该工步的转出条件为驱动的SNXT指令为止。值得注意的是，在顺序功能图中，该工步出口连接有几个工步，则该工步程序中就有几个SNXT指令。步进指令的应用可用图5.11形象地表示。

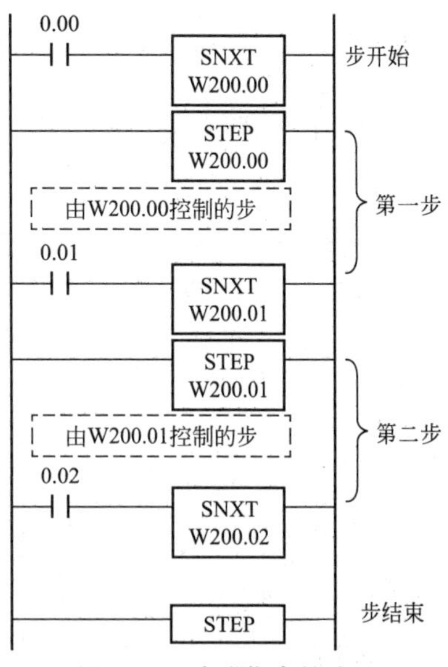

图5.11　步进指令的应用

4. 步进指令的应用

问题3　步进指令究竟如何应用?

下面将通过应用实例来进一步加深对步进指令控制的理解。

1) 运料小车控制

如示意图5.12所示，小车将物料从A地分别运往B地和C地。

(1) 工作过程。初始位置在A地，按下起动按钮，在A地装料，装料时间为5s，装完料后驶向B地卸料，卸料时间为7s，卸完料后又返回A地装料，5s后驶向C地卸料，卸料7s后再返回A地，按此规律小车分别向B地和C地送料，循环进行。当按下停止按钮时，一定要送完一个周期后停在A地才结束。

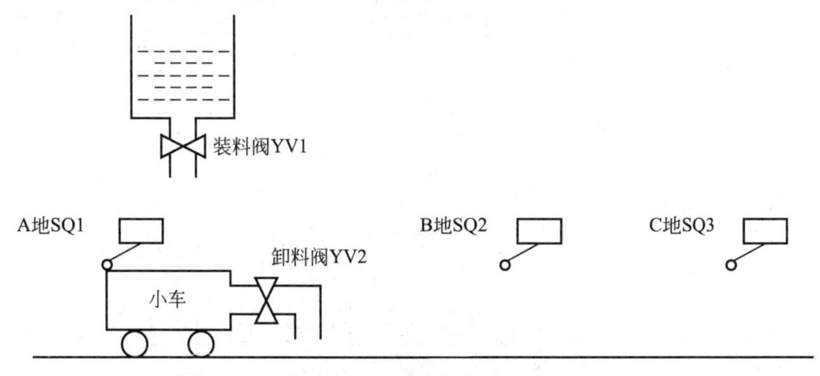

图5.12　运料小车示意图

(2) PLC的I/O点的确定和分配，见表5-2。

(3) 绘制PLC的I/O接线图如图5.13所示。

(4) 根据运料小车的工作过程绘制的顺序功能图如图5.14所示。

表 5-2 PLC 的 I/O 点的确定和分配

输入			输出		
元件	符号	地址	元件	符号	地址
起动按钮	SB1	0.00	右行接触器	KM1	100.00
停止按钮	SB2	0.01	左行接触器	KM2	100.01
A 地限位	SQ1	0.02	装料电磁阀	YV1	100.02
B 地限位	SQ2	0.03	卸料电磁阀	YV2	100.03
C 地限位	SQ3	0.04			

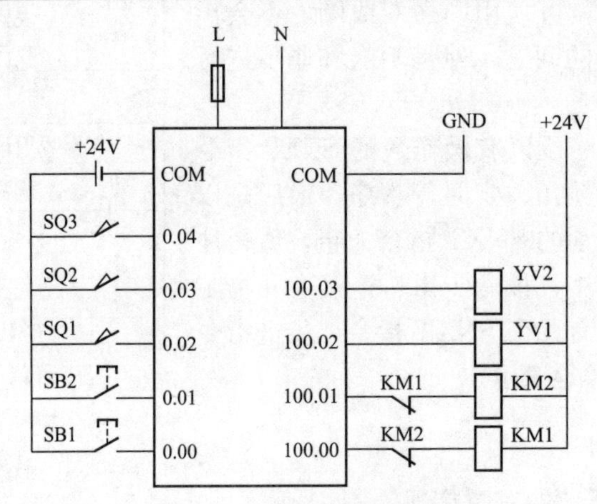

图 5.13 PLC 的 I/O 接线图

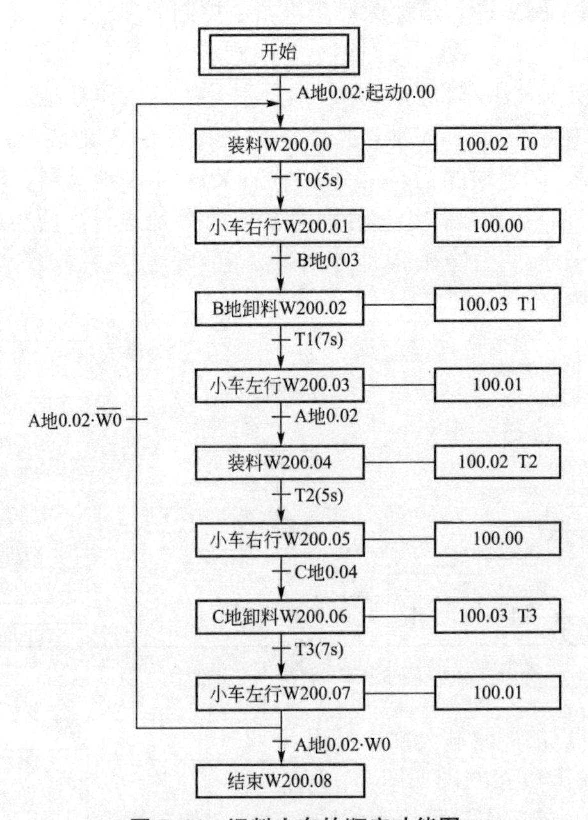

图 5.14 运料小车的顺序功能图

(5) 用步进指令编写的梯形图程序，如图 5.15 所示。

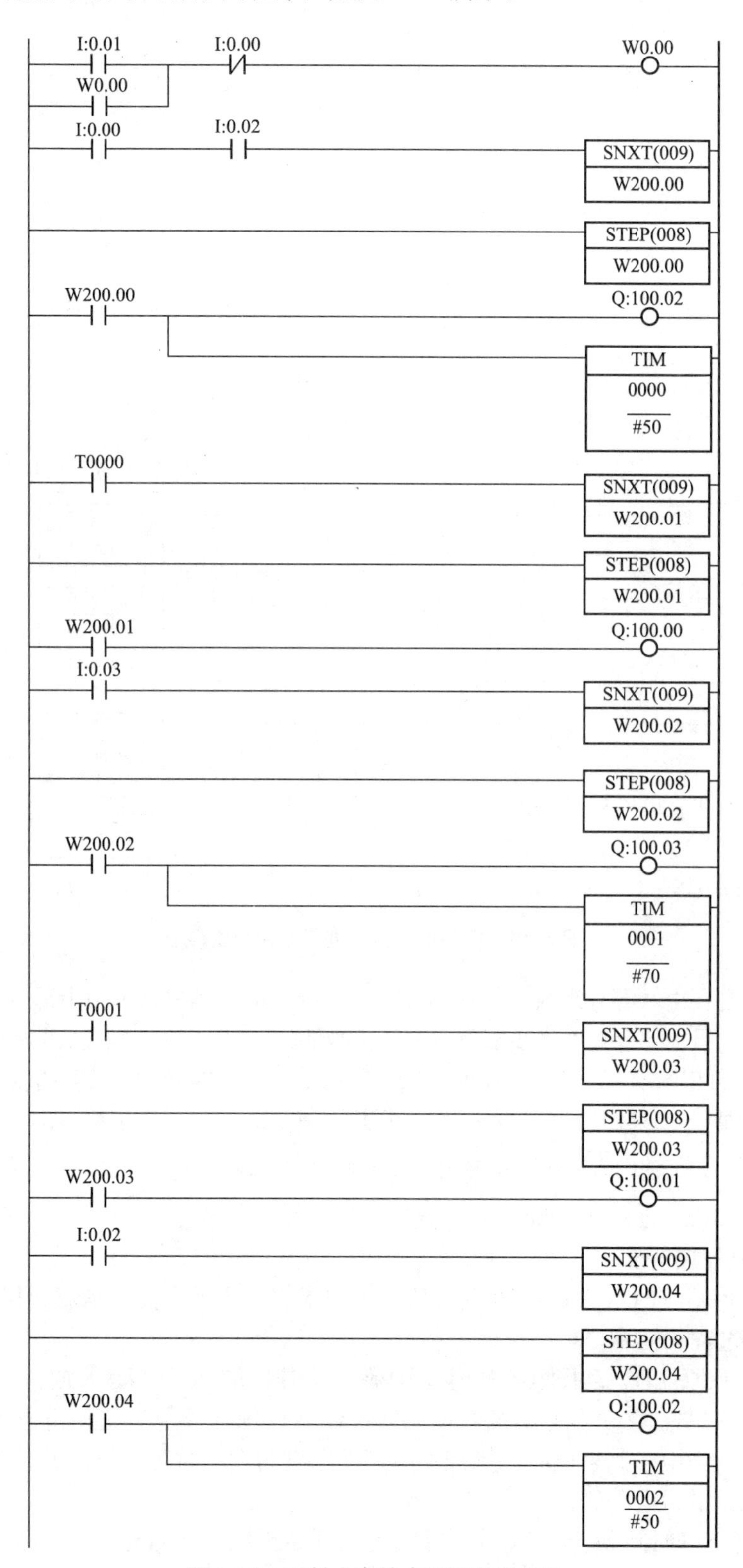

图 5.15　运料小车的步进程序梯形图

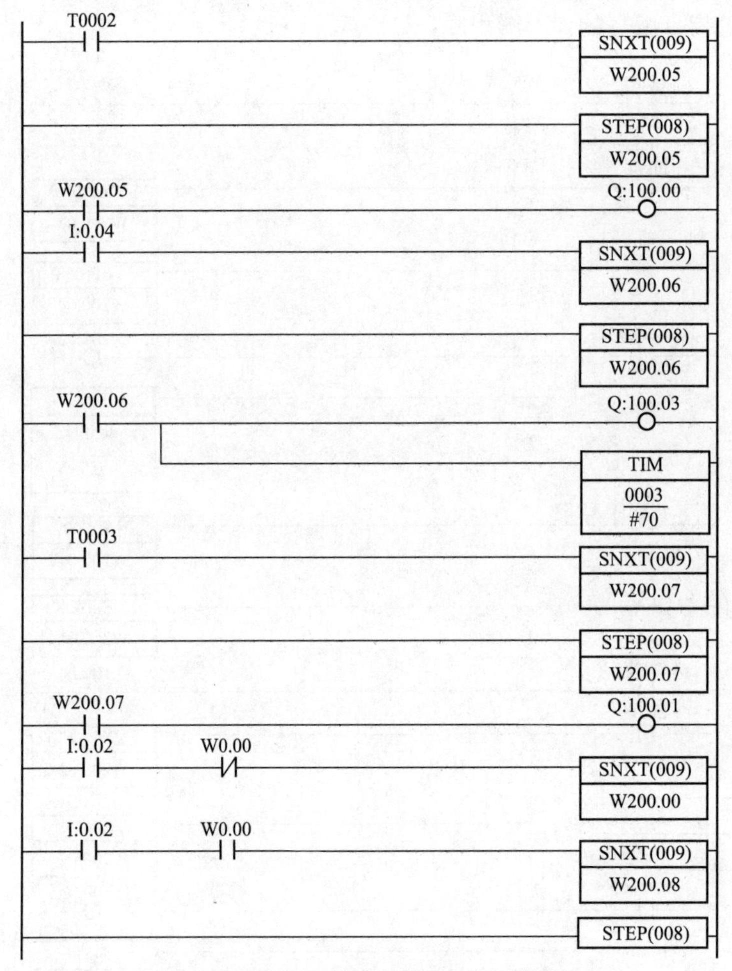

图 5.15　运料小车的步进程序梯形图(续)

该梯形图主要由八部分组成，每一部分就是一步。每一步中又由两个部分组成：一部分是本步的输出，另一部分是对本步复位对下一步激活的(SNXT 指令)、从图 5.15 所示梯形图中可以看出，有两个出口的工步就有两个 SNXT 指令。带步编号的 STEP 指令是工步的起始指令，每一步编号的 STEP 指令只有一个。步进程序的最后是不带步编号的 STEP。

考考您?　(1) 图 5.15 所示梯形图是如何实现停止功能的?

(2) 为什么要加 W0 信号?

2）大小球分拣系统

大小球分拣系统的示意图如图 5.16 所示，要求将大小球分类分别放到相应的容器中。

(1) 工作过程和控制要求。

① 分拣杆在原位时，动作顺序为下降、吸附、上升、右行、下降、释放、上升、左行。

② 分拣杆的左右移动由电动机的正反转控制；分拣杆的上下移动由电磁阀控制气缸的运动来完成，当电磁阀得电时分拣杆下降，当电磁阀失电时分拣杆上升；吸附与释放动作取决于电磁铁的得电与否。

③ 分拣杆下降时间为 5s，5s 后电磁铁得电开始吸附大球或小球，2s 后分拣杆上升；从释放开始 2s 后分拣杆重新上升。

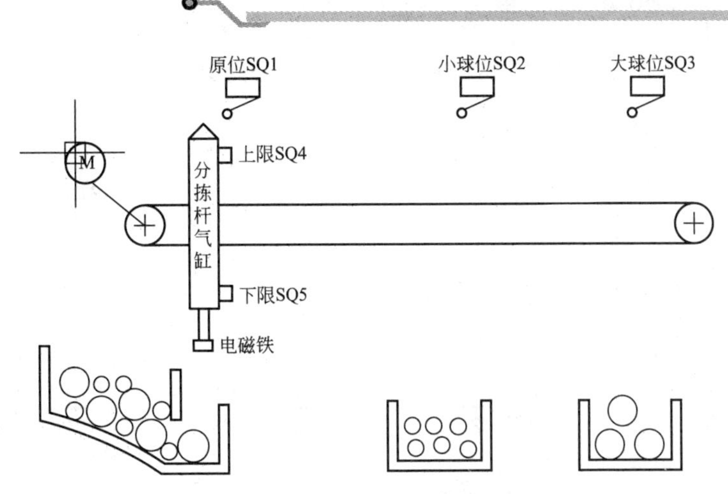

图 5.16　大小球分拣系统示意图

④ 大、小球由 SQ5 动作与否判别，当下降时间到后，SQ5 没有动作则为大球，反之则为小球。

(2) PLC 的 I/O 点的确定和分配见表 5-3。

表 5-3　PLC 的 I/O 点的确定和分配

输入			输出		
元件	符号	地址	元件	符号	地址
起动按钮	SB1	0.00	右行接触器	KM1	100.00
停止按钮	SB2	0.01	左行接触器	KM2	100.01
原位限位	SQ1	0.02	气缸电磁阀	YV1	100.02
小球限位	SQ2	0.03	吸球电磁铁	YV2	100.03
大球限位	SQ3	0.04			
上限位	SQ4	0.05			
下限位	SQ5	0.06			

(3) PLC 的 I/O 接线图如图 5.17 所示。

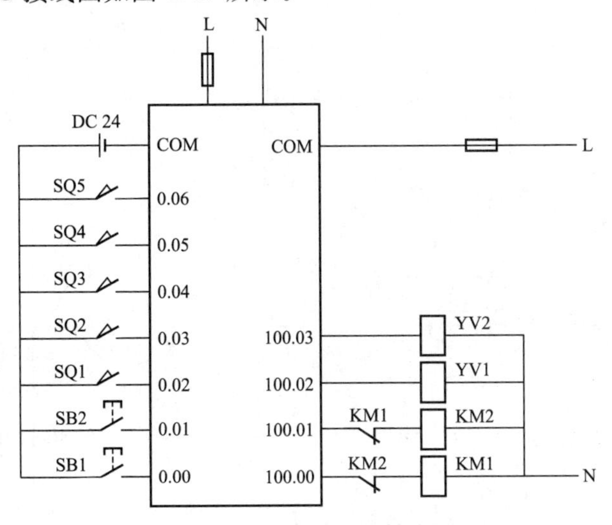

图 5.17　PLC 的 I/O 接线图

（4）根据大小球分拣系统的工作过程绘制的顺序功能图如图 5.18 所示。

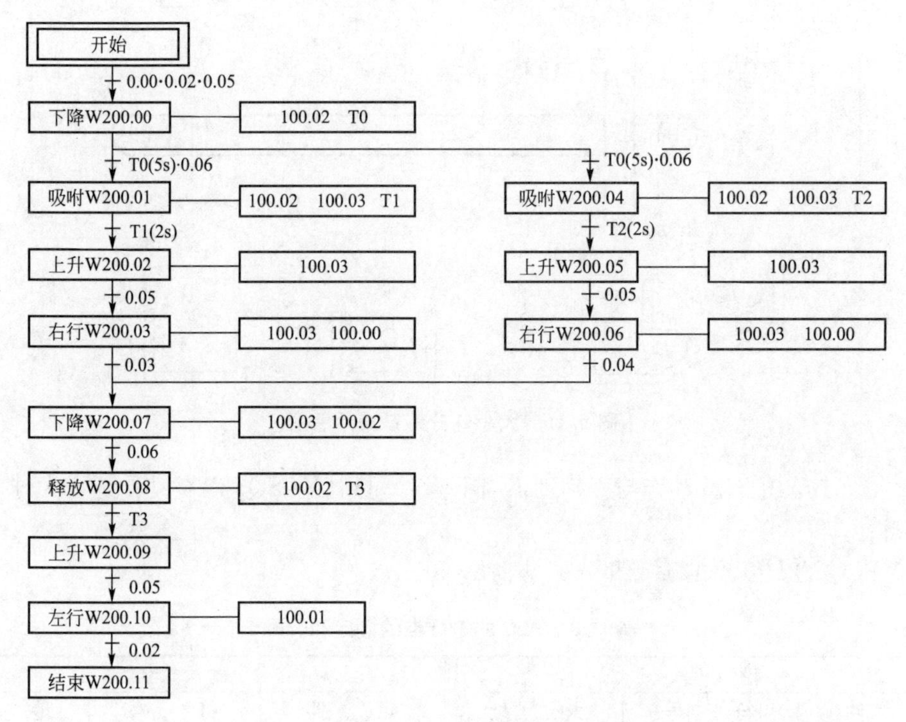

图 5.18　大小球分拣系统的顺序功能图

（5）用步进指令编写梯形图，如图 5.19 所示。

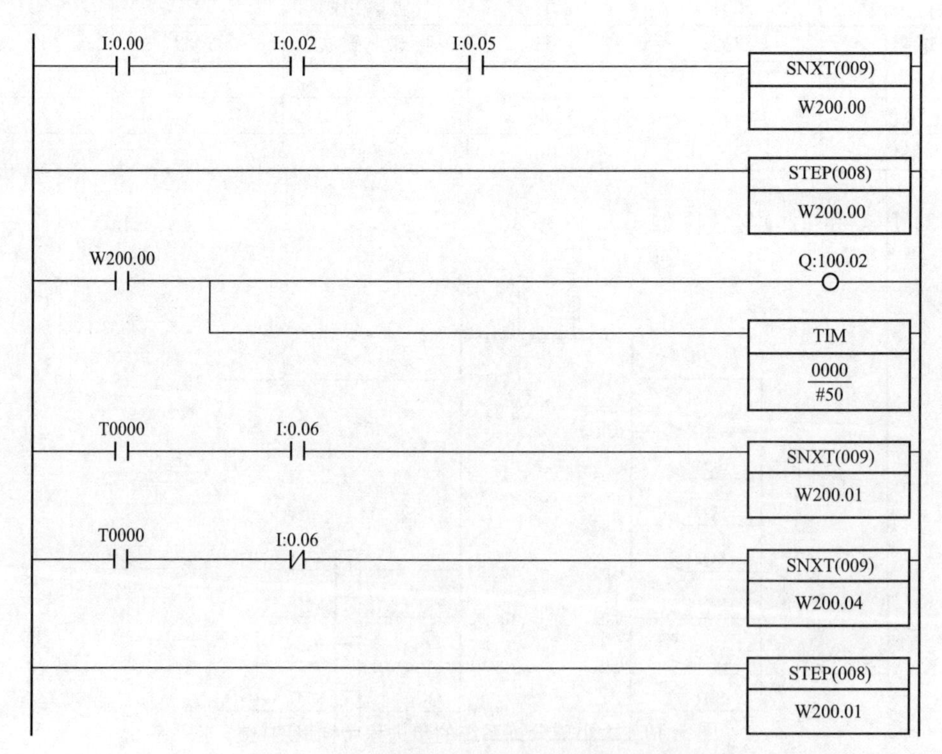

图 5.19　大小球分拣系统的步进程序梯形图

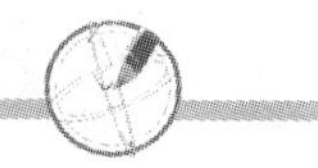

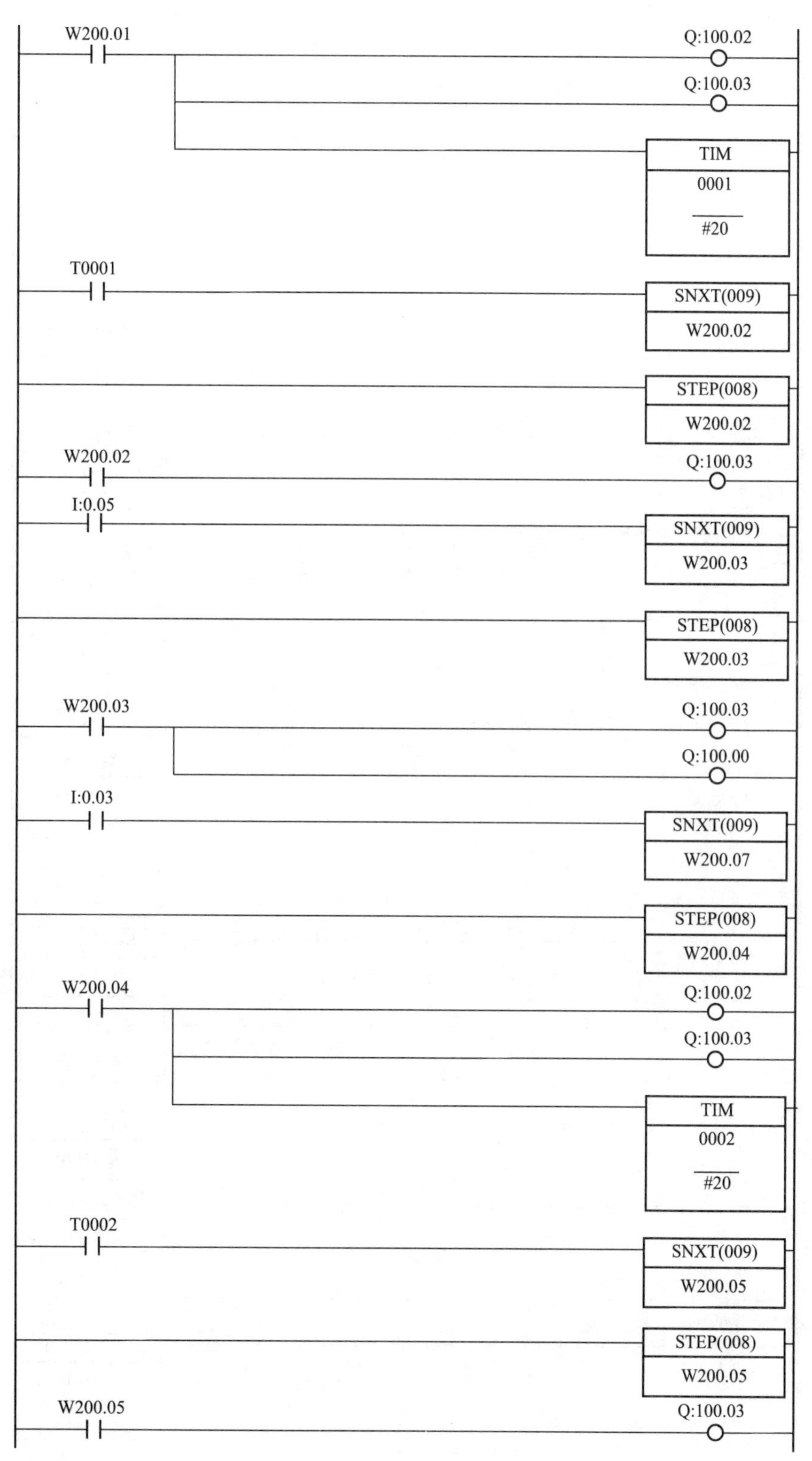

图 5.19　大小球分拣系统的步进程序梯形图(续)

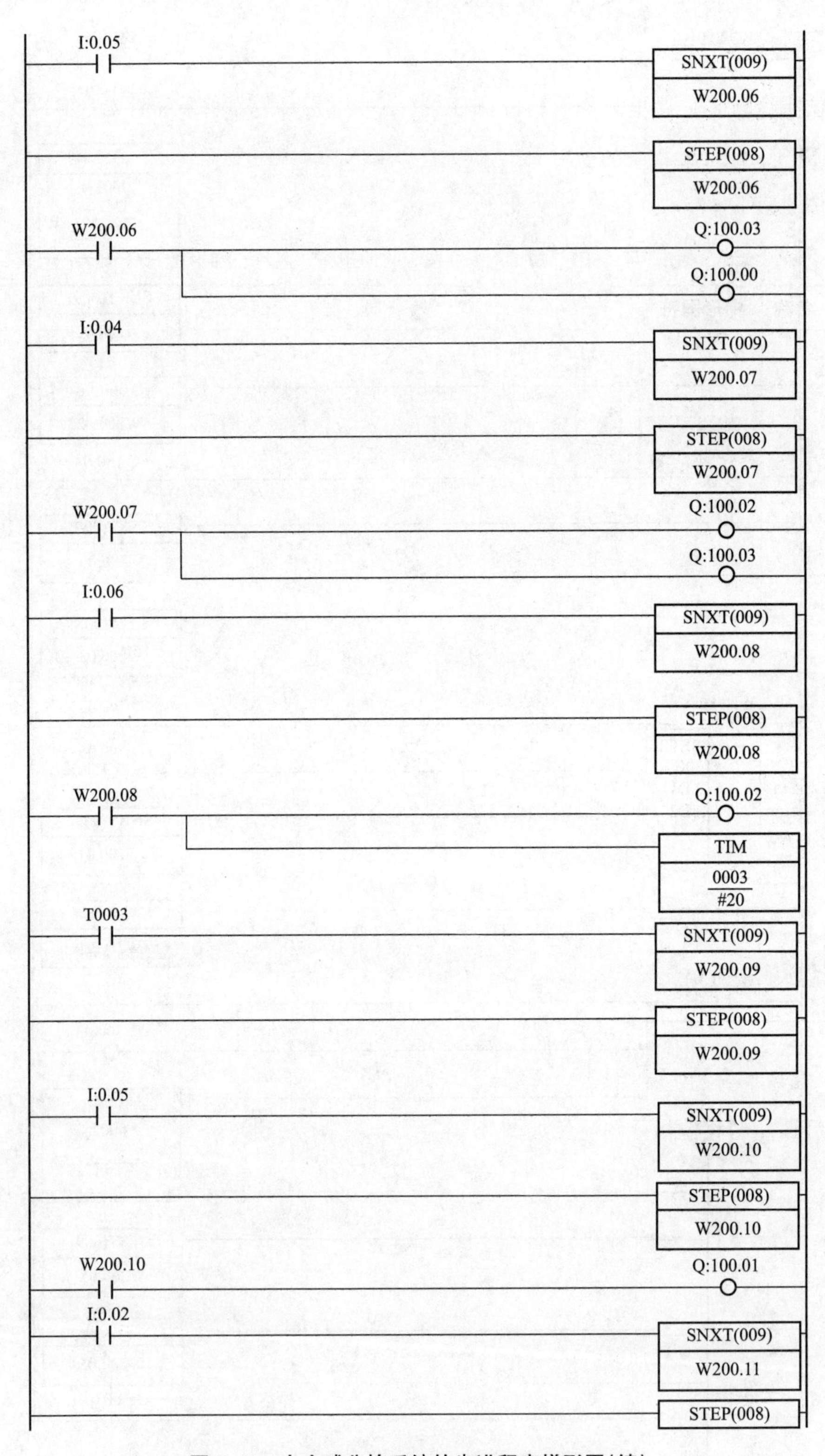

图 5.19　大小球分拣系统的步进程序梯形图(续)

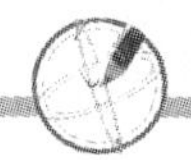

5.2.2　数据移位指令

移位指令较多，这里只介绍移位寄存器指令(SFT)和左右移位寄存器(SFTR)。

1. SFT、SFTR 指令的助记符、名称、梯形图符号及功能

具体见表 5-4。

表 5-4　SFT、SFTR 移位指令的助记符、名称、梯形图符号

助记符	名称	梯形图符号	功　　能	说　　明
SFT	移位	IN SP R SFT D1 D2	移位信号(SP)上升沿时，将 D1 到 D2 通道的数据依次向高位移 1 位，再将数据信号(IN)移入通道的最低位； 复位信号(R)ON 时，D1 到 D2 内的数据为 0	D1、D2： 0000～6143， W000～511， H000～511， A448～959 D1、D2 可以用同一通道
SFTR	左右移位	SETR C D1 D2	根据控制通道 C 的内容，把 D1～D2 通道的数据进行左右移位； 控制数据的内容： 复位继电器 ON 时，D1～D2 和 CY 全为“0”； D1、D2 通道有故障、D1＞D2 时，ER 为 ON 15 14 13 12 11 10 09 08 07 06 05 04 03 02 01 00 12 → 移位方向0：右移，1：左移 13 → 数据输入 14 → 移位信号输入 15 → 复位输入	C、D1、D2： 0000～6143 W000～511 H000～511 A448～959 (其中 C：A000～959) T0000～4095 C0000～4095 D00000～32767 D1、D2 可以用同一通道

2. 程序举例

SFTR 左右移位指令的应用如图 5.20 所示。

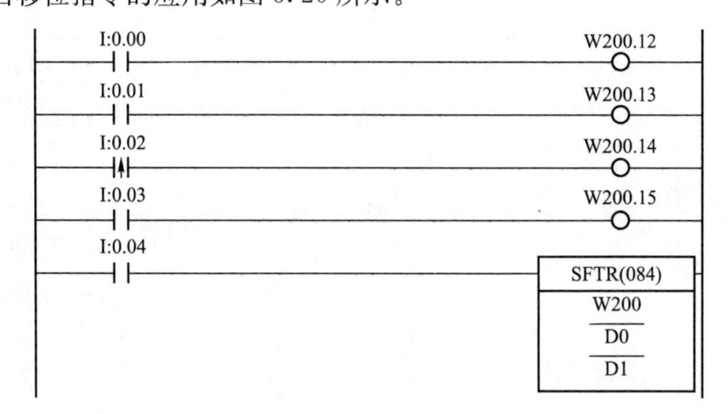

图 5.20　SFTR 左右移位指令的应用

在图5.20中，0.04为SFTR的执行条件，W200CH为控制通道，可逆移位寄存器由D0、D1构成。0.00控制移位方向，当0.00为ON时，数据左移，当0.00为OFF时，数据右移；0.01是移位寄存器的数据输入端，当0.01为ON时输入1，当0.01为OFF时，输入0；0.02的微分信号作为移位脉冲；0.03为复位输入。当0.04为ON时，SFIR开始工作。若0.04为ON且0.03为ON时，D0、D1及进位位CY的数据清零。若0.04为ON且0.03为OFF，0.02由OFF→ON时，D0～D1的数据进行一次移位，移位方向取决于0.00。0.00为ON则左移一位，0.00为OFF则右移一位。左移时，0.01的状态移入D0的bit00，D1的bit15移入进位位CY；右移时，0.01的状态移入D1的bit15，DM0的bit00移入进位位CY。

请注意，这里以0.02的微分信号作为移位脉冲，只有当0.02由OFF→ON时才移位一次。如果直接以0.02为移位脉冲，当0.02为ON时，每扫描一次，都要执行一次移位，移位次数将得不到控制。当SFTR的执行条件为OFF时，停止工作，此时控制通道W200的各个控制位失效，D0～D1及进位位CY的数据将保持不变。

3. 指令说明

(1) 两个指令的操作数都是通道元件，不能用位元件。D1和D2两个操作数可以是同一通道地址，如不是同一通道地址，则必须为同一类型通道地址且D2地址必须大于D1地址。

(2) SFT由三个执行条件IN、SP和R控制。当执行条件SP由OFF→ON且R为OFF时，那么，执行条件IN的数据移到D1和D2之间移位寄存器的最右面位即最低位，寄存器的最左位丢失。执行条件SP的功能就像一条微分指令，即只有当SP由OFF→ON时才移位。当执行条件R为ON时，移位寄存器的所有位将置为OFF(即置为0)，移位寄存器将不动作。SFT不影响标志位的状态。

(3) SFTR的功能是，当执行条件为ON时，SFTR开始工作。如果控制通道复位端(bit15)为ON，则从D1到D2通道的数据及进位位CY全部复位为0，SFTR不能接收输入数据。如果控制通道的复位端(bit15)为OFF，则在控制通道移位脉冲端(bit14)为ON时，从D1到D2通道的数据根据控制通道规定的移位方向(bit12)移位。如果是左移，则D1到D2通道的数据左移一位，控制通道输入端(bit13)的数据移入开始通道D1的bit00，结束通道D2的bit15的数据移入进位位CY。如果是右移，则D1到D2通道的数据右移一位，控制通道输入端(bit13)的数据移入结束通道D2的bit15，开始通道D1的bit00的数据移入进位位CY。当SFTR的执行条件为OFF时，停止工作，此时复位信号不起作用，即当复位信号为ON时，D1到D2通道的数据及进位位CY保持不变。值得注意的是：当SFTR的执行条件为ON时，每个扫描周期只要控制通道移位脉冲端为ON，则都要移位一次，移位次数将得不到控制，所以一般情况下，指令的执行条件或控制通道移位脉冲端应为脉冲信号。

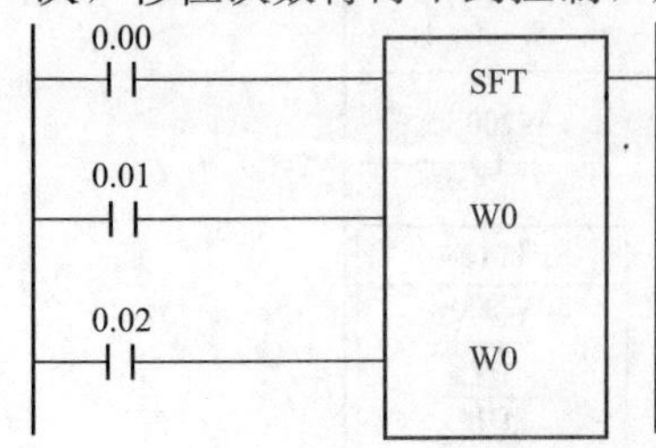

图5.21 SFTR指令的应用

在图5.21中，假设W0通道中原来的数据所有位都是“0”，在接点0.01由OFF→ON时，该指令的执行过程：W0.00至W0.15的数据依次的往高位移一位，即原W0.00的数据移入W0.01、原W0.01的数据移入W0.02、…、原W0.14的数据移入W0.15、原W0.15的数据溢出。而W0.00移入接点0.00的状态，

如果移位时接点 0.00 接通，则 W0.00 移入数据“1”，反之移入数据“0”。当接点 0.02 接通时，W0 通道中的 16 位数据均复位为“0”。在 1＃时，数据端接通，移位后的数据为 000000000000001；在 2＃时，数据端断开，移位后的数据为 00000000000010；在 5＃时，复位端接通，数据复位为 000000000000000。

当开始通道 D1 和结束通道 D2 不在同一区域、间接寻址 DM 通道不存在或 D1 的通道号大于 D2 的通道号时，出错标志 25503 为 ON，此时该指令不执行。

4. 数据移位指令的应用

问题 4　移位指令究竟如何应用?

上文已经详细地分析了移位指令的功能与工作过程，那么，在具体的控制系统中，知道如何正确使用移位指令，以达到控制目的，这才是我们学习移位指令的最终目的。

1）广告灯的控制

（1）控制要求。

某灯光招牌有 HL0～HL3 四盏灯，要求：按一下起动按钮，HL0～HL3 灯以每隔 1s 点亮一盏，直至全亮，再全灭 1s，循环往复，直至按一下停止按钮。

（2）编程分析。

本控制系统有两个输入四个输出，每隔 1s 输出的状态改变一次，所以可以用秒脉冲 CF102 来作为 SP 端。状态每改变一次输出得电增加一个，所以 IN 端可以用常通继电器 CF113 触点。程序详图如图 5.22 所示。

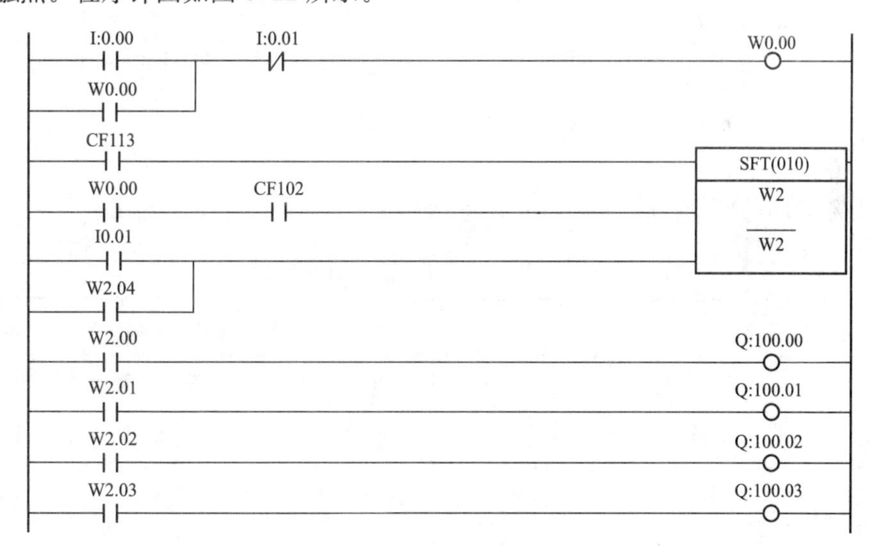

图 5.22　广告灯的控制程序

从图 5.22 看出，按一下起动按钮，0.00 接点接通，内部继电器 W0.00 自锁保持起动的状态。移位 IN 端为常通触点，在 W0.00 接点接通的情况下，每隔 1s 移位一次，W2 通道低位数据增加一个“1”，输出端得电也就依次增加。当四个输出都得电后，再过 1s W2.04 接通，下一个扫描周期复位 W2 通道，相当于重新循环工作。按一

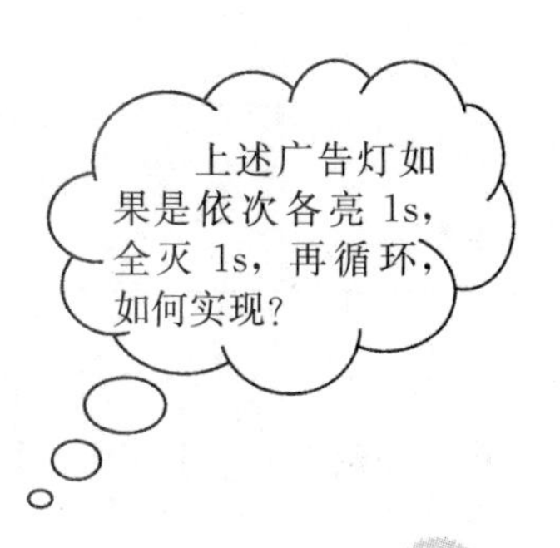

下停止按钮完成两项功能，首先断开 W0.00 接电，让移位 SFT 指令不再工作，另外将 W2 通道数据复位，输出也同步复位，广告灯熄灭。通常情况下，如果需要每一次移位，通道数据增加一个“1”，则 IN 端用 CF113 接点；如果需要每一次移位，通道数据永远只有一个“1”，只是这个“1”在不断地往高位移，则 IN 端只能在第一次移位时接通产生一个“1”，而后的移位 IN 端应断开。如何产生只接通一次的 IN 端呢？只需将 W2.00、W2.01、W2.02、W2.03 的常闭接点串联起来作为数据端就可以实现移位通道数据只有一个“1”。

2）布料车的控制

（1）控制要求。

布料车运行如图 5.23 所示。设计布料车控制程序，实现其按“进二退一”的方式往返行驶于四个行程开关之间，使物料在传送带上分布均匀合理。具体要求：按下起动按钮 SB1，布料车由初始位置(行程开关 SQ1 处)，向右运行至行程开关 SQ3 处，再向左运行到 SQ2 处，然后向右运行到 SQ4，延时 10s 后再向左运行到 SQ2 处，然后向右运行到 SQ3，最后向左运行回初始位置 SQ1 停止，完成一个控制周期。当按下停止按钮 SB2 时，无论布料车处于何处，将返回至 SQ1 处。

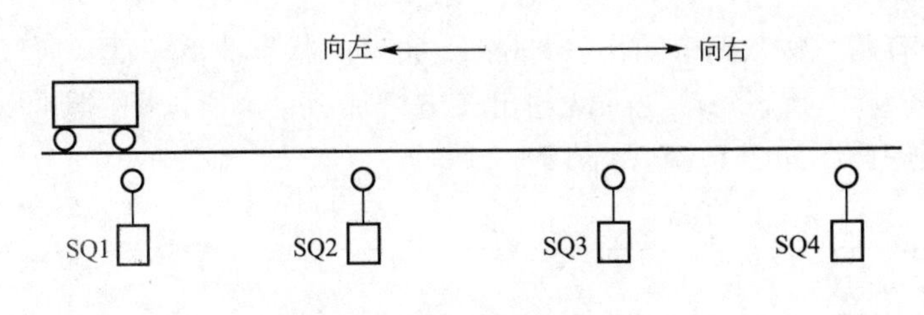

图 5.23　布料车运行示意图

（2）PLC 的 I/O 点的确定和分配，见表 5－5。

表 5－5　PLC 的 I/O 点的确定和分配

输　入			输　出		
元　件	符　号	地　址	元　件	符　号	地　址
起动按钮	SB1	0.00	右行接触器	KM1	100.00
停止按钮	SB2	0.01	左行接触器	KM2	100.01
限位	SQ1	0.02			
限位	SQ2	0.03			
限位	SQ3	0.04			
限位	SQ4	0.05			

（3）PLC 的 I/O 接线图如图 5.24 所示。

（4）布料车运行过程的顺序功能图如图 5.25 所示。

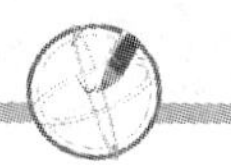

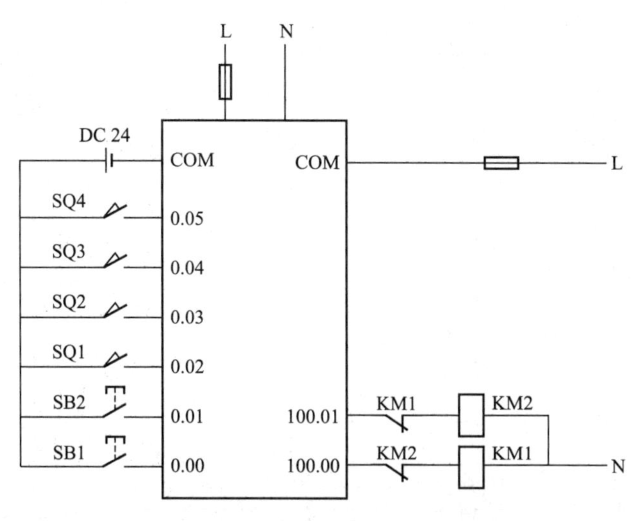

图 5.24 PLC 的 I/O 接线图

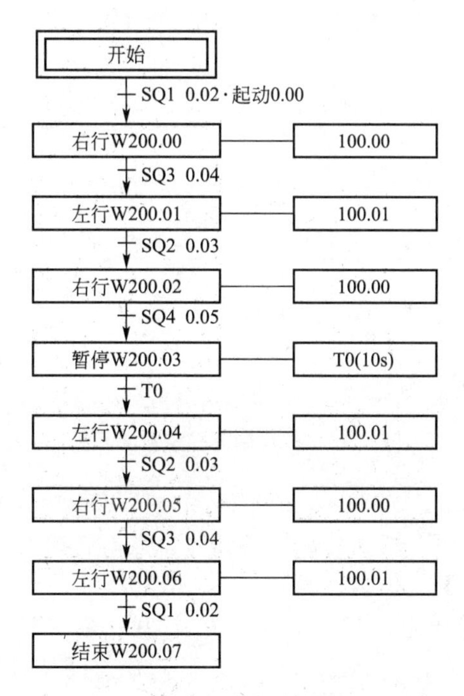

图 5.25 布料车运行过程的顺序功能图

(5) 布料车运行控制梯形图如图 5.26 所示。

该实例程序采用数据移位 SFT 指令来编写，从顺序功能图上可以看出在整个工作过程中状态发生七次变化，第一次发生状态变化的条件是接点 0.02 与 0.00 同时接通；第二次发生状态变化的条件是在 W200.00 线圈得电的情况下接点 0.04 接通；依此类推，第七次状态变化的条件是在 W200.05 线圈得电的情况下接点 0.04 接通；每个状态变化的条件作为移位脉冲接在 SFT 指令的 SP 端。在 W200.06 线圈得电的情况下接点 0.02 接通，整个系统动作结束复位，直到下一次重新起动，此信号作为 SFT 指令的复位端信号。

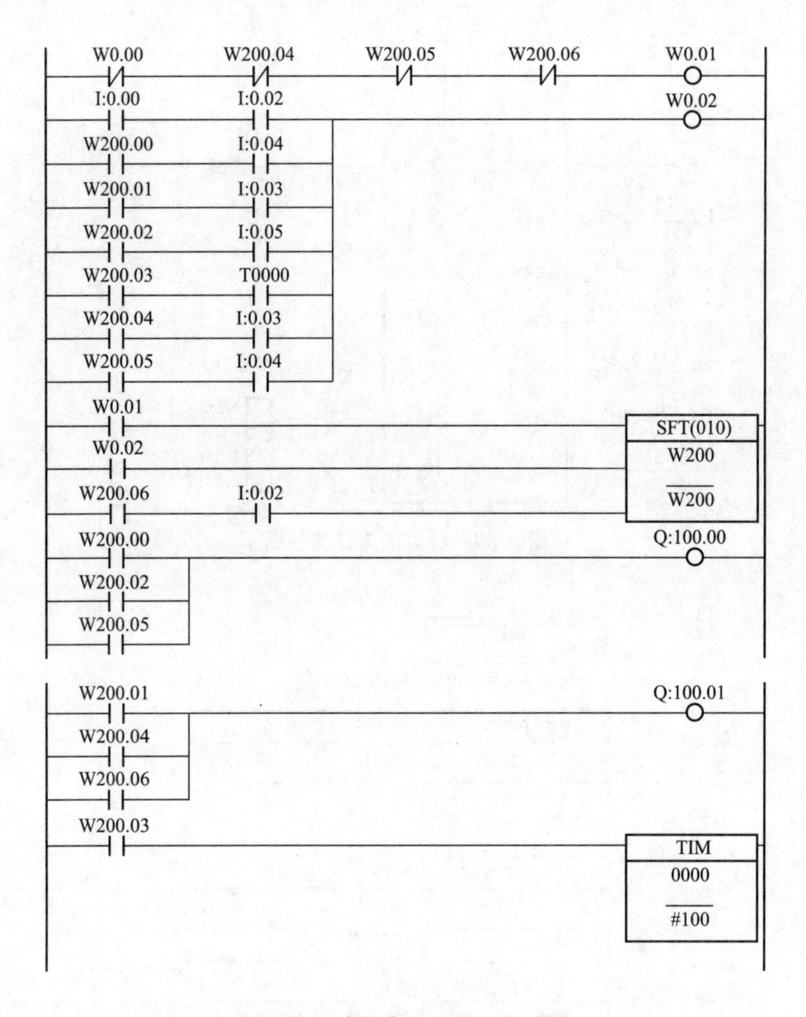

图 5.26　布料车运行控制梯形图

用 W200.00、W200.01、W200.02、W200.03、W200.04、W200.05、W200.06 的常闭接点串联后的信号作为 SFT 指令的数据端信号。只有在第一次移位时接通，信号接通为“1”。而后 W200.00、W200.01、W200.02、W200.03、W200.04、W200.05 常闭接点总有一个断开，信号断开为“0”，这样就只产生一个“1”在 W200.00、W200.01、W200.02、W200.03、W200.04、W200.05、W200.06 之间从低位向高位移动。两个输出情况：100.00 线圈在 W200.00、W200.02、W200.05 三个状态时得电；100.01 线圈在 W200.01、W200.04、W200.06 三个状态时得电；将有相同输出的工步接点并联后接到输出点，避免同名双线圈产生。

5.2.3　联锁和解锁指令

1. 联锁和解锁指令的助记符、名称、功能及梯形图符号

具体见表 5-6。

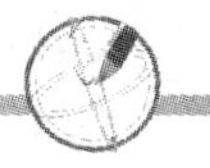

表 5-6　联锁和解锁指令的助记符、名称、功能及梯形图符号

助记符	名　　称	功　　能	梯形图符号	说　　明
IL	联锁	公共串联接点的连接	IL	无操作数
ILC	解锁	公共串联接点的复位	ILC	

2. 程序举例

IL、ILC 指令的应用如图 5.27 所示。

在图 5.27 中，当接点 0.00 闭合时，IL 有效，若此时接点 0.01、0.02 闭合，则输出继电器线圈 100.00 得电，定时器线圈 T0 得电，10s 后接点 T0 闭合，线圈 100.02 得电。当接点 0.00 断开时，IL 无效，若此时，接点 0.01、0.02 闭合，线圈 100.00、T000 均不得电，输出继电器 100.00 无输出，定时器 T0 复位。因线圈 100.01 在 ILC 指令之后，不受联锁指令的影响，当接点 0.01 闭合时，仍会得电。

分支电路也可以采用图 5.28 的方法来处理，其作用同图 5.27 完全一样，而且更为形象直观，但他们的指令是不一样的，在图 5.28 中使用了暂存继电器 TR0，它是将接点 0.00 状态存放在暂存继电器 TR0 中，在需要的时候调用它。从指令表中看出，当分支较多时，使用 TR 处理，比用联锁指令处理的程序要繁琐一点。

请读者注意，在用梯形图编程时，编程界面上看不到 TR0；但在用指令表编程时，必须要用到它，否则就会出错。

含有嵌套的 IL、ILC 指令的应用如图 5.29 所示。

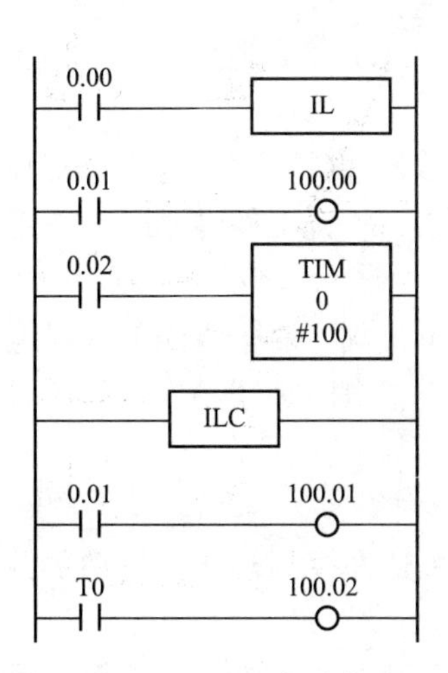

图 5.27　IL、ILC 指令的应用

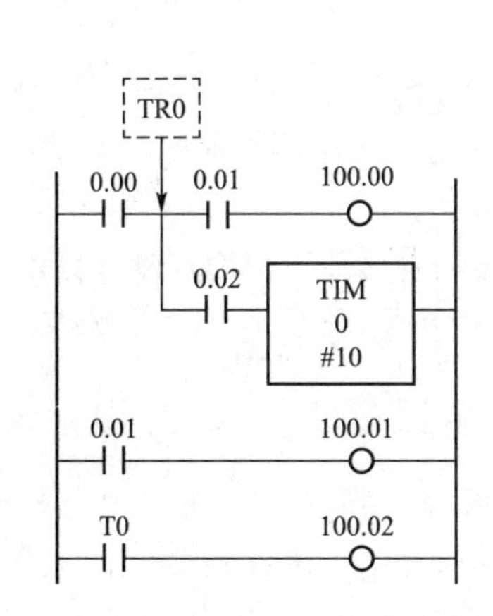

图 5.28　使用 TR0 的梯形图

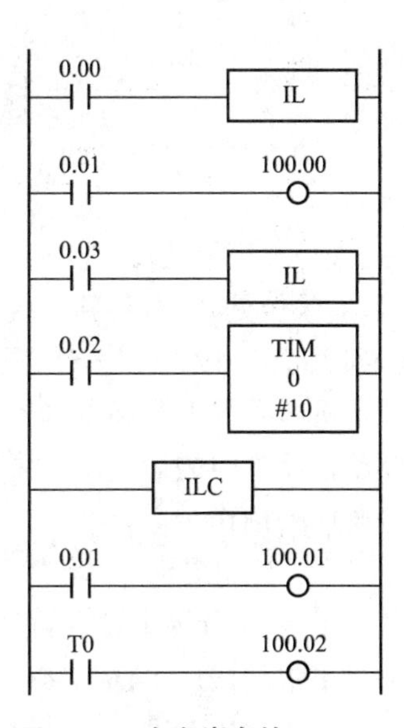

图 5.29　含有嵌套的 IL、ILC 指令的应用

在图 5.29 中，和接点 0.03 相连的 IL 是联锁的第二层，因为多了一层联锁，所以只有当接点 0.00、0.03 和 0.02 同时闭合时，才会驱动定时器 T0。

3. 指令说明

(1) 联锁和解锁指令是专为处理分支电路而设计的。IL 指令前有驱动接点，ILC 指令前没有驱动接点。IL 指令前的驱动接点相当于分支电路分支点前的总开关，IL 和 ILC 间的梯形图相当于各条分支电路。

(2) IL 指令前的驱动接点接通时，联锁 IL 指令有效，相当于总开关接通，在 IL 和 ILC 之间的梯形图被驱动。但不论联锁指令有效与否，IL 和 ILC 之间的指令均参与运算，都要占用扫描时间。

(3) 在 IL 内再采用 IL 指令，就成为联锁指令的嵌套，相当于在总开关后接分路开关。但 ILC 指令只能用一条。

4. 联锁和解锁指令的应用

问题 5　联锁、解锁指令究竟如何应用?

上文已经详细地分析了联锁、解锁指令的功能与工作过程，通过下面实例的编程练习可以更好地学习和理解联锁、解锁指令的应用。

在工业自动化生产过程中，在机床或者自动化生产流水线上，常常需要用机械手完成工件的取放。对机械手的控制主要是位置识别、方向控制、物料到位判断。下面以图 5.30 所示的机械手为例进行介绍。

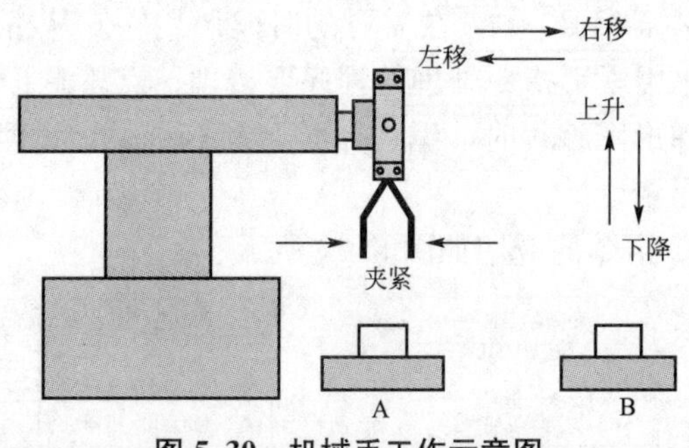

图 5.30　机械手工作示意图

(1) 工作过程。机械手从原点下降到 A 点(下限位处)→夹取工件(持续 2s)→上升到顶端(上限位处)→右移到右端(右限位处)→下降到 B 点(下限位处)→松开工件(持续 2s)→上升到顶端(上限位处)→左退到原点。

机械手的上升和下降、左移和右移分别使用双动作线圈的电磁阀，两个线圈分别得电驱动相反方向的运动；夹紧和放松使用单线圈电磁阀驱动，线圈得电时夹紧动作，线圈失电时放松动作。

(2) 控制要求。

① 控制分为手动和自动两部分，由一个自动/手动选择开关选择控制模式。自动部分执行正常的搬运工件工作，手动部分用于位置调整。

② 自动模式时，按起动按钮，完成一个工作循环；在运行过程中，按停止按钮，机械手工作停止，为了安全考虑，夹紧电磁阀得电夹紧工件，不致工件掉下发生安全事故。

(3) PLC 的 I/O 地址的确定和分配见表 5-7。

表 5-7　PLC 的 I/O 地址的确定和分配

输　　入			输　　出		
元　　件	符　　号	地　　址	元　　件	符　　号	地　　址
自动/手动选择	SA	0.00	夹紧线圈	YV1	100.00
起动按钮	SB1	0.01	上升线圈	YV2	100.01
停止按钮	SB2	0.02	下降线圈	YV3	100.02
左行按钮	SB3	0.03	右行线圈	YV4	100.03
右行按钮	SB4	0.04	左行线圈	YV5	100.04
上升按钮	SB5	0.05			
下降按钮	SB6	0.06			
放松按钮	SB7	0.07			
上限位	SQ1	1.00			
下限位	SQ2	1.01			
右限位	SQ3	1.02			
左限位	SQ4	1.03			

(4) PLC 的 I/O 接线图(略)。

(5) 机械手自动模式时顺序功能图如图 5.31 所示。

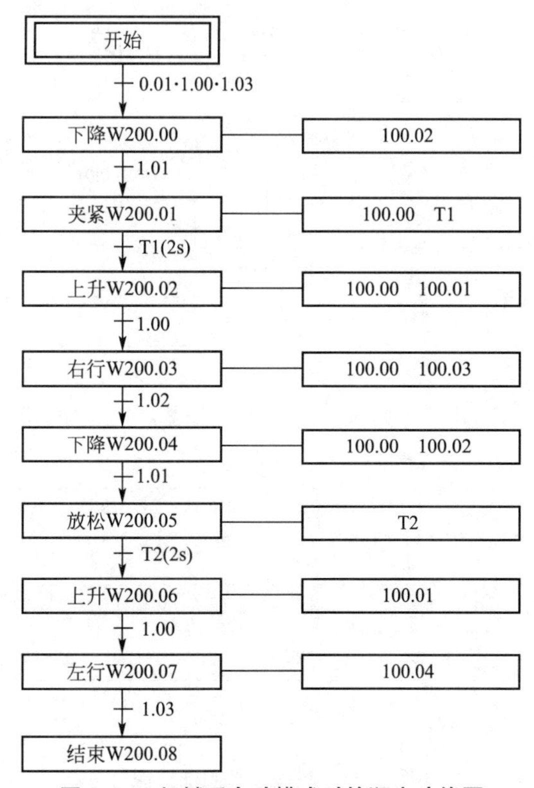

图 5.31　机械手自动模式时的顺序功能图

（6）控制程序结构图。根据控制要求绘制的控制程序结构框图如图 5.32 所示，该结构分成三个部分。第一部分为自动程序段：当选择自动状态时 0.00 常开接点接通，且夹紧线圈失电的情况下，按一下起动按钮，线圈 W0.00 得电，接点 W0.00 接通，进入自动程序段，当按一下停止按钮，退出自动程序段；第二部分为手动程序段：当选择手动状态时 0.00 常闭接点接通，进入手动程序段；第三部分为组合输出程序段，将自动和手动时的状态进行组合，然后输出。

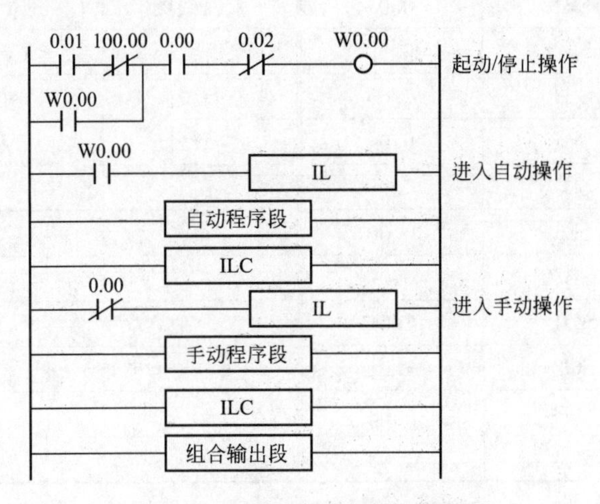

图 5.32　机械手控制程序结构图

（7）控制梯形图。根据控制程序结构图和顺序功能图编写的梯形图如图 5.33 所示。

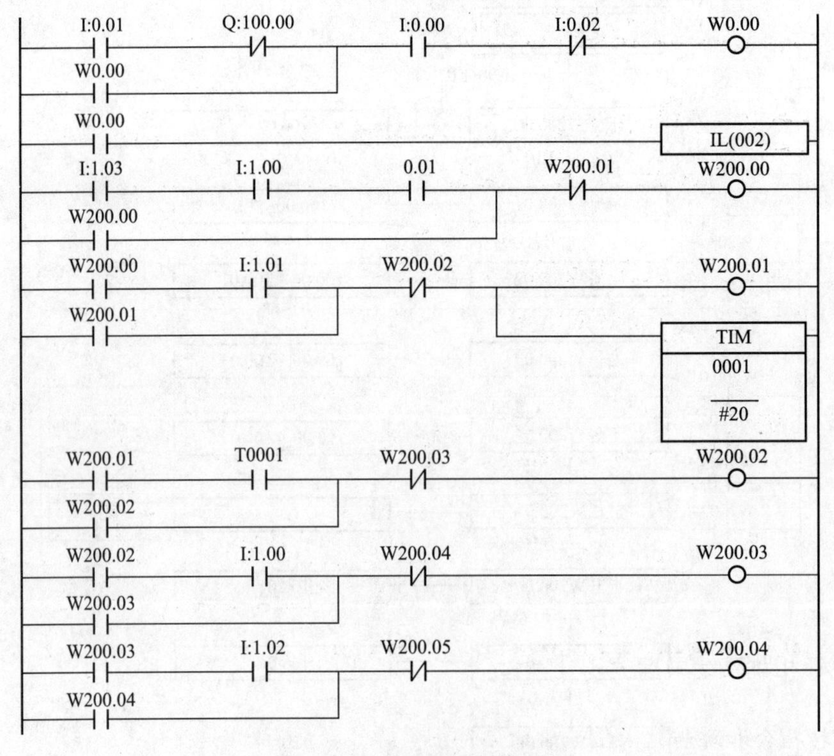

图 5.33　机械手控制梯形图

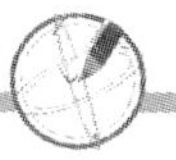

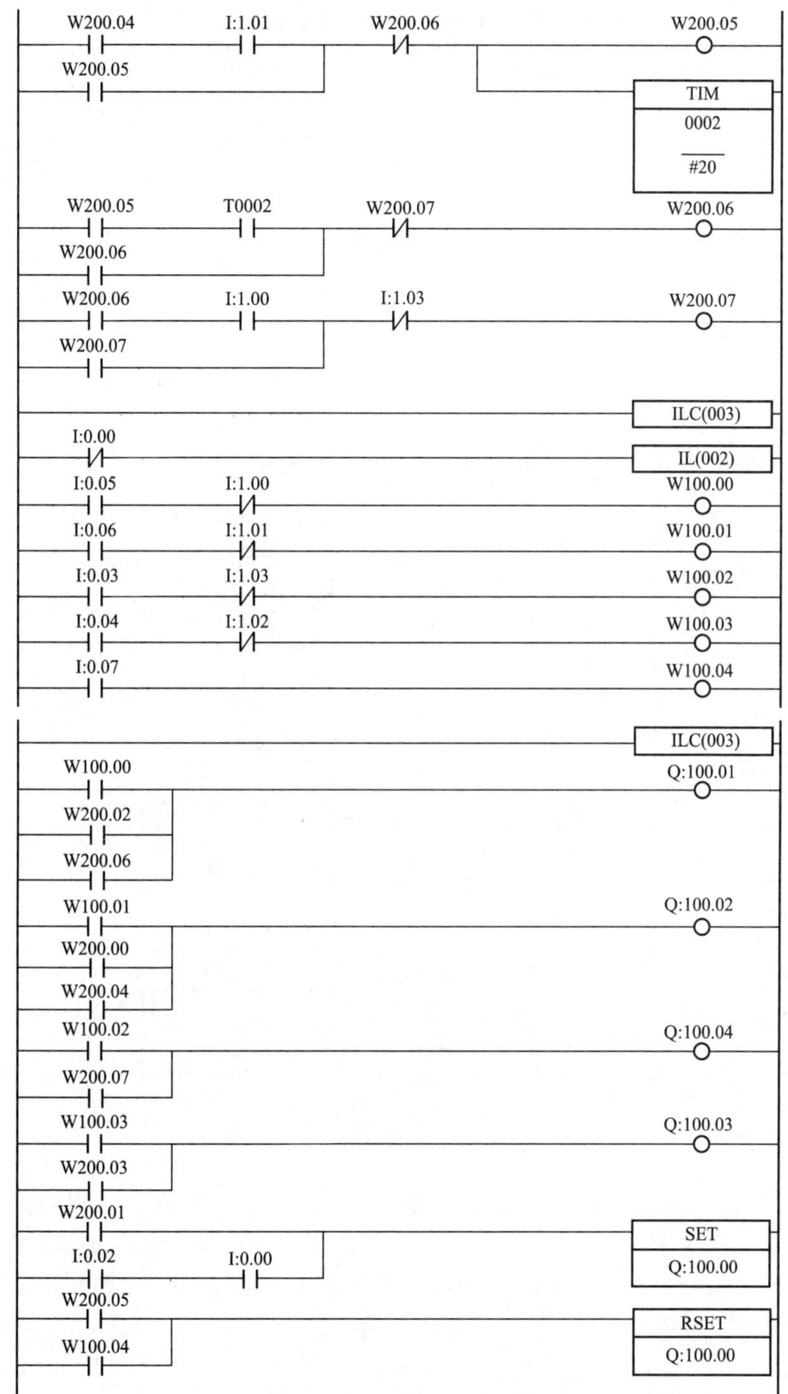

图 5.33　机械手控制梯形图(续)

5.2.4　跳转和跳转结束指令

1. 跳转指令和跳转结束指令的助记符、名称、功能、梯形图

具体见表 5－8。

表 5-8　跳转和跳转结束指令

助记符	名　称	功　能	梯形图	说　明
JMP	跳转	当驱动接点断开时，跳转到 JME	JMP N	（1）N：00～FF Hex 或者十进制 &0～255；（2）输入条件为 OFF 时，不执行 JMP 到 JME 间的指令，但其间的输出将保持状态
JME	跳转结束	解除跳转指令	JME N	

2. 程序举例

跳转指令的应用如图 5.34 所示。

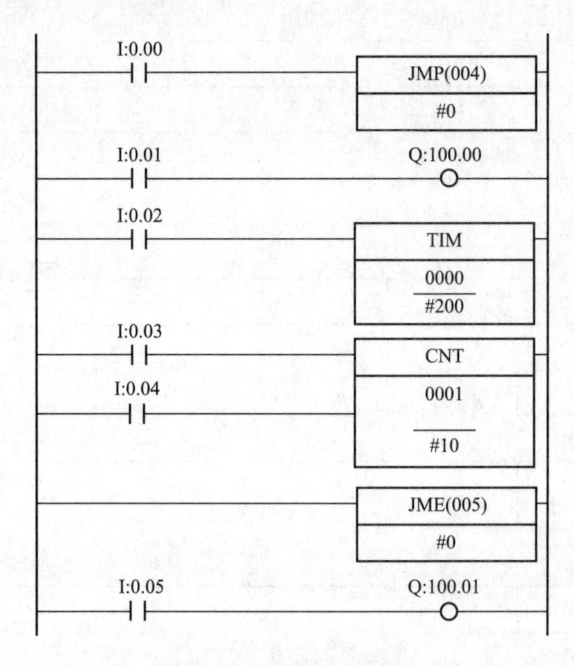

图 5.34　跳转指令的应用

图 5.34 中 #0 为跳转编号，表示当驱动接点断开时，所要跳转到的位置。当接点 0.00 闭合时，梯形图中的输出线圈 100.00、定时器 TIM0000、计数器 CNT0001 都分别受到接点 0.01、0.02、0.03、0.04 的控制。当接点 0.00 断开时，在跳转指令 JMP #0 到 JME #0 间的梯形图都不参与运算。具体表现为：输出线圈 100.00 不论接点 0.01 闭合与否，都保持接点 0.00 断开前的状态；无论 0.02 闭合与否，定时器 TIM0000 仍在继续进行当前值的更新，但减计数到 0 时，其常开接点不闭合，接点 0.02 断开，定时器也不复位；计数器 C1 停止计数，保持当前值，接点 0.004 闭合不能复位计数器。由于线圈 100.01 在 JME #0 后面，所以不受跳转指令的影响，只受接点 0.05 的控制。

3. 指令说明

（1）JMP、JME 指令用于控制程序流向，当 JMP 的驱动接点为 OFF 时，跳过 JMP 到 JME 之间的程序，转去执行 JME 后面的程序。JMP 到 JME 之间的程序不参与运算。

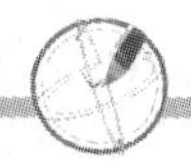

(2) JMP 的执行条件为 OFF 时，所有输出、计数器的状态保持不变，正在定时的定时器继续进行当前值的更新，但定时时间到时，定时器的触点不变化。

(3) 跳转开始和跳转结束的编号要一致。具有相同编号的 JME 指令有两个以上时，程序向地址较小的 JME 转移，地址较大的 JME 指令被忽略。

(4) 向程序地址较小的一方转移时，JMP 的驱动条件为 OFF 时，在 JMP 到 JME 间重复执行。在这种情况下，就不执行 END 指令，有可能出现周期超时现象。

(5) 多个 JMP N 可以共用一个 JME N，这样使用后，在进行程序编译时会出现警告信息，但程序能正常执行。

(6) 当跳转指令和联锁指令一起使用时，应遵循如下规则。

① 当要求由 IL 外跳转到 IL 外时，可随意跳转。

② 当要求由 IL 外跳转到 IL 内时，跳转与 IL 的动作有关。

③ 当要求由 IL 内跳转到 IL 内时，若联锁断开，则不跳转。

④ 当要求由 IL 内跳转到 IL 外时，若联锁断开，不跳转；若联锁接通，则跳转，但 ILC 无效。

由于联锁指令和跳转指令一起使用较为复杂，建议初学者最好不要同时使用，以避免一些意想不到的问题出现。

此外还有条件转移指令 CJP、转移结束指令 JME、条件非转移指令 CJPN、转移结束指令 JME、多重转移指令 JMP0、多重转移结束指令 JME0，因篇幅有限，不再介绍。

4. 跳转和跳转结束指令的应用

如图 5.16 所示大小球分拣系统示意图，若要在停止以后再起动，从停止处继续进行下去，而且要求有手动调整和复位功能，可按图 5.35 的控制程序结构图设计，将一对跳转指令嵌在联锁、解锁指令内。

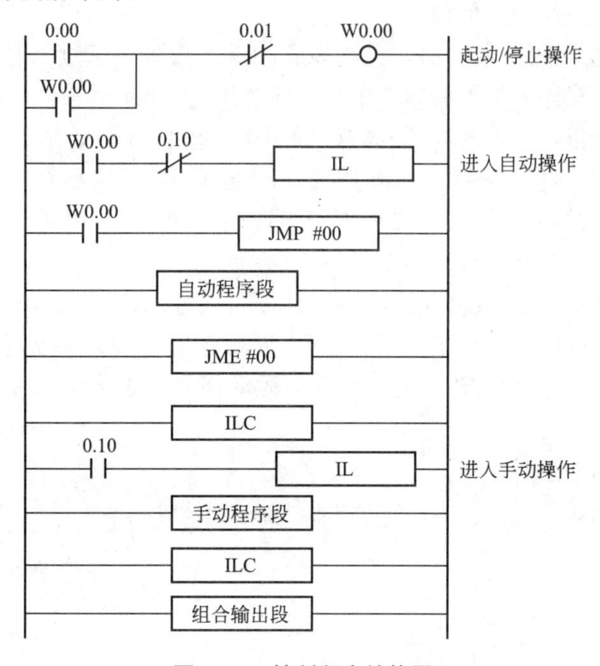

图 5.35 控制程序结构图

图 5.35 中，0.10 为自动/手动选择开关接点地址，其余的手动调整按钮地址分配和梯形图的编写请读者自己分析。

项目小结

1. 顺序控制的指令有很多，如步进指令、移位指令、联锁解锁、跳转和跳转结束指令，而步进指令是解决顺序控制的常用指令。

2. 根据顺序控制功能图，使用基本指令也能方便地实现顺序控制。

3. 顺序控制程序设计的方法有多种，其中顺序功能图(SFC)设计法是当前顺序控制设计中最常用的设计方法之一。使用顺序控制设计法时，首先要根据系统的工艺过程，画出顺序功能图，然后根据顺序功能图编写控制程序。

思考与练习

1. 某灯光招牌有 L0～L5 六盏灯，设计一个程序，要求：按一下起动按钮，L0～L5 灯以正序每隔 1s 点亮一盏，直至全亮，再 L5～L0 每隔 1s 反序熄灭一盏，直至全灭 1s，再循环，直至按一下停止按钮。

2. 根据系统控制要求设计程序。系统需实现货叉取放货箱动作，要求：

(1) 货叉停在低位原位时，按一下“左取箱”按钮，货叉左伸至最左位取货箱，10s 后上升至最高位，再右伸回到高位原位。

(2) 货叉在高位原位时，按一下“右放箱”按钮，货叉右伸至最右位放货箱，10s 后下降至右位低位，再左伸回到低位原位。

3. 某染料生产线调制一种颜料，调制步骤如下：按一下起动按钮 SB，电磁阀 YV1、YV2 得电，液体 1、液体 2 加入调料缸中且调料缸正转，20s 后液体 1 停止加入，再过 10s 液体 2 和调料缸都停止，暂停 5s 电磁阀 YV3 得电，液体 3 开始加入、调料缸开始反转，10s 后电磁阀 YV4 也得电，液体 4 也开始加入，再过 10s 后电磁阀 YV3、YV4 及调料缸反转都停止。放液电磁阀 YV5 打开放液体，当液面下降至 SL 时再过 3s 关闭放液电磁阀 YV5。请设计顺序功能图并用步进指令编写梯形图。

4. 组合机床用来加工圆盘状零件上均匀分布的三对孔，如图 5.36 所示。操作人员放好工件后，按下起动按钮，工件被夹紧(夹紧电动机正转)，30s 后大小钻头分别向下运动开始钻孔，大钻头向下运动至 SQ2 时，反方向运动回到 SQ1 处；小钻头向下运动至 SQ4

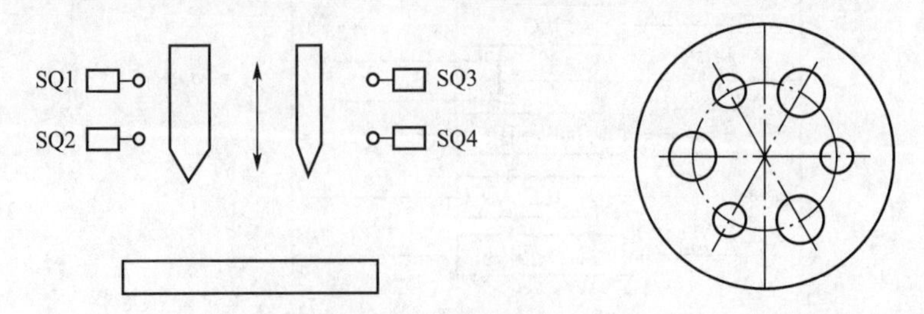

图 5.36　组合机床示意图

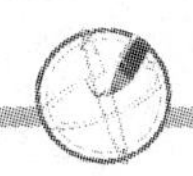

时，反方向运动回到SQ3处；当两钻头都回到原位时，计数器计一次数，工件台转120°，工件台转到位后(行程开关SQ5动作)，又开始钻第二对大小孔；当第三对孔钻好后，夹紧电动机反转30s后停止。请设计其顺序功能图和控制梯形图。

5. 自动洗衣机控制，按一下起动按钮，进水阀YV1得电打开，进水至高水位SQ1动作，进水阀关闭，同时洗衣电动机正转10s暂停1s，再反转10s暂停1s，再正转……，循环三次后，出水阀门YV2得电放水，放水至低水位SQ2复位，甩水电磁阀YV3得电(同时洗衣电动机正转)10s后停止甩水，且放水阀关闭，完成一次大循环，再进水、洗涤、放水，当大循环完成三次后，洗衣结束。请设计控制梯形图。

6. 在氯碱生产中，碱液的蒸发、浓缩过程往往伴有盐的结晶，因此，要采取措施对盐碱进行分离。分离过程为一个顺序循环工作过程，共分六个工步，靠进料阀、洗盐阀、化盐阀、升刀阀、母液阀、熟盐水阀六个电磁阀完成工作过程，具体如下：当系统起动时，首先进料，5s后甩料，延时5s后洗盐，5s后升刀，再延时5s后间歇，间歇时间为5s，之后重复进料、甩料、洗盐、升刀、间歇工序，重复八次后进行洗盐，20s后再进料，这样为一个周期，生产动作表见表5-9。请设计其顺序功能图和控制梯形图。

表5-9　氯碱生产动作表

步号	电磁阀	动作					
		进料	甩料	洗盐	升刀	间歇	清洗
1	进料阀	+	−	−	−	−	−
2	洗盐阀	−	−	+	−	−	+
3	化盐阀	−	−	−	+	−	−
4	升刀阀	−	−	−	+	−	−
5	母液阀	+	+	+	+	+	−
6	熟盐水阀	−	−	−	−	−	+

项目 6

可编程控制器逻辑运算控制

项目导读

PLC 除了基本指令和顺序控制指令外，还有很多用于逻辑运算控制的功能指令。本项目介绍 PLC 功能指令的表示方法和使用要素，以及应用数据比较、数据传送、数据转换、逻辑运算、四则运算等运算指令实现的逻辑运算控制的编程方法。

知识目标	➢ 熟悉常用逻辑运算指令的表示方法和使用要点 ➢ 掌握常用逻辑运算指令的基本功能
能力目标	➢ 基本掌握逻辑运算控制的编程方法 ➢ 能运用常用逻辑运算指令编写控制程序

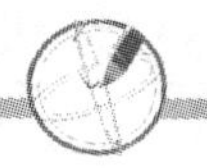

6.1　比较指令

欧姆龙PLC比较指令有多种，本单元着重分析和讲解其中几个应用较广的比较指令：符号比较指令、无符号比较指令、时刻比较指令，其他的比较指令限于篇幅不予讲述。

6.1.1　符号比较指令

1. 符号比较指令助记符、梯形图、指令功能

符号比较指令的比较符号有=、<>、<、<=、>、>=，其指令的梯形图格式及助记符如图6.1所示，其中S1为比较数据一，S2为比较数据二。符号比较指令的功能是对两个CH数据或常数进行比较，如比较结果满足比较条件时，即比较结果为真时，相当于常开接点的闭合，信号能连接到下一段之后。

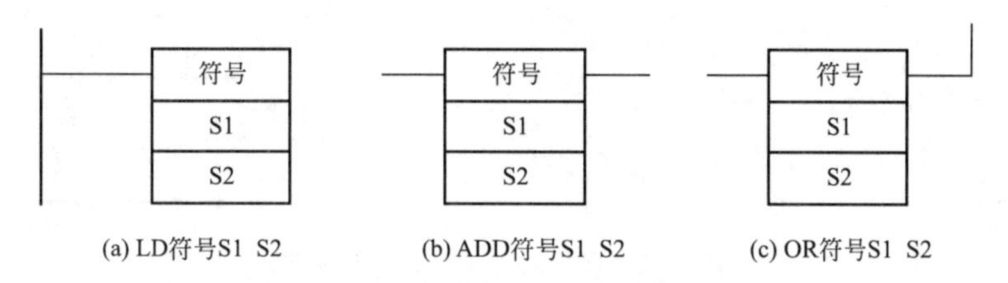

图6.1　符号比较指令的梯形图格式、助记符

2. 程序举例

图6.2(a)所示为当D1的数据大于20或小于5时，输出线圈100.00得电；图6.2(b)所示为当D1的数据大于等于5且小于等于20时，输出线圈100.00得电。

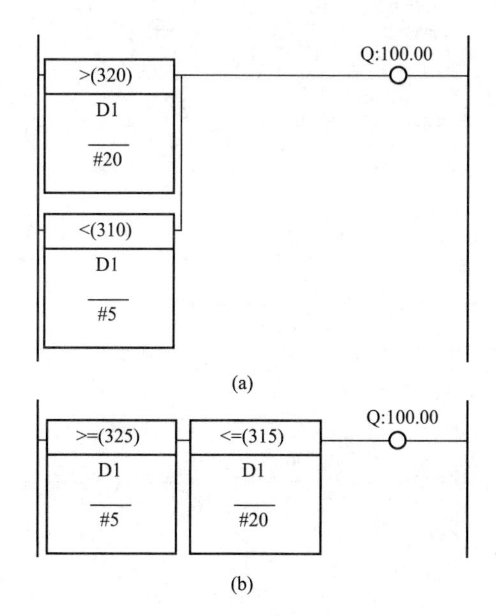

图6.2　符号比较指令的应用

注意： 符号比较指令从梯形图格式上与功能指令相似，而实质上它相当于一个常开接点，当 S1 与 S2 比较的结果满足比较条件时，该接点接通。

6.1.2 无符号比较指令

1. 指令功能

无符号比较指令有单字指令 CMP 和双字指令 CMPL，两个指令不同的是对数字的选择有单字(16 位二进制数)或双字(32 位二进制数)之分。其功能都是对两组数据或常数进行比较，将比较结果反映到比较结果标志中，比较结果标志有＝、＜＞、＜、＜＝、＞、＞＝。执行 CMP 指令后，各比较结果标志＝、＜＞、＜、＜＝、＞、＞＝的状态见表 6－1，各比较结果标志地址分配见表 6－2，比较数据 S1 与 S2 的内容见表 6－3。

表 6－1 各比较结果标志的状态

比较结果	＞	＞＝	＝	＜＝	＜	＜＞
S1＞S2	ON	ON	OFF	OFF	OFF	ON
S1＝S2	OFF	ON	ON	ON	OFF	OFF
S1＜S2	OFF	OFF	OFF	ON	ON	ON

表 6－2 各比较结果标志地址分配

结果标志	＝	＜＞	＜	＜＝	＞	＞＝
符号地址	P_EQ	P_NE	P_LT	P_LE	P_GT	P_GE
实际地址	CF006	CF001	CF007	CF002	CF005	CF000

表 6－3 比较数据 S1 和 S2 的内容

区　域	CMP 指令		CMPL 指令	
	S1	**S2**	**S1**	**S2**
CIO(I/O 继电器等)	0000～6143		0000～6142	
内部辅助继电器	W000～511		W000～510	
保持继电器	H000～511		H000～510	
特殊辅助继电器	A000～959		A000～958	
定时器	T0000～4095		T0000～4094	
计数器	C0000～4095		C0000～4094	
数据存储器	D00000～32767		D00000～32766	
DM 间接(BIN)	@D00000～32767		@D00000～32767	
DM 间接(BCD) 常数	*D00000～32767		*D00000～32767	
	#0000～FFFF (BIN 数据) &0～65535 (无符号十进制数)		#00000000～FFFFFFFF (BIN 数据) &0～4294967295 (无符号十进制数)	

（续）

区　　域	CMP 指令		CMPL 指令	
	S1	S2	S1	S2
数据寄存器	DR0～DR15		—	
变址寄存器(直接)	—		IR0～IR15	
变址寄存器(间接)	IR0～IR15 －2048～＋2047，IR0～IR15 DR0～DR15，IR0～IR15 IR0～IR15＋(＋＋) －(－－)IR0～IR15			

2. 程序举例

如图 6.3 所示，在输入接点 0.00 接通的情况下，当数据寄存器 D0 中的数据大于常数 30 时，输出 100.00 得电；当数据寄存器 D0 中的数据等于常数 30 且输入接点 0.01 接通时，输出 100.01 得电；当数据寄存器 D0 中的数据小于常数 30 且输入接点 0.02 接通时，输出 100.02 得电。

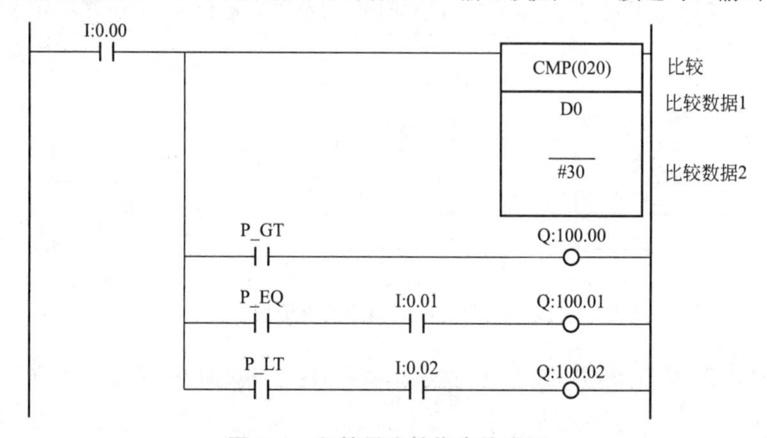

图 6.3　无符号比较指令的应用

3. 使用 CMP 指令、CMPL 指令的注意事项

(1) 比较结果标志要在 CMP 指令的驱动条件的输出分支中应用，如图 6.4 所示。

(2) 如果将比较结果标志配置在其他指令之后，比较结果标志的状态会发生变化，所以比较结果标志一定要紧跟 CMP 指令，否则容易出现错误。如图 6.5 所示的梯形图是不允许的，是错误的。

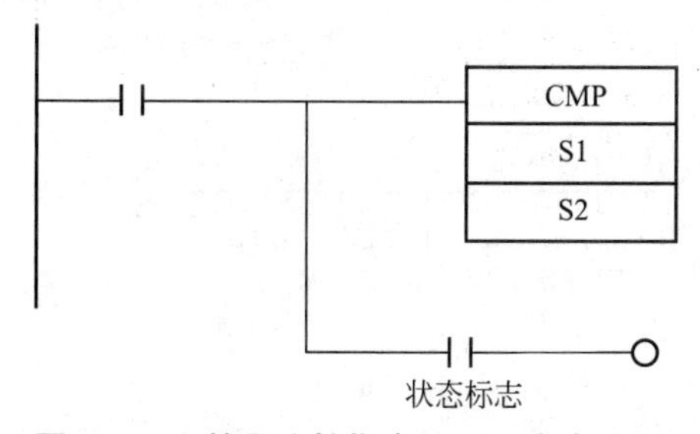

图 6.4　无符号比较指令编程注意事项(1)

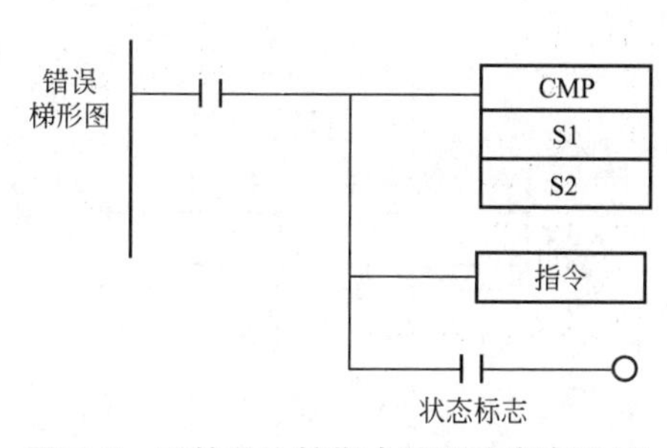

图 6.5　无符号比较指令编程注意事项(2)

6.1.3 时刻比较指令

在CP1H系列PLC中CPU单元的内部时钟通过BCD保存在特殊辅助继电器A351～A353中，见表6-4。

表6-4 时间信息存放位置

通　道	高8位(BCD)	低8位(BCD)
A351CH	分(00～59)	秒(00～59)
A352CH	日(00～31)	时(00～23)
A353CH	年(00～99)	月(01～12)

1. 指令梯形图、指令功能

时刻比较指令有=DT、<> DT、< DT、<= DT、> DT、>=DT等，其含义是根据控制字C的内容比较两个时刻数据(BCD)，比较结果满足比较条件时，即比较结果为真时，相当于常开接点的闭合，信号能连接到下一段之后。时刻比较指令的样形图格式如图6.6所示。

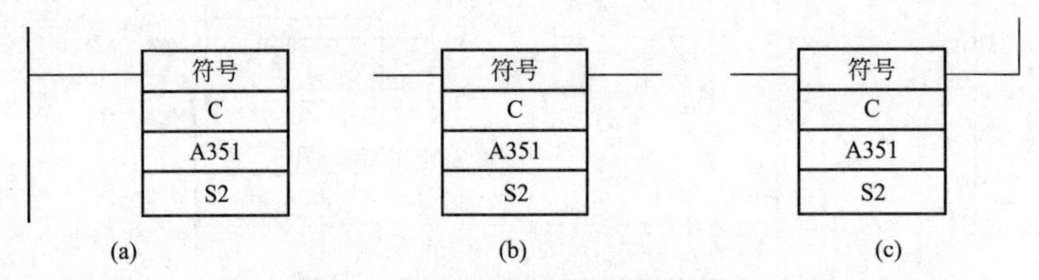

图6.6 时刻比较指令的梯形图格式

当前时刻数据存放在A351、A352、A353中，比较时刻数据存放在S2、S2＋1、S2＋2中，如图6.7所示。

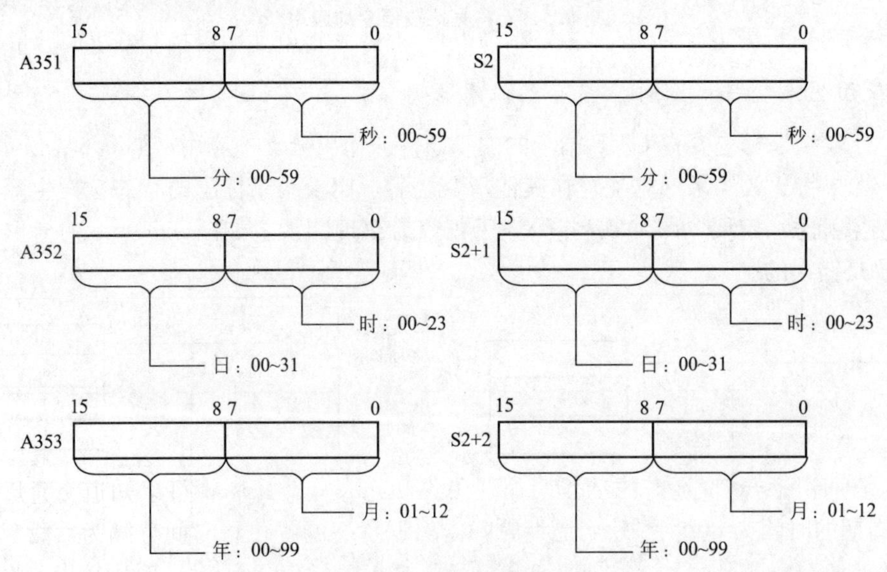

图6.7 时刻数据存放

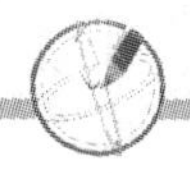

控制字C通过位号bit5～bit0中的数据来分别指定年、月、日、时、分、秒六个数据中哪一个进行比较屏蔽(所谓屏蔽就是不进行比较)，屏蔽为1，不屏蔽为0；bit5～bit0分别控制的是年、月、日、时、分、秒。如要屏蔽年、月、日时，则控制字C的bit3、bit4、bit5为“1”，控制字C的bit0、bit1、bit2为“0”，见表6-5，用十六进制表示为0038(H)。

表6-5　控制字C设置

位	15	14	13	12	11	10	9	8	7	6	5	4	3	2	1	0
C	0	0	0	0	0	0	0	0	0	0	1	1	1	0	0	0

2. 程序举例

如某工厂需要分开计量峰谷电的使用，每天上午8：00到晚上22：00为峰电量，晚上22：00到次日8：00为谷电量。简单地运用时刻比较指令即可实现，如图6.8所示。

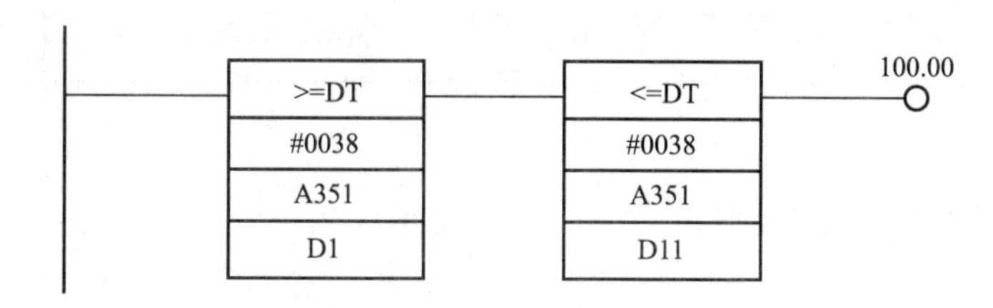

图6.8　检测峰谷电的梯形图

在图6.8中，左边部分为将以A351为首址的三个通道当前时刻数据和以D1为首址的三个通道比较时刻数据进行比较，因控制字屏蔽了年、月、日，实际比较的是时、分、秒，即将A352的后8位、A351和D2的后8位、D1进行比较，比较结果为真，相当接点接通。根据要求在D1、D2中存放0000、0008，表示8：00：00，在D11、D12中存放0000、0022，表示22：00：00，D3不必考虑。从梯形图中很明显看出，当时间大于等于8：00同时小于等于22：00时，输出继电器100.00得电，用以控制峰电的计量。

6.1.4　比较指令应用实例

1. 交通灯控制

用比较指令编写程序，满足图6.9所示时序的要求。

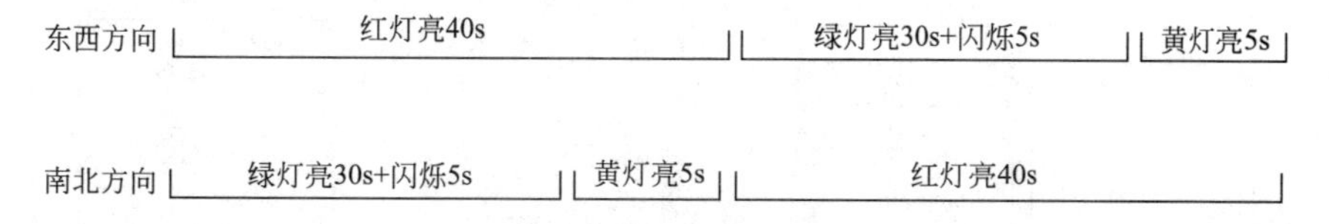

图6.9　交通灯时序图

1) 时序图分析交通灯的动作为循环工作状态，从时序图中可以知道交通灯工作每个循环周期的时间为80s，在一个周期时间内根据状态的变化将时间分隔为六段，具体时间段为：0～30s、30～35s、35～40s、40～70s、70～75s、75～80s，用比较指令将定时时间为 80s 的定时器的当前值分别和常数 50、45、40、10、5 进行比较(注意：定时器 TIM 为减计数器，当前值是从设定值往下减“1”计算的)，比较结果用来表达不同的时间段进行输出的控制。

2）I/O 地址分配

I/O 地址分配见表 6－6。

表 6－6　I/O 地址分配

输　入		输　出	
起动按钮 SB1	0.00	东西红灯	100.00
停止按钮 SB2	0.01	东西绿灯	100.01
		东西黄灯	100.02
		南北绿灯	100.03
		南北黄灯	100.04
		黄北红灯	100.05

3）梯形图程序

符合比较指令编写的梯形图程序如图 6.10 所示，无符合比较指令编写的梯形图程序读者自行练习。

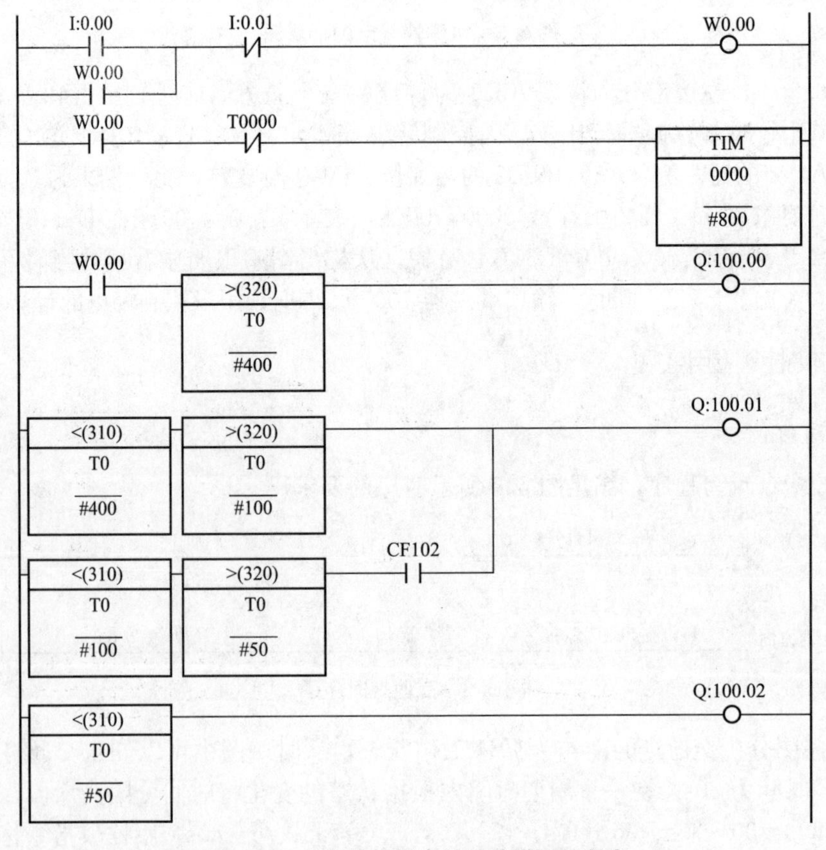

图 6.10　符号比较指令编写的梯形图程序

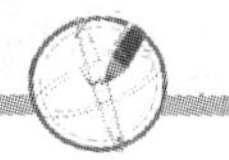

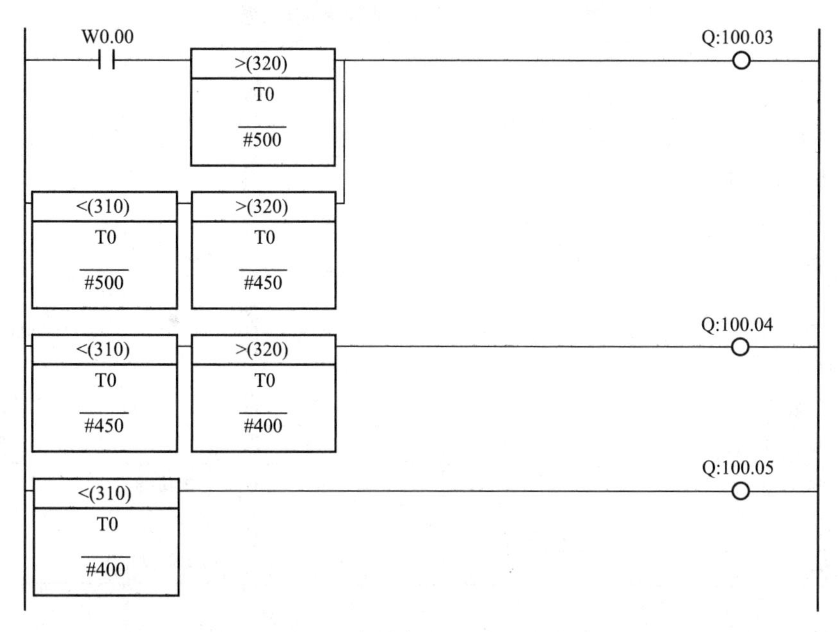

图 6.10　符号比较指令编写的梯形图程序(续)

6.2　数据传送指令

数据传送有传送指令 MOV、倍长传送指令 MOVL、取反传送指令 MVN、倍长取反传送指令 MVNL、位传送指令 MOVB、多位传送指令 XFRB、块传送指令 XFER 等。

6.2.1　MOV 指令、MOVL 指令、MVN 指令和 MVNL 指令

MOV 指令是将源通道(单字)数据或常数以二进制的形式输出到传送目的通道。MOVL 指令是将源通道(双字)数据或常数以二进制形式输出到传送目的地通道。MVN 指令是将源通道(单字)的数据取反后传送到目的通道。MVNL 指令是将源通道(双字)的数据取反后传送到目的通道。

传送指令的基本格式如图 6.11(a)所示，其中 S 是源通道，D 是目的通道，可选用的通道地址见表 6-7。图 6.11(b)是当接点 0.00 为 ON 时，将 100CH 的数据传送到 D100。图 6.11(c)是当接点 0.01 为 ON 时，将 D100、D101 的数据按位取反后传送到 D200、D201。

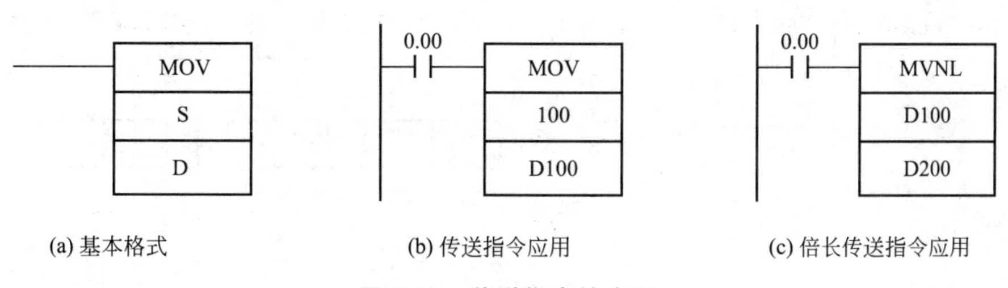

(a) 基本格式　　(b) 传送指令应用　　(c) 倍长传送指令应用

图 6.11　传送指令的应用

表 6-7　源通道和目的通道地址表

区　域	MOV 指令		MOVL 指令	
	S	D	S	D
CIO(输入输出继电器等)	0000～6143		0000～6142	
内部辅助继电器	W000～511		W000～510	
保持继电器	H000～511		H000～510	
特殊辅助继电器	A000～959	A448～959	A000～958	A448～958
定时器	T0000～4095		T0000～4094	
计数器	C0000～4095		C0000～4094	
数据存储器	D00000～32767		D00000～32766	
DM 间接(BIN)	@D00000～32767		@D00000～32767	
DM 间接(BCD)	* D00000～32767		* D00000～32767	
常　数	#0000～FFFF (BIN 数据)	—	#00000000～FFFFFFFF (BIN 数据)	—

要注意的是在倍长传送中，是对两个字进行操作，但在梯形图或指令表中通常只指出低位通道的地址，如图 6.11(c)中源通道是 D100 和 D101，但在梯形图中只需写 D100，这在以后的双字指令中都是如此。

6.2.2　MOVB 指令和 XFRB 指令

1. MOVB 指令

MOVB 指令的基本格式如图 6.12 所示，图中 S 为源通道，C 为控制字，D 为目的通道。C 的低 8 位用来指定源通道的位，高 8 位用来指定目的通道的位。MOVB 指令的应用如图 6.13 所示。

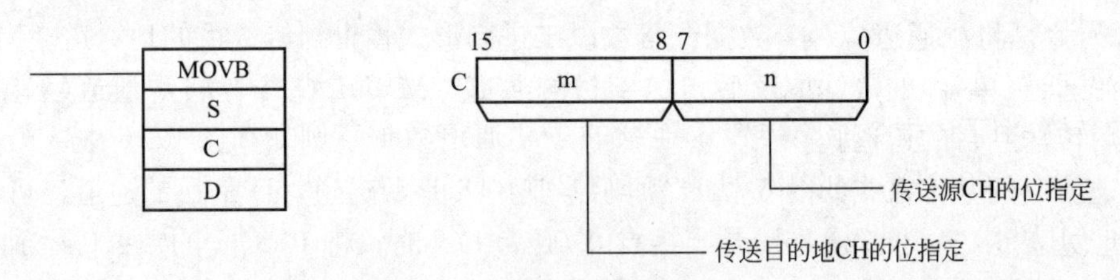

图 6.12　MOVB 指令的基本格式

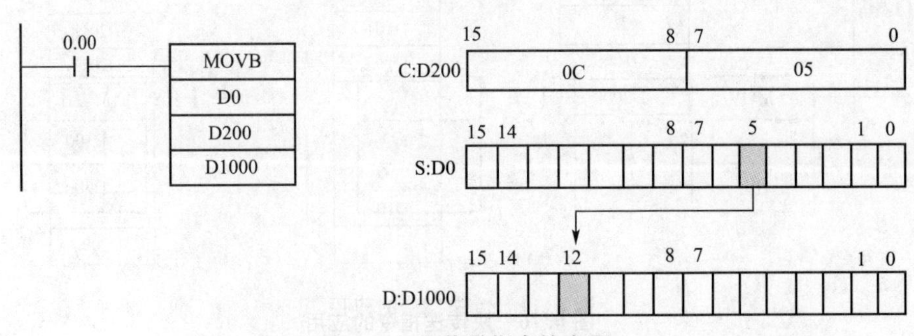

图 6.13　位传送指令的应用

2. XFRB 指令

XFRB 指令是传送指定通道所指定的多个位，其基本格式如图 6.14 所示。控制字的含义是从源通道 S 所指定的开始位置(I)开始，将指定位数(n)的数据，传送到目的通道 D 所指定开始位置(m)。如果源通道最低地址 200CH，目的通道最低地址 300CH，当控制字 C=H1406 时，则是将源通道 200 从第 6 位开始的 20(用十六进制表示为 14)位数据传送到目的通道 300 从第 0 位开始的 20 位，如图 6.15 所示。

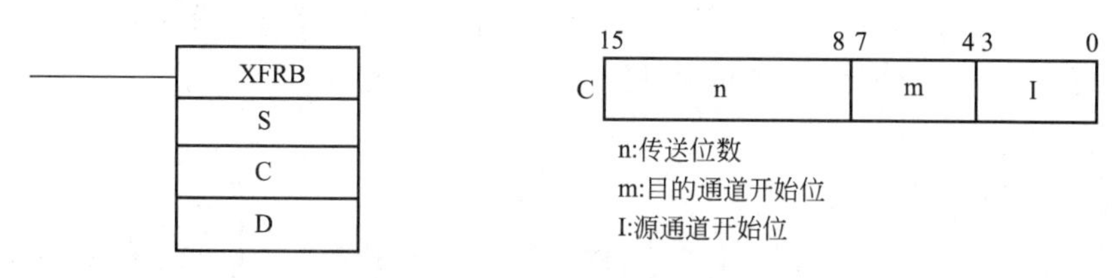

图 6.14　XFRB 指令的基本格式

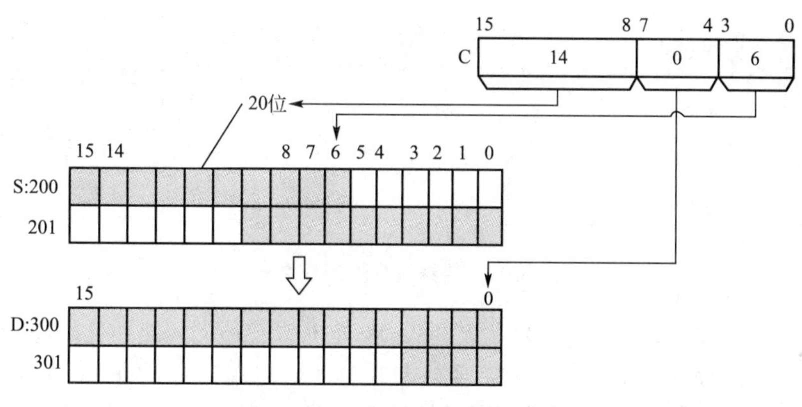

图 6.15　控制字 C 的使用方法

6.2.3　XFER 指令

块传送 XFER 指令能整体传送连续的多个通道数据，例如在图 6.16 中，当 0.00 为 ON 时，将 D100～D109 的 10CH 传送到 D200～D209。

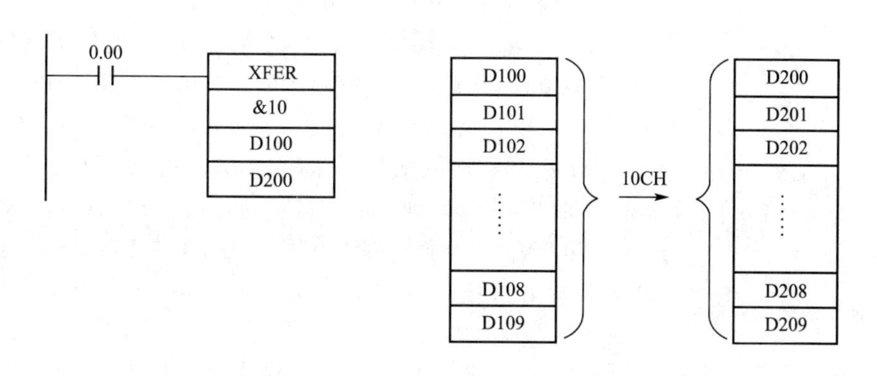

图 6.16　块传送指令的应用

6.2.4 数据传送指令应用实例

数据传送指令主要应用在下列几个方面：实现定时器、计数器当前值的读出及设定值的间接设定；实现输出的变化；实现数据的传送。

下面我们将通过应用实例来分析数据传送指令的不同用途。

1. 应用实例一

某生产设备由于工艺的不同，需要有两种不同的定时时间，分别按一下按钮 SB1、SB2 表示选择 10s、20s 两种不同的时间设定，梯形图如图 6.17 所示。

图 6.17 传送指令的应用之一

在图 6.17 所示的梯形图中，D0 为定时器 T0 定时设定值的间接地址，即 D0 中的数据就是定时器 T0 的设定值，如 0.00 接通则 D0＝100，定时时间为 10s；如 0.01 接通则 D0＝200，定时时间为 20s。为了显示定时的过程数据，将定时器 T0 定时的当前值传送至数据寄存器 D1 再通过触摸屏、组态等终端设备显示出来。

2. 应用实例二

有一喷水池共有 7 个喷水柱，分布如图 6.18 所示，要求：起动后，水池中央 1 号水柱喷水 10s 后，换成水池内圈 2、3、4 号水柱喷水 10s，最后换成水池外圈 5、6、7 号水柱喷水 10s，重复循环此过程。

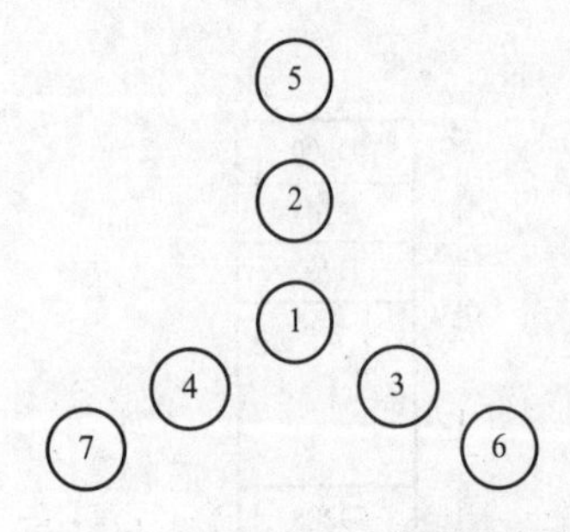

图 6.18 喷水池水柱分布示意图

分析：本控制共有 7 个输出，分别接在 100.00～100.06 输出端。1 号柱喷水时，100.00 输出得电，其他输出失电，则输出通道 100CH＝B0000000000000001（H0001）；内圈水柱喷水时，100.01、100.02、100.03 三个输出得电，则输出通道 100CH＝B0000000000001110（H000E）；外圈水柱喷水时，100.04、100.05、100.06 三个输出得电，则输出通道 100CH＝B0000000001110000（H0070）；用定时时间分别为 10s、20s、30s 的 T1、T2、T3 三个定时器来进行定时，再用三个定时器的常开接点作为驱动接点，分三次分别向 100CH 传送不同的常数，实现不同的输出，当系统停止时，则所有输出全失电，

100CH＝H0。详细梯形图如图 6.19 所示。

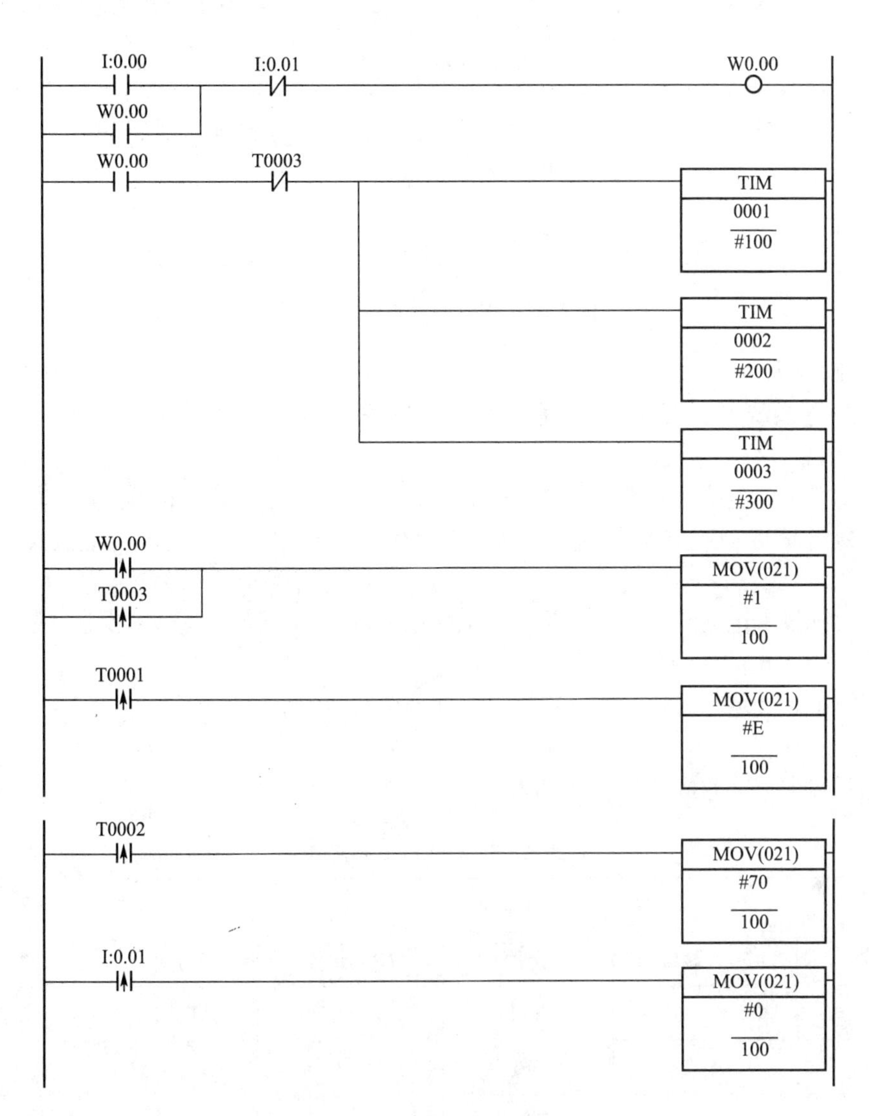

图 6.19　喷水池控制梯形图

(1) 上述梯形图中数据传送指令前的驱动触点为何要用微分信号?

(2) 如果驱动信号不用微分信号，改用数据传送指令微分形式可以吗?

3. 应用实例三

物料供应车运行示意图如图 6.20 所示。

物料供应车有三个状态：向右运动(电动机正转)、向左运动(电动机反转)、停止。SQ 为物料车所处各工位的行程开关，SB 为各工位招呼物料车的召唤按钮。若物料车在 A 位，压合行程开关 SQ1，当 D 位需要物料时，按动其所在位置的召唤按钮 SB4，电动机正转，物料车向右运动，一直运动到 D 位，压合行程开关 SQ4 时停止。

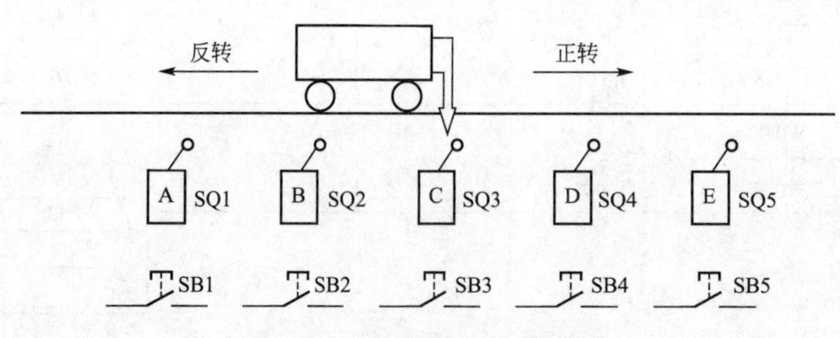

图 6.20　物料供应车运行示意图

1）控制要求

(1) 控制系统开始投入运行时，不管物料车在任何位置，应运行到 E 位，等待召唤。

(2) 物料车应能按照召唤按钮的信号和行程开关的位置，正常的运行和停止。

(3) 物料车运动到召唤位置时，能停留 20s，等待取料；20s 后能继续按召唤方向运动。

(4) 在物料车运动时，不能接收其他工位的召唤信号，必须等到本次任务完成后，才能接收下一个工位的召唤信号。

(5) 停止时必须等已响应的召唤完成后才能停止。

2）地址分配

根据控制要求，I/O 地址分配见表 6－8。

表 6－8　I/O 地址分配表

输　入				输　出	
元件	输入地址	元件	输入地址	元件	输出地址
SQ1	0.00	SB1	0.05	KM1(正转)	100.01
SQ2	0.01	SB2	0.06	KM2(反转)	100.02
SQ3	0.02	SB3	0.07		
SQ4	0.03	SB4	0.08		
SQ5	0.04	SB5	0.09		
		起动	0.10		
		停止	0.11		

3）控制思路

基本思路是，分别读入召唤信号和行程开关状态信号的数据，将两个数据进行大小比较，根据比较的结果来控制电动机的正转、反转或停止；在物料车运动到指定位置时，起动定时器，延时 20s，在此时间内不接收新的召唤信号。具体过程如下。

(1) 输入召唤按钮信号的位号，并将位号存于数据寄存器 D1 中。

(2) 行程开关动作时输入物料供应车所在位置的位号，并将位号存于数据寄存器D2中。

(3) 将D1与D2中的数据进行比较，D1＞D2时，电动机正转，物料车右行；D1＜D2时，电动机反转，物料车左行；D1＝D2时，电动机停转，物料车停止。

(4) 电动机停止后起动定时器，定时器到时后，又开始接收新的召唤信号。

4) 控制梯形图(图6.21)

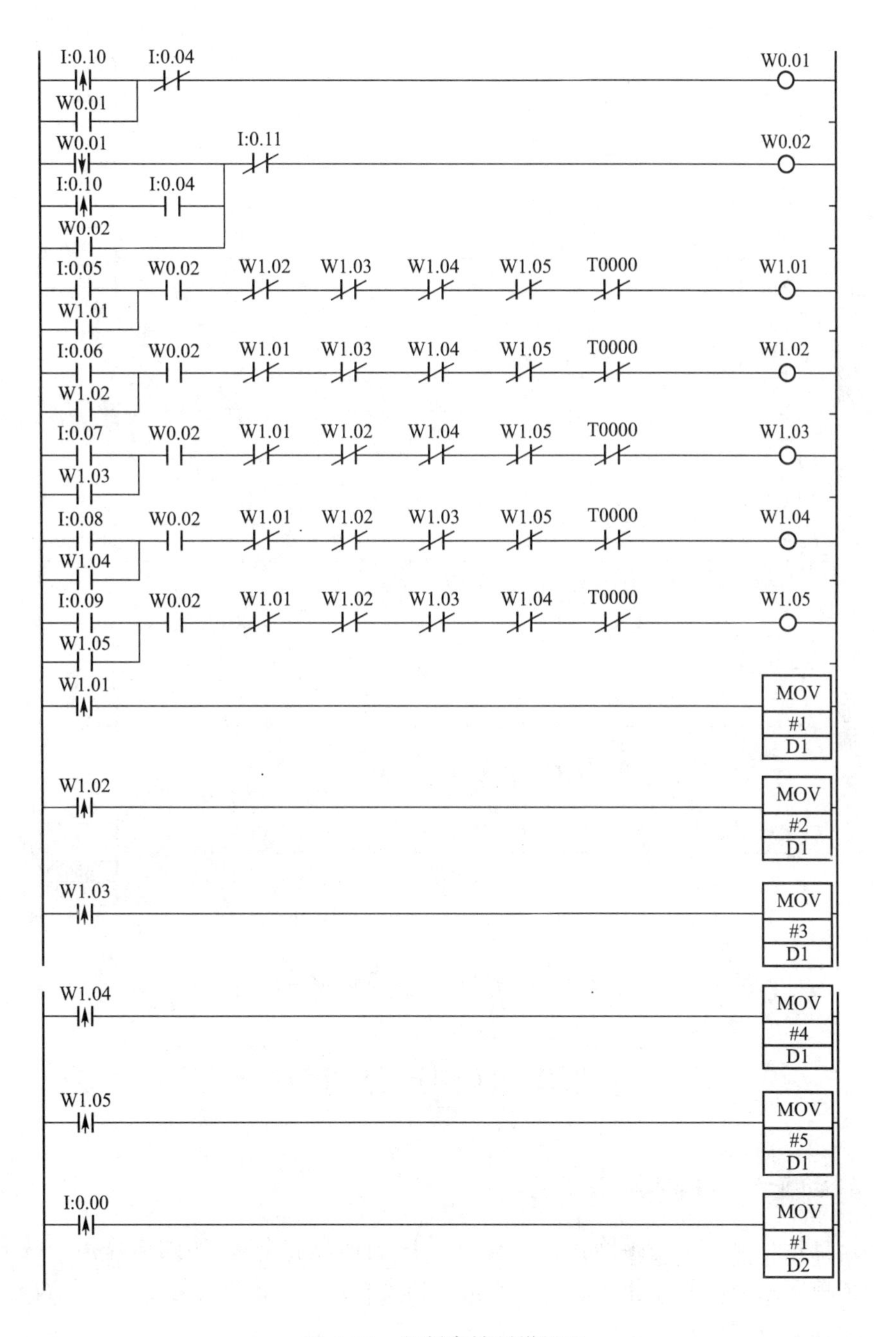

图6.21　物料车控制梯形图

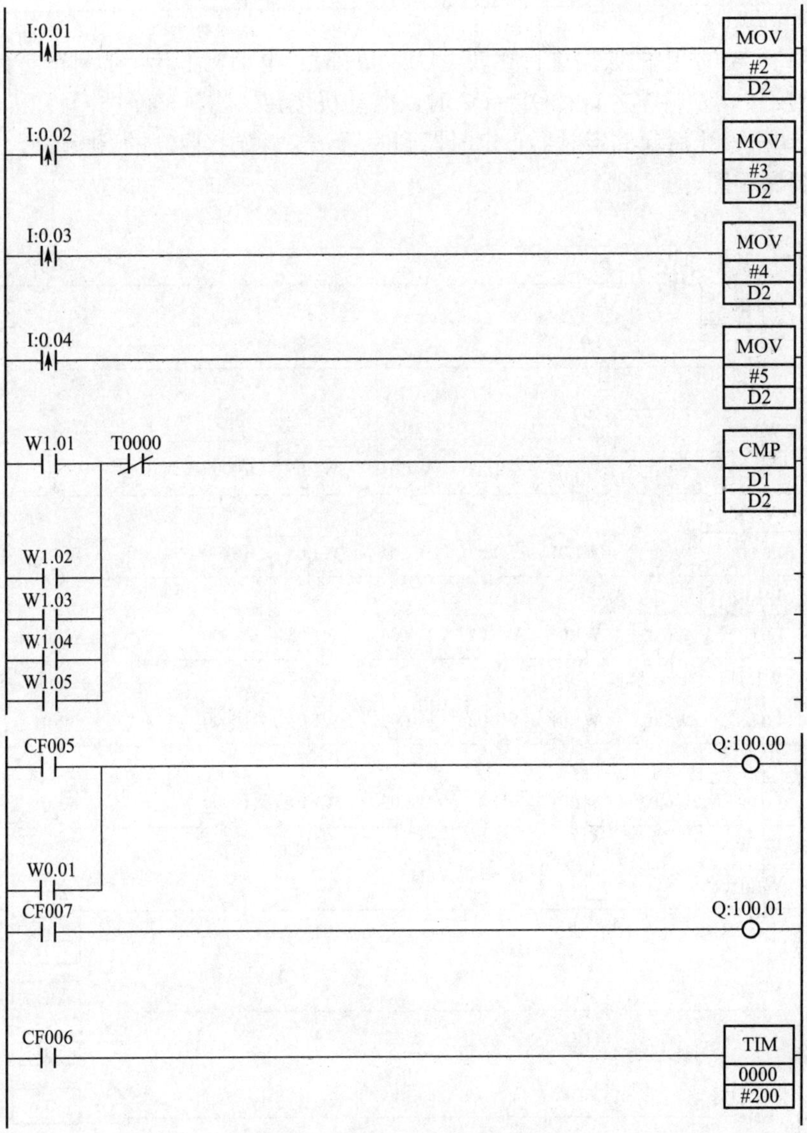

图 6.21　物料车控制梯形图(续)

6.3　四则运算指令

6.3.1　指令助记符、梯形图、指令功能

四则运算指令就是加减乘除指令，有 BIN 四则运算和 BCD 四则运算指令两大类，每类又可分为单字指令和双字指令、有 CY 指令和无 CY 指令、带符号指令和无符号指令等，各种指令的助记符清单见表 6－9。

表 6-9　四则运算指令助记符

指令语言	助记符	FUN 编号	指令语言	助记符	FUN 编号
带符号・无 CY　BIN 加法运算	+	400	带符号・无 CY　BIN 减法运算	−	410
带符号・无 CY　BIN 双字加法运算	+L	401	带符号・无 CY　BIN 双字减法运算	−L	411
带符号・CY　BIN 加法运算	+C	402	符号・带 CY　BIN 减法运算	−C	412
带符号・CY　BIN 双字加法运算	+CL	403	符号・带 CY　BIN 双字减法运算	−CL	413
无 CY　BCD 加法运算	+B	404	无 CY　BCD 减法运算	−B	414
无 CY　BCD 双字加法运算	+BL	405	无 CY　BCD 双字减法运算	−BL	415
带 CY　BCD 加法运算	+BC	406	带 CY　BCD 减法运算	−BC	416
带 CY　BCD 双字加法运算	+BCL	407	带 CY　BCD 双字减法运算	−BCL	417
带符号 BIN 乘法运算	*	420	带符号 BIN 除法运算	/	430
带符号 BIN 双字乘法运算	*L	421	带符号 BIN 双字除法运算	/L	431
无符号 BIN 乘法运算	*U	422	无符号 BIN 除法运算	/U	432
无符号 BIN 双字乘法运算	*UL	423	无符号 BIN 双字除法运算	/UL	433
BCD 乘法运算	*B	424	BCD 除法运算	/B	434
BCD 双字乘法运算	*BL	425	BCD 双字除法运算	/BL	435

下面以带符号无 CY 的 BIN 四则运算指令为例来说明四则运算指令的功能和应用。指令的基本格式如图 6.22 所示，其中 S1 和 S2 为参与运算的源数据，D 为结果输出的地址。在加减运算时，S 和 D 所占字数相同，在乘除运算时，D 所占的字数为 S 的两倍。四则运算指令如图 6.23 所示，当 0.00 为 ON 时，各功能如下。

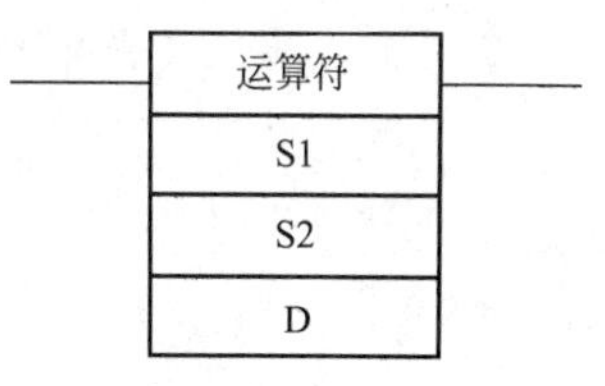

图 6.22　四则运算指令格式

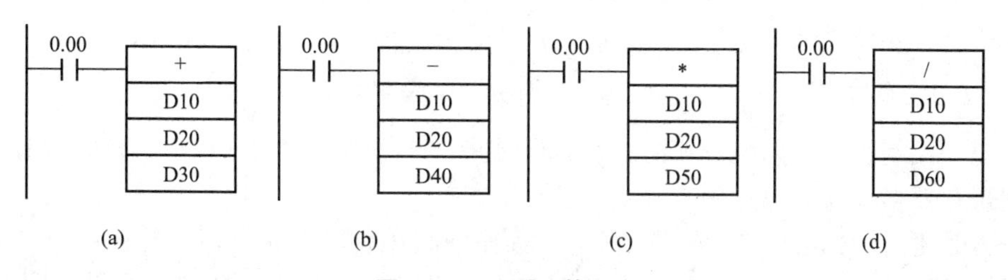

图 6.23　四则运算指令

(1) 将 D10 所指定的数据与 D20 所指定的数据进行加法运算，和结果输出到 D30 中，如图 6.23(a)所示。

(2) 将 D10 所指定的数据与 D20 所指定的数据进行减法运算，差结果输出到 D40 中，如图 6.23(b)所示。

(3) 将 D10 所指定的数据与 D20 所指定的数据进行乘法运算，积结果输出到 D51、D50 中，如图 6.23(c)所示。

(4) 将 D10 所指定的数据与 D20 所指定的数据进行除法运算，商输出到 D60 中、余数输出到 D61 中，如图 6.23(d)所示。

6.3.2 四则运算指令应用实例

1. 应用实例一

试编写程序完成四则运算 12×D0÷19＝？，程序如图 6.24 所示，首先计算 12×D0，将积存放于 D6、D5 两个数据寄存器中，再用倍长除指令将 D6、D5 中的数据除以 19，商存放于 D11、D10 两个数据寄存器中，余数存放于 D13、D12 两个数据寄存器中。

取 D0＝12345，则 D13、D12 、D11、D10 分别等于几？

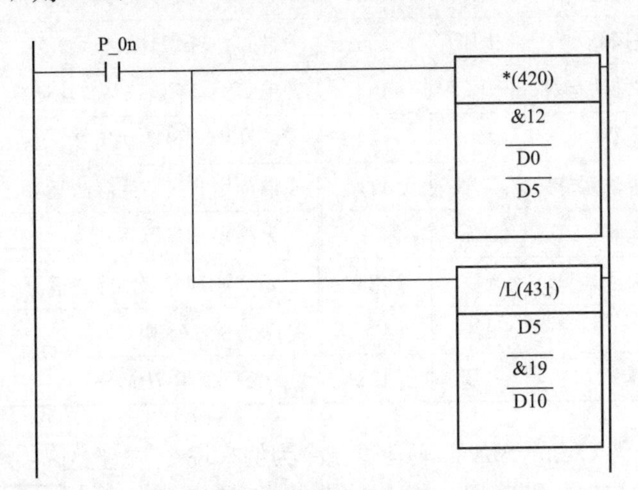

图 6.24 四则运算指令应用之一

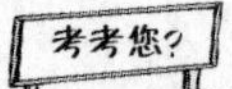

(1) 除指令为何要用倍长指令？

(2) 如果不用倍长指令在什么情况下会出计算结果错误？

注意：乘、除指令的结果都占用两个数据地址，在编程时一定要考虑这一点，否则容易造成地址重复的错误。

2. 应用实例二

试编一控制程序计算设备开机后的运行时间，并将小时数、分钟数、秒钟数分别存放在数据寄存器 D2、D1、D0 中。

设备开机后内部继电器 W0.00 得电，程序中利用秒脉冲来计时，每次秒脉冲信号上升沿时，数据寄存器 D0 加“1”，当 D0 中数据等于 60 时(即 1 分钟时间)，数据寄存器 D1 加“1”，同时 D0 清零复位进行第二个分钟的计时。当 D1 中数据等于 60 时(即 1 小时时间)，数据寄存器 D2 加“1”，同时 D1 清零复位进行第二个 1 小时的计时，程序如图 6.25 所示。

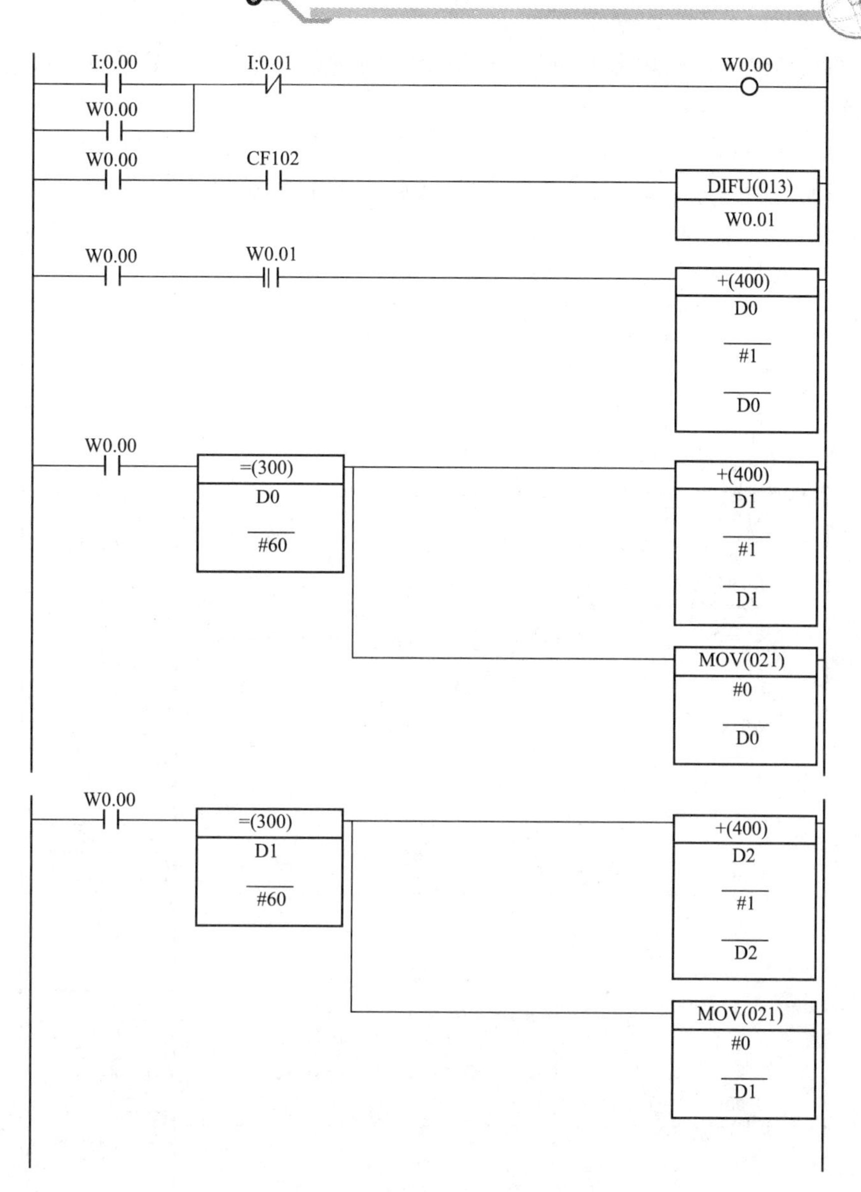

图 6.25 四则运算指令应用之二

四则运算指令在执行条件为 ON 时，每个扫描周期都要进行四则运算。如果只需在执行条件从 OFF 至 ON 时执行一次，则执行条件采用微分信号或使用微分四则运算指令(在运算符前加“@”符号)。尤其是其中一个源数据的地址和结果数据的地址相同时，必须如此，否则运算结果失去控制。

3. 应用实例三

8 盏彩灯，运用乘除指令实现每隔 1s 彩灯正序点亮至全亮，再反序熄灭至全灭，并循环。

乘除指令除了运算之外，还能巧妙地利用其运算功能实现数据的左、右移位控制。

1) 乘指令

6＊2＝12→B0110＊B10＝B1100　　6＊4＝24→B0110＊B100＝B00011100

可以得出结论：一个数乘以 2 相当于将此数的二进制数左移一位，乘以 4 则左移二位。

2）除指令

8/2＝4→B1000/B10＝B0100　　8/4＝2→B1000/B100＝B0010

可以得出结论：一个数除以 2 相当于将此数的二进制数右移一位，除以 4 则右移二位。

定时器 T1 和秒脉冲配合，使乘指令和除指令轮流执行，先从 100.00 开始，做 8s 的乘法，相当于每隔 1s 将“1”向左传递一位；再从 100.07 开始，做 8s 的除法，每隔 1s 将“1”向下传递 1 位，并循环，如图 6.26 所示。

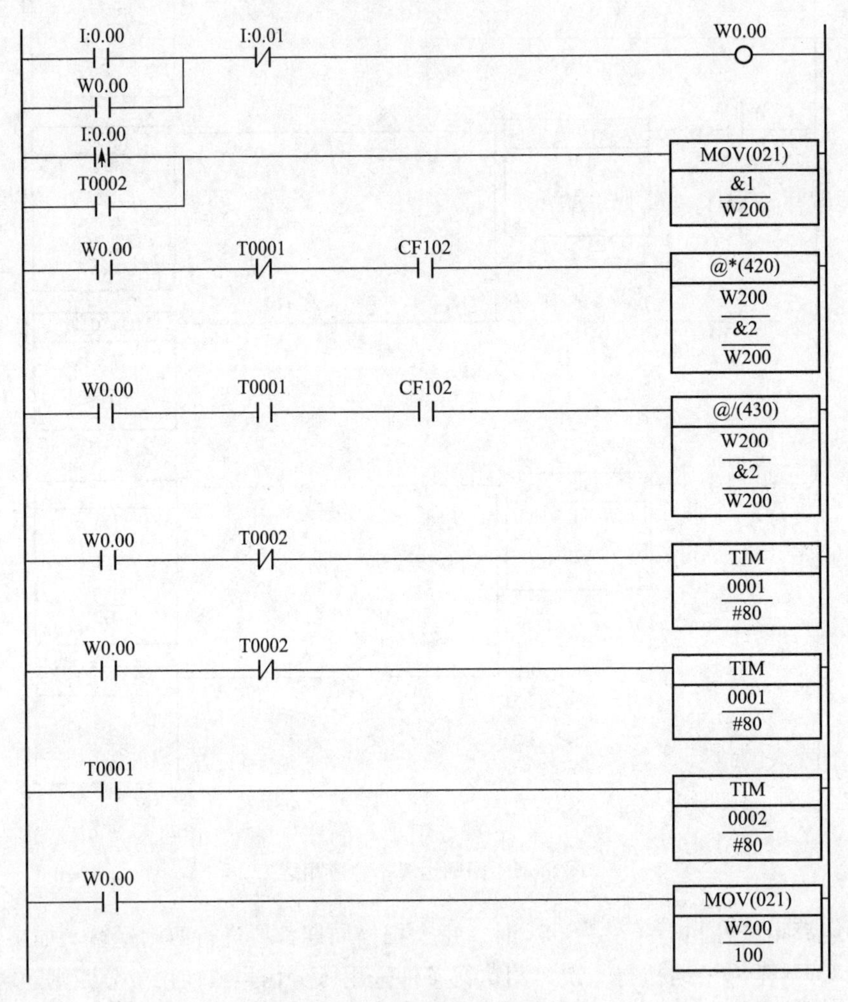

图 6.26　四则运算指令应用之三

项 目 小 结

1. 可编程控制器的基本指令主要用于逻辑控制，作为工业控制计算机，仅仅具有基本指令是不够的，还需有数据处理类应用指令，如数据的传送、运算、变换及程序控制类指令。

2. 数据处理类应用指令按处理数据的长度分为16位指令和32位指令，其中32位指令在助记符后加“L”，例如ADD是16位指令，而ADDL是32位指令。

3. 数据处理类应用指令有脉冲执行和连续执行型。在指令助记符前有“@”为脉冲执行型，无“@”为连续执行型。例如，MOV是连续执行型，而@MOV是脉冲执行型，脉冲执行型指令在执行条件满足时仅执行一个扫描周期。

4. 数据处理类应用指令的操作数是指令涉及或产生的数据。大多数指令有1～4个操作数。操作数分源操作数、目标操作数及其他操作数。

思考与练习

1. 试编写一程序，实现上、下课自动打铃，上、下课时间见表6－10。上课打铃5s，下课打铃10s。

表6－10

上课	7：30	8：30	9：40	10：40	14：00	15：00	16：00	17：00
下课	8：20	9：20	10：30	11：30	14：50	15：50	16：50	17：50

2. 某啤酒瓶自动生产线需记录每小时生产的瓶子的数量，假定每个瓶子逐个通过生产线，且每生产一个瓶子传感器发送一个信号，试编写一个PLC控制程序，将一天24小时中每小时生产瓶子的数量分别记于D0～D23单元中。

3. 试编写PLC程序完成四则运算35×D0÷23－D1＝?

4. 试编写程序实现自动售货机的控制：

(1) 投币口可以投1元、5元、10元货币。

(2) 自动售货机可售两种饮料，可乐每瓶12元，咖啡每瓶15元。

(3) 当投入的货币总值等于或超过12元时，可乐指示灯亮；当投入的货币总值等于或超过15元时，咖啡指示灯亮。

(4) 可乐指示灯亮时，按可乐按钮，可乐出口打开，同时可乐指示灯闪烁，10s后出口及指示灯自动关闭。

(5) 咖啡指示灯亮时，按咖啡按钮，咖啡出口打开，同时咖啡指示灯闪烁，10s后出口及指示灯自动关闭。

(6) 出售饮料后若投入的货币总值超过所选饮料的价值时，自动售货机将余款出口打开(只退1元币)，直到无余款时关闭出口。

5. 展览馆内只能容纳10人，展览馆进口、出口各有一门，进口、出口各有一红外传感器，进去一人或出去一人都会发出一个信号，当馆内的人数达到10人时，进口关门至关门限位行程开关动作，当馆内人数少于10时，进口开门至开门限位行程开关动作。试编一程序实现之。

项目7

可编程控制器系统设计

项目导读

本项目主要介绍PLC控制系统的设计步骤、PLC选型、系统的软、硬件设计、I/O电路设计、系统供电和接地设计等。由于实际应用中控制对象千变万化，PLC的具体控制功能也不尽相同，本项目将通过一个具体案例，帮助读者领会PLC的系统设计。

知识目标	➢ PLC控制系统的设计步骤及方法 ➢ PLC选型 ➢ PLC控制系统I/O电路的设计 ➢ PLC控制系统的供电和接地设计
能力目标	➢ 能根据具体的控制要求选择PLC系统的设计方法 ➢ 能根据具体的控制要求进行系统的软、硬件设计

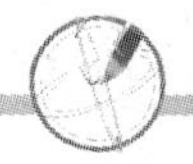

7.1　PLC 控制系统的设计原则和步骤

PLC 控制系统的设计包括设计控制系统图、PLC 的选型、确定输入器件和输出执行设备，以及确定接线方式等，也就是硬件设计和软件设计，而软件设计中应用程序的设计是 PLC 控制系统设计的核心。要设计好 PLC 的应用程序，首先必须充分了解被控对象的特性，包含生产工艺、技术条件、工作环境及控制要求等信息，这是设计 PLC 控制系统的基础。由于实际被控对象千变万化，PLC 在各系统中承担的职责也不尽相同，因此本项目着重介绍 PLC 控制系统的设计基本方法及步骤。

7.1.1　PLC 控制系统的设计原则

任何一种控制系统都是为了实现被控对象的工艺要求，以提高生产效率和产品质量。PLC 控制系统是机电一体化系统，PLC 是机电一体化系统或机电一体化产品中的控制器。因此，在设计 PLC 控制系统时，应遵循以下基本原则。

1. 满足被控对象的控制要求

充分发挥 PLC 的功能，最大限度地满足被控对象的控制要求，是设计 PLC 控制系统的首要前提，这也是设计中最重要的一条原则。因此，在设计前就要深入现场进行调查研究，收集控制现场的资料，收集相关先进的国内、国外资料。同时要注意和现场的工程管理人员、工程技术人员、现场操作人员紧密配合，拟订控制方案，共同解决设计中的重点问题和疑难问题。

2. 保证 PLC 控制系统安全可靠

保证 PLC 控制系统能够长期安全、可靠、稳定运行，是设计控制系统的重要原则。因此，在系统设计、元器件选择、软件编程上要全面考虑，以确保控制系统安全可靠。例如，应该保证 PLC 程序不仅在正常条件下运行，而且在非正常情况下(如突然掉电再上电、按钮按错等)，也能正常工作。

3. 力求简单、经济、适用及维修方便

在满足控制要求的前提下，一方面要注意不断地扩大工程的效益，另一方面也要注意不断地降低工程的成本。这就要求不仅使控制系统简单、经济，而且要使控制系统的使用和维护方便、成本低，不宜盲目追求自动化和高指标。

4. 适应发展的需要

由于技术的不断发展，控制系统的要求也将会不断地提高，设计时要适当考虑到今后控制系统发展和完善的需要。因此在选择 PLC、I/O 模块、I/O 点数和内存容量时，要适当留有裕量，以满足今后生产的发展和工艺的改进。

7.1.2　PLC 控制系统的设计步骤

控制系统的设计，一般按下述几个步骤进行。

1. 熟悉工艺过程、确定被控对象的类型

要了解并熟悉工艺过程，应以经过优化的工艺过程为主线，进行系统硬件和软件设计。

被控对象的类型，从大类来划分，有离散型、连续型和混合型三大类型。如机械制造及汽车制造企业属于离散型制造业；石油和化工企业属于连续型流程工业；大量的中小型企业则属于混合型制造业。在离散型制造业中存在顺序控制、逻辑控制和运动控制(位置、速度及加速度等控制)，以运动控制为特点；连续型流程工业则以过程控制(温度、压力、流量、液位、成分及浓度等控制)为特点；混合型制造业通常是既有运动控制和又有过程控制。

2. 分析被控对象，明确控制要求

要求详细了解被控设备的工作原理、工艺流程、机械结构和操作方法；要了解工艺过程和机械运动与电气执行元件之间的关系和对控制系统的要求；了解设备的运动要求、运动方式和步骤，在此基础上画出被控对象的工作流程图，归纳出电气执行元件的动作节拍表。该步骤所得到的图、表，概括地反映了被控对象的全部功能和对控制系统的基本要求，是设计控制系统的依据，也是设计的目标和任务，必须仔细地分析和掌握。

3. 制订电气控制方案

根据生产工艺和机械运动的控制要求，确定控制系统的工作方式，例如全自动、半自动、手动、单机运行、多机联合运行等。还要确定系统应有的其他功能，例如故障检测、诊断与显示报警、紧急情况的处理、管理功能、联网通信功能等。

4. 确定I/O设备及信号特点

根据系统的控制要求，确定系统的输入设备的数量及种类，明确各输入信号的特点，例如，是开关量还是模拟量，直流还是交流，电压等级，信号幅度等；确定系统的输出设备的数量及种类，明确这些设备对控制信号的要求，例如，电压电流的大小、直流还是交流、电压等级、开关量还是模拟量等。据此确定 PLC 的 I/O 设备的类型及数量，分类统计出各 I/O 量的性质及数量。

当初，PLC 是为顺序控制和逻辑控制等开关量控制研制的工业控制器，至今，PLC 的长项仍是开关量控制。对于以开关量为主的控制系统，根据工艺要求，确定系统的输入点数和输出点数。

如果有运动控制，如交流调速或直流调速系统，则可选用模拟量输出(D/A)单元，确定输出模拟量的点数。选用 D/A 单元时，应了解该单元是否有自己的 CPU，是否能独立工作，因为这关系到调速器的采样周期，采样周期一般为毫秒级。

如果还有位置控制，可选用位置控制单元，确定控制轴数；应了解该单元的输出是脉冲输出还是模拟量输出或两者兼有，以便与驱动器配套；还要了解交流伺服驱动器及交流伺服电动机的性能。

如果系统还包括过程控制，如温度控制，则要选用温度控制单元，确定温度控制的点数，了解该单元的控制算法，是否有模糊控制和自整定算法。

5. 选择 PLC

根据已确定的用户 I/O 设备，统计所需的 I/O 信号点数，选择合适的 PLC 型号并确定各种硬件配置，包括机型的选择、CPU 的选择、容量的选择、I/O 模块的选择及电源模块的选择等。详细内容在后面会介绍。

6. 分配 I/O 点地址

根据已确定的 I/O 设备和选定的 PLC，列出 I/O 设备与 PLC 的 I/O 点的地址对照表，

以便于编制控制程序、设计接线图及硬件安装。所有的输入点和输出点分配时要有规律，并考虑信号特点及 PLC 公共端(COM 端)的电流容量。

7. 设计电气线路

电气线路包括：被控设备的主电路及 PLC 外部的其他控制电路图，PLC 的 I/O 接线图，PLC 主机、扩展单元及 I/O 设备供电系统图，电气控制柜结构及电器设备安装图等。

8. 设计控制程序

控制程序的设计包括状态表、顺序功能图、梯形图、指令表等，控制程序设计是 PLC 系统应用中最关键的问题，也是整个控制系统设计的核心。

9. 调试

调试包括模拟调试和联机调试。模拟调试是根据 I/O 模块的指示灯的显示，不带输出设备进行调试。联机调试分两步进行，首先连接电气柜，不带负载(例如电动机、电磁阀等)，检查各输出设备的工作情况。待各部分调试正常后，再带上负载运行调试，直到完全满足设计要求为止。全部调试完成后，还要经过一段时间的试运行，以检验系统的可靠性。

10. 技术文件整理

技术文件包括设计说明书、电器元件明细表、电气原理图和安装图、状态表、PLC 梯形图及软件资料、使用说明书等。

PLC 控制系统的设计与调试的主要步骤如图 7.1 所示。

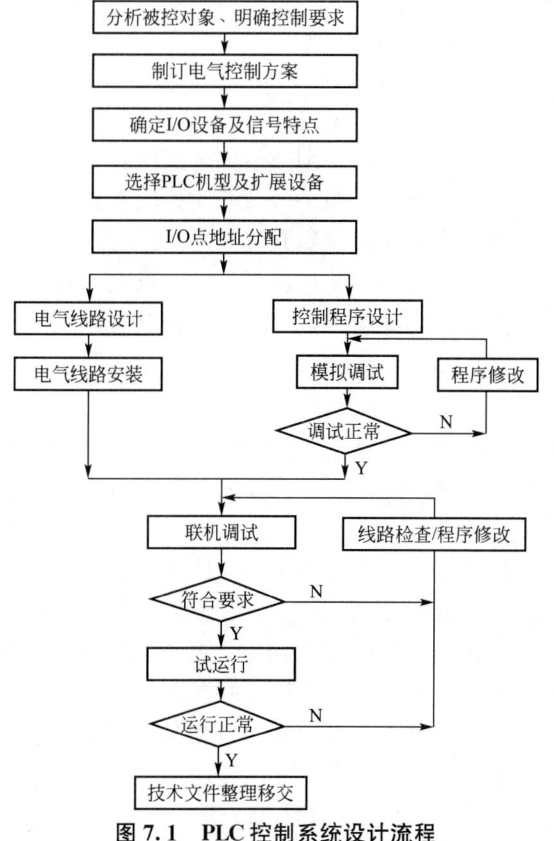

图 7.1　PLC 控制系统设计流程

7.2 可编程控制器控制系统的硬件设计

PLC控制系统的硬件设计，要以满足工艺要求为准，选用或制作控制器、执行器、传感器、动力装置及机械装置，不但要求每个部分本身高性能，更强调控制器、传感器、执行器、动力、机械五者之间的协调与配合。

例如，对于交流调速系统，各厂家的变频器都有模拟量设定(电压/电流设定)，但有的变频器没有速度反馈输入端，无法构成速度闭环控制系统，对于这种情况，除了选用模拟量输出单元外，还要选用高速计数单元，使用编码器(或脉冲型传感器)作为反馈元件，由高速计数单元对反馈脉冲进行计数，由主机(CPU单元)、D/A单元、高速计数单元、变频器、交流电动机及编码器等构成速度闭环控制系统。对于高速计数单元，也要了解它是否有自己的CPU，原因同上。

有些厂家的变频器具有模拟量速度反馈端口，可选用模拟式速度传感器，由变频器本身构成速度闭环系统。有些厂家的变频器具有脉冲量速度反馈端口，可选用脉冲式速度传感器，由变频器本身构成速度闭环系统。在这种情况下，只需选用D/A单元，PLC用于各台电动机的速度设定、速度调节和多电机协调同步运行。有些厂家的变频器设有RS-232C、RS-485或现场总线(如ProfiBus)通信端口，可选用带有相应通信端口的增量式旋转编码器，利用通信实现PLC与变频器及编码器的信息交换，构成网络化控制系统，对于网络化控制系统，希望采用通信速率高的总线，如ProfiBus总线。

对于位置控制系统，比调速系统的要求高，控制方式有半闭环和全闭环之分。对于半闭环控制系统，反馈信号来自伺服电动机轴上的位置传感器(绝对值旋转编码器或增量式旋转编码器)，反馈信号送到伺服驱动器或位置控制单元，对于伺服电动机而言，构成了位置闭环控制系统，但是，对于被控对象(如刀架或工作台)的位置而言，因为没有位置反馈而属于开环，在机械制造业中称这种控制为半闭环控制。

在伺服电动机闭环控制的基础上，如果对被控对象的位置进行检测并构成位置闭环控制，则构成全闭环控制系统。全闭环控制对系统的各个部分都提出了很高的要求。

采用半闭环控制的第一个原因是电动机轴到被控对象之间存在一系列的传动部件，传动链越长，存在间隙非线性的数目就越多，应用自动控制理论来分析，若采用全闭环控制方式，间隙非线性特性会造成闭环系统的自持振荡即产生极限环，这种高频小幅度的振荡会严重地影响产品的质量。

采用半闭环控制的第二个原因是处于传动链中的机械部件会产生一定的弹性变形，相当于弹簧部件，弹性部件数量越多，全闭环控制系统的微分方程的阶次也越高，从而影响系统的稳定性和动态性能。

在要求高性能、高精度的场合，则需要采用全闭环位置控制系统，对于机械部件的材质、强度、刚度、加工精度、配合精度及动力学特性都提出了很高的要求。为了克服全闭环控制系统存在的固有困难，对于控制器也提出了更高的要求，在控制技术和控制方法方面，应采用防抖动控制、抑制超调控制、抑制谐振控制、双重位置闭环控制、增益自动整定控制、系统辨识、自适应控制及智能控制等多种新技术和新方法。

通过对交流调速和位置控制系统的简要介绍，表明了控制器、执行器、驱动器(动力装置)、传感器、机械装置五者之间应有的协调与配合关系，并指出了自动控制理论的指

导作用。下面着重介绍PLC控制系统中PLC选型方面的有关问题。

7.2.1　PLC机型的选择

在满足控制要求的前提下，PLC选型时除了应选择最佳的性能价格比，具体还应考虑以下几个方面。

1. 合理的结构型式

PLC主要有整体式和模块式两种结构型式。整体式PLC的每一个I/O点的平均价格比模块式的便宜，且体积相对较小，一般用于系统工艺过程较为固定的小型控制系统中；而模块式PLC的功能扩展灵活方便，在I/O点数、输入点数与输出点数的比例、I/O模块的种类等方面选择余地大，且维修方便，一般用于较复杂的控制系统。

2. 安装方式的选择

PLC系统的安装方式分为集中式、远程I/O式及多台PLC联网的分布式。集中式不需要设置驱动远程I/O硬件，系统反应快，成本低；远程I/O式适用于大型系统，系统的装置分布范围很广，可以分散安装在现场装置附近，连线短，但需要增设驱动器和远程I/O电源；多台PLC联网的分布式适用于多台设备分别独立控制，又要相互联系的场合，可以选用小型PLC，但必须要附加通信模块。

3. 相应的功能要求

一般小型(低档)PLC具有逻辑运算、定时、计数等功能，对于只需要开关量控制的设备都可满足。

对于以开关量控制为主，带少量模拟量控制的系统，可选用能带A/D和D/A转换单元，具有加减算术运算，数据传送功能的增强型低档PLC。

对于控制较复杂，要求实现PID运算、闭环控制、通信联网等功能，可视控制规模大小及复杂程度，选用中档或高档PLC。但是中、高档PLC价格较贵，一般用于大规模过程控制和集散控制系统等场合。

4. 响应速度要求

PLC是为工业自动化设计的通用控制器，不同档次PLC的响应速度一般都能满足其应用范围内的需要。如果要跨范围使用PLC，或者某些功能或信号有特殊的速度要求时，则应该慎重考虑PLC的响应速度，可选用具有高速I/O处理功能的PLC，或选用具有快速响应模块和中断输入模块的PLC等。

5. 系统可靠性的要求

对于一般系统PLC的可靠性均能满足，对可靠性要求很高的系统，应考虑是否采用冗余系统或热备用系统。

7.2.2　PLC容量的选择

PLC的容量包括I/O点数和用户存储容量两个方面。

1. I/O点数的选择

PLC平均的I/O点的价格比较高，因此应该合理选用PLC的I/O点的数量，在满足控制要求的前提下力争使用的I/O点最少，但必须留有一定的裕量。

开关量输入点数取决于各种开关量输入元件的数量，如各种按钮、钮子开关、组合开关、接近开关、光电开关、行程开关、限位开关、接点式压力开关以及接点式液位开关等。在确定开关量输入点数时，应注意开关量输入单元中同时接通的输入点数是受限制的，在厂家提供的资料中均有说明。使用时应将常开和常闭(即平时处于低电平和高电平的)开关元件进行搭配，以延长输入单元的使用寿命。如果无法做到，在确定CPU单元的输入点数时就应适当增加输入点数，以便留有余地。

开关量输出点数取决于接触器、电磁铁、电磁阀、电动阀及小型电动执行器的数量。开关量输出单元通常有继电器输出单元、晶体管输出单元及双向晶闸管(可控硅)输出单元。对于开关量输出单元，也存在同时接通点数受限制的问题，在确定CPU单元的输出点数时也应留有余地。

对于特殊I/O单元所占用的I/O点数，由于各厂家在特殊单元的软硬件设计上有所不同，且特殊单元占用主机资源的情况也有所差异，致使同一类型的特殊单元，各厂家资料中提供的所占用的I/O点数相差数倍。因此，在统计特殊单元所占用的I/O点数时应以厂家提供的数据为准。

通常I/O点数是根据被控对象的输入、输出信号的实际需要，再加上10%～15%的裕量来确定的。

2. 存储容量的选择

用户程序所需的存储容量大小不仅与PLC系统的功能有关，而且还与功能实现的方法、程序编写水平有关。一个有经验的程序员和一个初学者，在完成同一复杂功能时，其程序量可能相差25%之多，所以对于初学者应该在存储容量估算时多留裕量。

PLC的I/O点数的多少，在很大程度上反映了PLC系统的功能要求，因此可在I/O点数确定的基础上，按下式估算存储容量后，再加20%～30%的裕量。

$$存储容量(字节)=开关量\ I/O\ 点数\times 10 + 模拟量\ I/O\ 通道数\times 100$$

另外，在存储容量选择的同时，注意对存储器的类型的选择。

内部存储器的容量与I/O总点数相适应，表7-1是部分厂家提供的有关I/O总点数、内存容量、用户程序存储器容量、数据存储器容量、扩展数据存储器容量及扩展程序存储器容量等数据。

表7-1 CPU数据

项　目	欧姆龙公司 CP1H—XA40DR—A	西门子公司 S7—400 CPU412—1	三菱公司 AnS A2SHCPU—S1	松下公司 FP10S
内部存储器			192KB	
程序存储器	20KB	48KB	30KB	30KB
数据存储器	32.768KB	48KB		10.24KB
文件寄存器			8.192KB	32.765KB
注释			8.192KB	

（续）

项　　目	欧姆龙公司 CP1H—XA40DR—A	西门子公司 S7—400 CPU412—1	三菱公司 AnS A2SHCPU—S1	松下公司 FP10S
扩展数据存储器		48KB		
扩展程序存储器		48KB	30KB EEPROM	
受支持的开关量最大点数	320		1024	4096/4096
每个机架最大单元数	7			
最大机架数	3		4	

由于各厂家CPU单元的结构设计有所不同，内部存储器区的分配和各个分区的名称也有所不同。如欧姆龙公司C200HX/HG/HE系列，内存的数据区域包括内部继电器区、特殊继电器区、临时继电器区域、保持继电器区域、辅助继电器区域、链接继电器区域、定时器/计数器区和数据存储器区(DM)，内存的用户存储器区(UM)用于存储梯形图和I/O解释程序。

日本松下公司FP3—CPU单元的存储器区域分为系统寄存器区域、顺序程序区域、机器语言程序区域及文件寄存器区域。FP3的继电器和寄存器包括I/O继电器、内部继电器、链接继电器、内部特殊继电器、定时器/计数器、数据寄存器、文件寄存器、链接数据寄存器、特殊数据寄存器、预置值寄存器、经过值寄存器、系统寄存器及索引寄存器等。

关于存储器容量的单位，有的厂家以“字”为单位，有的厂家以“字节”为单位，有的厂家以“步”为单位。通常，存储器容量以字为单位，每个字由16位二进制数组成，一个字为两个字节。之所以用“步”作为单位，是因为PLC的程序按“步”存放，每条指令长度一般为1～7步，特殊指令可长达十几步。一“步”占用一个地址单元，一个地址单元占两个字节。

不同厂家的PLC产品，其内存容量与I/O点数相适应，也与所使用的指令相适应，但由于各厂家的指令功能和指令条数不尽相同，因此，同样的I/O点数，各厂家提供的内存容量数据有所不同。

关于内存容量的估算，可以采用经验公式进行估算，并应留有余量。在选用CPU单元时，可选用带有扩展存储器卡的CPU单元。

处理速度(基本指令：μs/步)越快即扫描周期越短，系统响应越快，控制更及时；通常以执行1条基本指令(1步)所用的时间(μs/步)或1K步所用的时间(ms/K步)来表示处理速度。

例如，CP1H系列的处理速度是0.1ms/K步(条件：基本指令占50%，MOV指令占30%，算术指令占20%)，而CJ1系列仅为0.04ms/K步，扫描速度提高了2倍多。在选用CPU单元时，应根据工艺要求选择合适的产品。

7.2.3　I/O单元的选择

PLC的I/O模块有开关量I/O模块，模拟量I/O模块及各种特殊功能模块等。一般

来说，I/O 模块的价格占 PLC 价格的一半以上。不同的 I/O 模块，其电路及功能也不同，直接影响到 PLC 的应用范围和价格，应当根据实际需要加以选择。

1. 开关量 I/O 模块的选择

1）开关量输入模块的选择

开关量输入模块是用来接收现场输入设备的开关信号，将信号转换为 PLC 内部接受的低电压信号，并实现 PLC 内、外信号的电气隔离。选择时主要应考虑以下几个方面。

(1) 输入信号的类型及电压等级。

开关量输入模块有直流输入、交流输入和交流/直流输入三种类型，选择时主要根据现场输入信号和周围环境因素等。直流输入模块的延迟时间较短，还可以直接与接近开关、光电开关等电子输入设备连接；交流输入模块可靠性好，适合用于有油雾、粉尘的恶劣环境下使用。

开关量输入模块的输入信号的电压等级有：直流 5V、12V、24V、48V、60V 等；交流 110V、220V 等。选择时主要根据现场输入设备与输入模块之间的距离来考虑。一般 5V、12V、24V 用于传输距离较近场合，如 5V 输入模块最远不得超过 10m，距离较远的应选用输入电压等级较高的模块。

(2) 输入接线方式。

开关量输入模块主要有汇点式和分组式两种接线方式，如图 7.2 所示。

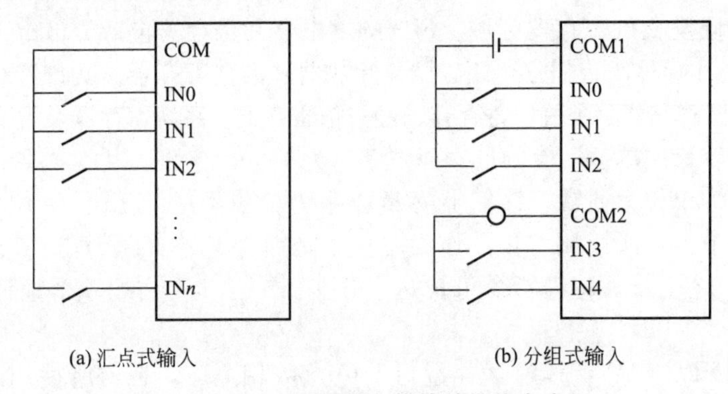

(a) 汇点式输入　　(b) 分组式输入

图 7.2　开关量输入模块的接线方式

汇点式的开关量输入模块所有输入点共用一个公共端(COM)；而分组式的开关量输入模块是将输入点分成若干组，每一组(几个输入点)有一个公共端，各组之间是分隔的。分组式的开关量输入模块价格较汇点式的高，如果输入信号之间不需要分隔，一般选用汇点式的。

(3) 注意同时接通的输入点数量。

对于选用高密度的输入模块(如 32 点、48 点等)，应考虑该模块同时接通的点数一般不要超过输入点数的 60%。

(4) 输入门槛电平。

为了提高系统的可靠性，必须考虑输入门槛电平的大小。门槛电平越高，抗干扰能力越强，传输距离也越远。

2）开关量输出模块的选择

开关量输出模块是将 PLC 内部低电压信号转换成驱动外部输出设备的开关信号，并

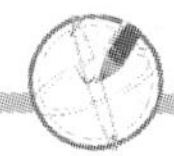

实现PLC内外信号的电气隔离。选择时主要应考虑以下几个方面。

(1) 输出方式。

开关量输出模块有继电器输出、晶闸管输出和晶体管输出三种方式。继电器输出的价格便宜，既可以用于驱动交流负载，又可用于直流负载，而且适用的电压大小范围较宽，导通压降小，同时承受瞬时过电压和过电流的能力较强，但其属于有触点元件，动作速度较慢，驱动感性负载时，触点动作频率不得超过1Hz，因其寿命较短，可靠性较差，只能适用于不频繁通断的场合。

对于频繁通断的负载，应该选用晶闸管输出或晶体管输出，它们属于无触点元件。但晶闸管输出只能用于交流负载，而晶体管输出只能用于直流负载。

(2) 输出接线方式。

开关量输出模块主要有分组式和分隔式两种接线方式，如图7.3所示。

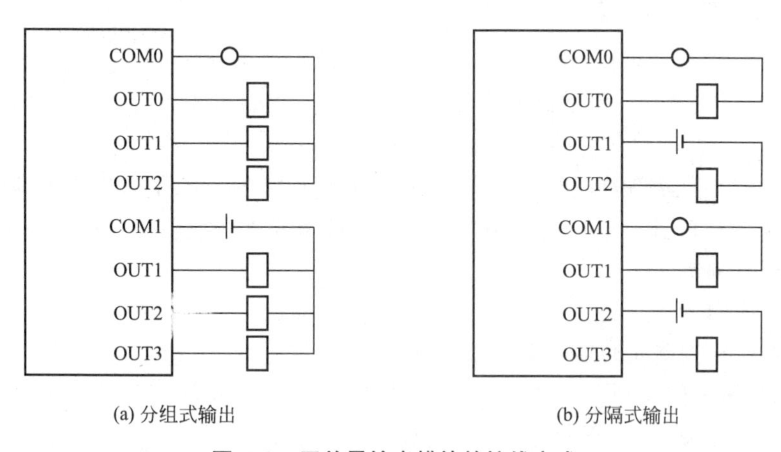

(a) 分组式输出　　(b) 分隔式输出

图7.3　开关量输出模块的接线方式

分组式输出是几个输出点为一组，一组有一个公共端，各组之间是分隔的，可分别用于驱动不同电源的外部输出设备；分隔式输出是每一个输出点就有一个公共端，各输出点之间相互隔离，选择时主要根据PLC输出设备的电源类型和电压等级的多少而定，一般整体式PLC既有分组式输出，也有分隔式输出。

(3) 驱动能力。

开关量输出模块的输出电流(驱动能力)必须大于PLC外接输出设备的额定电流，用户应根据实际输出设备的电流大小来选择输出模块的输出电流。如果实际输出设备的电流较大，输出模块无法直接驱动，可增加中间放大环节。

(4) 注意同时接通的输出点数量。

选择开关量输出模块时，还应考虑能同时接通的输出点数量。同时接通输出设备的累计电流值必须小于公共端所允许通过的电流值，如一个220V/2A的8点输出模块，每个输出点可承受2A的电流，但输出公共端允许通过的电流并不是16A(8×2A)，通常要比这个值小得多。一般来讲，同时接通的点数不要超出同一公共端输出点数的60%。

(5) 输出的最大电流与负载类型、环境温度等因素有关。

开关量输出模块的技术指标，它与不同的负载类型密切相关，特别是输出的最大电流。另外，晶闸管的最大输出电流随环境温度升高会降低，在实际使用中也应注意。

2. 模拟量I/O模块的选择

模拟量I/O模块的主要功能是数据转换，并与PLC内部总线相连，同时为了安全也有电气隔离功能。模拟量输入(A/D)模块是将现场由传感器检测而产生的连续的模拟量信号转换成PLC内部可接受的数字量；模拟量输出(D/A)模块是将PLC内部的数字量转换为模拟量信号输出。

典型模拟量I/O模块的量程为－10V～＋10V，0～＋10V，4～20mA等，可根据实际需要选用，同时还应考虑其分辨率和转换精度等因素。

一些PLC制造厂家还提供特殊模拟量输入模块，可用来直接接收低电平信号(如热电阻、热电偶等信号)。

3. 特殊功能模块的选择

目前，PLC制造厂家相继推出了一些具有特殊功能的I/O模块，有的还推出了自带CPU的智能型I/O模块，例如高速计数器、凸轮模拟器、位置控制模块、PID控制模块、通信模块等。

PLC的水平往往表现在特殊I/O单元的种类和功能上。除了一般的特殊单元如A/D单元、D/A单元、高速计数单元、中断单元及链接单元外，能够反映产品特点的是运动控制单元和过程控制单元。

1) 定位控制单元

在选用定位控制单元时应了解以下指标：①联动操作轴数；②插补功能；③控制方法(点位控制、圆弧定位控制、速度控制、速度位置控制)；④定位(定位方法、定位命令范围、速度指令、加减速)；⑤补偿(电子齿轮、齿隙补偿、误差补偿)；⑥返回原点方法；⑦程序(编程语言、定位样式、编程设备)；⑧绝对位置系统；⑨视窗支持软件；⑩接口功能。

2) 闭环控制单元

在选择用于过程控制的闭环控制单时应了解以下指标：①适应范围(温度、压力、流量、液位)；②独立的闭环控制回路数；③预置的控制器结构(设定点控制、串级控制、比率控制、成分控制、前馈控制)；④操作模式(自动、手动、安全模式、随动模式、后备模式)；⑤智能控制算法(模糊控制、PID自动整定、专家控制、神经元控制)；⑥模拟量输入类型、点数及范围；⑦模拟量输出路数；⑧数字量输出点数；⑨组态软件；⑩通信协议。

7.2.4 电源模块及其他外设的选择

虽然PLC本身允许在较为恶劣的供电环境下运行，但在实际控制中，设计一个合理的供电与接地系统，仍是保证控制系统正常运行的重要环节。

1. 供电系统的保护措施

在一般情况下，为PLC供电回路是AC 220V、50Hz的普通市电。因此，应考虑电网频率不能很大的波动，在供电网路上也不能有大用电量用户反复起停设备，以免造成较大的电网冲击。为了提高整个系统的可靠性和抗干扰能力，为PLC供电的回路可采用分回

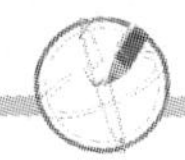

路供电装置、隔离变压器、交流稳压器、UPS等设备。

2. 电源模块的选择

电源模块选择仅对于模块式结构的PLC而言，对于整体式PLC不存在电源的选择。电源模块的选择主要考虑电源输出额定电流和电源输入电压。电源模块的输出额定电流必须大于CPU模块、I/O模块和其他特殊模块等消耗电流的总和，同时还应考虑今后I/O模块的扩展等因素；电源输入电压一般根据现场的实际需要而定。

3. 接地设计

在以PLC为核心的控制系统中，有多重接地方法，为了安全适用PLC，应正确区分数字地、信号地、模拟地，交流地、直流地、屏蔽地、保护地等接地方法。在实际工程施工时，应很好地连接地线，一般应遵循以下几个原则。

(1) 采用专用接地或共用接地的接线方式，注意不能使用串联接地的方式。

(2) 交流地和信号地不能使用同一根地线。

(3) 屏蔽地和保护地应各自独立地接到接地钢排上。

(4) 模拟信号地、数字信号地、屏蔽地的接法，应按PLC《操作手册》的要求连接。

4. 编程器的选择

对于小型控制系统或不需要在线编程的系统，一般选用价格便宜的简易编程器。对于由中、高档PLC构成的复杂系统或需要在线编程的PLC系统，可以选配功能强、编程方便的智能编程器，但智能编程器价格较贵。如果有现成的个人计算机，也可以选用PLC的编程软件，在个人计算机上实现编程器的功能。

5. 写入器的选择

为了防止由于干扰或锂电池电压不足等原因破坏RAM中的用户程序，可选用EPROM写入器，通过它将用户程序固化在EPROM中。有些PLC或其编程器本身就具有EPROM写入的功能。

6. 视窗支持软件

PLC生产厂家大多提供配套的编程软件和模拟软件，即视窗支持软件，如西门子公司的S7—300/400梯形逻辑(LAD)/功能块图(FBD)/语句表(STL)编程软件，松下公司的FPWIN—GR编程软件，三菱公司的GPPW—E编程软件和LLT—E模拟软件，欧姆龙公司的CPT、CX—P视窗编程软件。由于厂家采用的指令系统不同，故相应的编程软件和模拟软件也不同。

7. 通信及网络

在PLC控制系统中，通信是指PLC与计算机、PLC与可编程终端(触摸屏)、PLC主单元与远程I/O单元、PLC与PLC、PLC与变频器(或伺服驱动器)及PLC与编程设备之间的通信。

由于各厂家PLC的指令系统不同，视窗软件也只适合各自的PLC，因此，实现不同厂家PLC之间的通信或一台计算机与不同厂家的PLC联网通信有一定的困难。

欧姆龙公司PLC的通信网络包括Ethernet(以太网)、Controller Link(控制器网络)、CompoBus/D(设备网络)及CompoBus/S网络。

(1) Ethernet(以太网)属于信息网，是欧姆龙控制信息管理的高层网络，其信息处理功能非常强。它支持 FINS 协议，使用 FINS 命令可进行 FINS 报文通信、TCP/IP 和 UDP/IP 的 Socket 服务、FTP 服务。

(2) Controller Link(控制器网络)用于实现在 PLC 间、PLC 和计算机间进行大容量的数据传递和数据共享，其通信速率快，距离长，既有线缆系统又有光缆系统。

(3) CompoBus/D 是一种开放的、多主控的设备网，它采用的是 DeviceNet 通信协议，其他厂家的控制设备只要符合 DeviceNet 标准就可以接入其中。远程终端有开关量、模拟量，还能进行高速计数。这是一种较为理想、控制功能齐全、配置灵活，以及实现方便的分散控制系统。

(4) CompoBus/S 也为设备网，可实现一种高速的 ON/OFF 控制总线，使用 CompoBus/S 的专用通信协议，CompoBus/S 的功能虽不及 CompoBus/D，但是它实现简单，通信速率快。当降低速率后也可挂接模拟量。CompoBus/S 主要用于高速的远程 I/O 控制。

各厂家 PLC 的底层(设备级、器件级)网络一般都是针对自家的产品而研制的，因此，若要实现 PLC 网络，尽可能选用同一厂家的 PLC 及配套设备。

7.3 可编程控制器控制系统的软件设计

与一般的计算机应用程序设计类似，PLC 的软件设计是指根据控制系统硬件结构和工艺要求，在软件系统规格书的基础上，使用相应的编程语言对用户控制程序的编制和相应文件的形成过程。

7.3.1 可编程控制器系统软件设计的内容

可编程控制器程序设计是一项十分复杂的工作，它要求设计人员既要有 PLC、计算机程序设计的基础，又要有自动控制的技术，还要有一定的现场实践经验。

可编程控制器程序设计的基本内容一般包括四项内容：参数表的定义、程序框图绘制、程序的编制和程序说明书编写。当设计工作结束时，程序设计人员应向使用者提供以下设计内容的文本文件。

1. 参数表

参数表是为编制程序做准备，按一定格式对系统各接口参数进行规定和整理的表格。参数表的定义包括对输入信号表、输出信号表、中间标志表和存储单元表的定义。参数表的定义格式和内容根据个人的爱好和系统的情况而不尽相同，但所包含的内容基本相同。总的原则就是要便于使用，尽可能详细。

一般情况下，I/O 信号表要明显地标出模块的位置、信号端子号或线号、I/O 地址号、信号名称和信号的有效状态等；中间标志表的定义要包括信号地址、信号处理和信号的有效状态等；存储单元表中要含有信号地址和信号名称。信号的顺序一般是按信号地址内从小到大排列，实际中没有使用的信号也不要漏掉，便于在编程和调试时查找。

2. 程序框图

程序框图是指依据工艺流程而绘制的控制过程方框图。程序框图包括两种：程序结构框图和控制功能框图。程序结构框图是全部应用程序中各功能单元的结构形式，可以根据

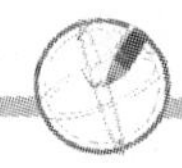

此结构框图去了解所有控制功能在整个程序中的位置。功能框图是描述某一种控制功能在程序中的具体实现方法及控制信号流程。设计者根据功能框图编制实际控制程序，使用者根据功能框图可以详细阅读程序清单。程序设计时一般要先绘制程序结构框图，然后再详细绘制各控制功能框图，实现各控制功能。程序结构框图和功能框图二者缺一不可。

3. 程序清单

程序的编制是程序设计最主要阶段，是控制功能的具体实现过程。首先应根据操作系统所支持的编程语言，选择最合适的语言形式，了解其指令系统；再按程序框图所规定的顺序和功能，编写程序；然后测试所编制的程序是否符合工艺要求。编程是一项繁重而复杂的脑力劳动，需要清醒的头脑和足够的耐心。

4. 程序说明书

程序说明书是对整个程序内容的注释性的综合说明，主要是让使用者了解程序的基本结构和某些问题的处理方法，以及程序阅读方法和使用中应注意的事项，此外还应包括程序中所使用的注释符号、文字编写的含义说明和程序的测试情况。详细的程序说明书也为日后的设备维修和改造带来方便。

7.3.2　PLC系统软件设计的一般步骤

程序设计的主要依据是控制系统的软件设计规格书、电气设备操作说明书和实际生产工艺要求。程序设计可分以下八个步骤，其中前三步只是为程序设计做准备，但不可缺少。

1. 了解系统概况

这步的主要工作就是通过系统设计方案了解控制系统的全部功能、控制规模、控制方式、I/O信号种类和数量、是否有特殊功能接口、与其他设备的关系、通信内容与方式等，并做详细记录。没有对整个控制系统的全面了解，就不能联系各种控制设备之间的功能，综观全局，闭门造车和想当然都不是一个合格程序设计者的做法。

2. 熟悉被控对象

熟悉控制对象就是按工艺说明书和软件规格书的要求，将控制对象和控制功能分类，确定检测设备和控制设备的物理位置，了解每一个检测信号和控制信号的形式、功能、规模，及其之间的关系和预见可能出现的问题，使程序设计有的放矢。在程序设计之前，掌握的东西越多，对问题思考得越深入，程序设计时就会越得心应手。

3. 熟悉编程工具和编程语言

编程器、编程软件和编程语言是程序设计的主要硬件和软件工具。编程器和编程软件是编写用户程序的工具，因此在编程前，首先要熟悉和所选可编程控制器相匹配的编程器或编程软件。选择合适的编程语言形式并熟悉其指令系统和参数分类，尤其要注意研究在编程时可能要用到的指令和功能，最好能上机操作，并编制一些试验程序，在模拟台上进行试运行，以便更详尽地了解指令的功能和用途。

4. 定义I/O信号表

定义I/O信号表的主要依据就是硬件接线原理图，根据具体情况，内容要尽可能的详细，信号名称要尽可能的简明，中间标志和存储单元表也可以一并列出，待编程时再填写内容。要在表中列出框架号、模块序号、信号端子号，便于查找和校核。I/O 地址要按 I/O 信号、由小到大的顺序排列。有效状态中要明确标明上升沿有效还是下降沿有效，高电平有效还是低电平有效，是脉冲信号还是电平信号，或其他方式。

5. 框图设计

框图设计的主要工作是根据软件设计规格书的总体要求和控制系统具体情况，确定应用程序的基本结构、按程序设计标准绘制出程序结构框图，然后根据工艺要求，绘制出各功能单元的详细功能框图。框图是编程的主要依据，应尽可能的详细。框图设计可以对全部控制程序功能的实现有一个整体概念。

6. 程序编写

程序编写就是根据设计出的框图和对工艺要求的领会，逐字逐条地编写控制程序，这是整个程序设计工作的核心部分。如果有操作系统支持，尽量使用编程语言的高级形式，如梯形图语言。在编写过程中，根据实际需要对中间标志信号表和存储单元表进行逐个定义。为了提高效率，相同或相似的程序段尽可能地使用复制功能。

程序编写有两种方法：第一种是直接用地址进行编写，这样对信号较多的系统不易记忆，但比较直观；第二种方法是用容易记忆的符号编程，编完后再用信号地址对程序进行编码。另外，编写程序过程中要及时对编出的程序进行注释，以免忘记其间相互关系，要随编随注。注释要包括程序的功能、逻辑关系说明、设计思想、信号的来源和去向，以便阅读和调试。

7. 程序测试

程序测试是整个程序设计工作中一项很重要的内容，它可以初步检查程序的实际效果。程序测试和程序编写是分不开的，程序的许多功能是在测试中修改和完善的，测试时先从各功能单元入手，设定输入信号，观察输出信号的变化情况。各功能单元测试完成后，再连通全部程序，测试各部分的接口情况，直到满意为止。程序测试可以在实验室进行，也可以在现场进行。如果是在现场进行程序测试，那就要将 PLC 系统与现场信号隔离，切断 I/O 模块的外部电源，以免引起不必要的损失。

8. 编写程序说明书

程序说明书是对程序的综合性说明，是整个程序设计工作的总结。编写程序说明书的目的是便于程序的使用者和现场调试人员使用，它是程序文件的组成部分。如果是编程人员本人去现场调试，程序说明书也是不可缺少的。程序说明书一般应包括程序设计的依据、程序的基本结构、各功能单元分析、其中使用的公式和原理、各参数的来源和运算过程、程序测试情况等。

7.3.3 PLC 系统的一般设计方法

1. 继电器-接触器控制电路/梯形图转换设计法

这是一种简单易行的设计方法。对于采用继电器-接触器控制电路的设备，经过长期的实际生产考验，证明其电器控制电路的设计是合理的，能够满足工艺要求。例如，原设

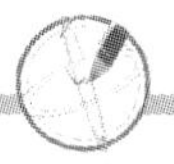

备采用交流异步电动机和机械变速装置，还采用了机械凸轮装置，在主轴的每一转的转动过程中分别完成相应的动作。

对于这类设备，首先分析原电器控制电路图，统计按钮、钮子开关、组合开关、行程开关、接近开关及限位开关的常开和常闭接点数量，从而确定了开关量输入点数。如果还有模拟量传感器，要了解其输出信号的类型和范围，确定模拟量输入的点数。

统计原电器控制电路中的接触器数量，确定开关量输出点数。原电器控制电路中的继电器、时间继电器和中间继电器原则上都要取消，由 PLC 的输入继电器、输出继电器、定时器以及其他 PLC 元件来实现其顺序控制和逻辑控制功能。

采用 PLC 控制的目的不仅仅是取代，而应该增加新功能，提升控制系统的水平。原系统采用机械凸轮装置，不便于改变工艺，为此取消该装置，采用旋转编码器，利用 PLC 的块比较指令 BCMP 就可以实现电子凸轮控制。如果经济条件允许，也可以选用 PLC 的凸轮控制单元。

取消原来的机械变速器，选用 PLC 的模拟量输出单元，采用变频器和变频调速专用电动机，构成变频调速系统。如果仍要保留原来的交流异步电动机，应采用他冷方式，防止交流异步电动机在低速时过热。

2. 经验设计法

很多长期工作在现场的电气技术人员和电工都熟悉继电器-接触器控制电路，有相当的设计和维护电器控制电路的经验和能力，如果有条件参加 PLC 的学习和实践，能够较深入地理解并掌握 PLC 各种指令的功能，根据工艺要求，凭经验就能够设计出梯形图。

3. 逻辑设计法

当控制系统基本上是开关量控制时可采用逻辑设计法。这种方法将元件线圈的通电与断电、元件触点的接通与断开等视为逻辑变量，并将这些逻辑变量关系表达为逻辑函数关系式，再应用逻辑函数基本公式和运算规律对逻辑函数关系式进行化简，对经过化简的逻辑函数关系式，应用 PLC 的逻辑指令就可以设计出满足工艺要求的控制程序。

4. 顺序功能图设计法

如果系统按动作先后顺序进行控制，则可采用顺序功能图设计法。由于各厂家的操作系统有所不同，这种设计方法的名称也有所不同，有的称为状态转移图，有的称为功能块图，有的称为功能表图，有的称为顺序功能流程图。顺序功能图(Sequential Function Chart，SFC)是描述控制系统的控制过程、功能及特性的一种图形，有的厂家如西门子公司就提供 S7—300/400 梯形图/功能块图/语句表编程软件，其中的功能块图即 SFC。

SFC 设计法是将系统的一个工作周期划分为若干个顺序相连的阶段，这些阶段称为"步"，步是顺序功能图的最基本组成部分，它是某一控制功能的程序段。用矩形框表示步，框内的数字是步的编号，有的用编程元件的元件号作为步的编号。步是某一控制功能的程序段，要执行相应的动作，用矩形框中的文字或符号来表示与该步相对应的动作，该矩形框应与对应步的矩形框相连。代表步的方框之间用有向连线连接，如果有向连线的方向是从上至下或从左至右，则可以省略表示方向的箭头。

"转换"是某一步操作完成起动下一步的条件，当条件满足时执行下一步控制程序。转换在图中用短线表示，短线位于有向连线上并与之垂直。"转换"旁边标注的是转换条件，转换条件是与转换相关的逻辑命题，可以用文字、布尔代数表达式及图形符号来表述。

顺序功能图的结构可分为单序列、选择序列和并行序列三种结构，如图 7.4 所示。图 7.4(a)为单序列结构，没有分支，每个步后只有一个步，步与步之间只有一个转换条件。

图 7.4(b)为选择序列，选择序列的开始称为分支，转换符号只能标在水平连线之下。步 1 之后有两个分支，各选择分支不能同时执行，当步 1 正在执行(即活动步)且转换条件 a 满足时(a=1)，则转向步 2。当步 1 为活动步且转换条件 b 满足时(b=1)则转向步 3。

当步 2 或步 3 成为活动步时，步 1 自动变成不活动步。为了防止两个分支序列同时执行，应使两个分支序列相互连锁。选择序列的结束称为合并，转换符号要标在水平连线之上。

图 7.4(c)为并行序列，并行序列的开始也称为分支，为了与选择序列结构相区别，用双线表示并行序列分支的开始，转换符号放在双线之上。当步 1 为活动步且转换条件 a 满足时，步 2、步 3、步 4 同时变为活动步，而步 1 变为不活动步。步 2 与步 5、步 3 与步 6、步 4 与步 7 是三个并行的单序列，表示系统的三个独立工作部分。并行序列的结束也称为合并，用双线表示并行序列的合并，转换符号放在双线之下。当各并行序列的最后一步即步 5、步 6、步 7 均为活动步且转换条件 e 满足时，将同时转向步 8，且步 5、步 6、步 7 同时变为不活动步。

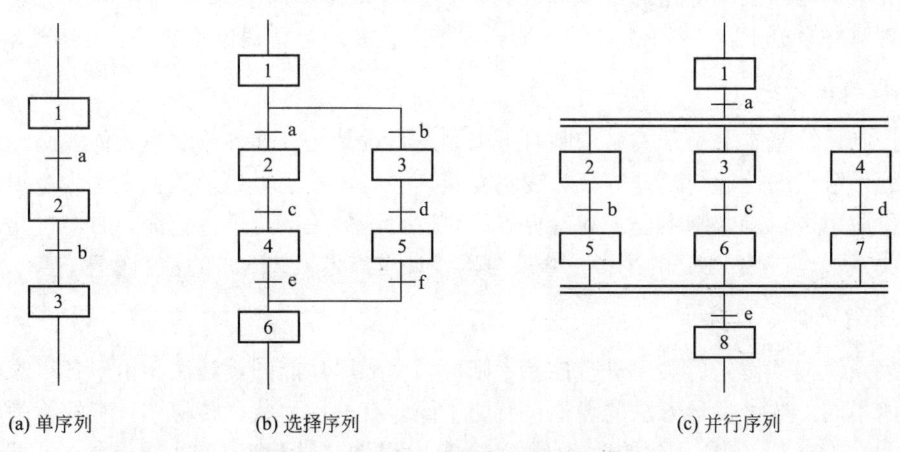

图 7.4　单序列、选择序列和并行序列

5. 步进顺控设计法

许多 PLC 的指令中都有步(进)指令，利用步(进)指令就可以用类似于顺序功能图的方法进行设计，这种设计法容易掌握，能够方便、快捷地设计出复杂的梯形图。以欧姆龙公司的 CP1H 系列 PLC 为例，STEP(008)是步定义指令，用内部辅助继电器 WR 区域内的一位控制位来定义一个程序段(称为一个步)的开始。STEP(008)无须执行条件，即其执行与否是由控制位来控制的。

为起动步的执行，需要使用起动指令 SNXT(009)，其控制位和 STEP(008)指令一样。如果在 ON 执行条件下执行了 SNXT(009)指令，具有相同控制位的步也被执行。如果执行条件为 OFF，则步就不执行。SNXT(009)指令必须写进程序，使得程序到达该步段前

先执行 SNXT(009)指令。它可以用于步前的不同位置，从而按两种不同的条件来控制该步。程序中任何步若没有以 SNXT(009)指令开始，均不执行。

一旦程序中使用了 SNXT(009)指令，步执行将会持续，直到执行一条无控制位的 STEP(008)指令为止。但必须有一条具有虚控制位的 SNXT(009)指令作为无控制位的 STEP(008)指令为先导。

步可以连续编程，每一步必须以 STEP(008)开始，且通常以 SNXT(009)结束。步指令以串行方式编程时，可能有三种执行类型即顺序、分支和并行，由 SNXT(009)的执行条件和位置来决定执行类型。

以上简要介绍了五种程序设计方法，此外，还有矩阵式设计法、调用子程序设计法及高级语言设计法等。

7.3.4 四层电梯的 PLC 控制

1. 电梯控制系统实现的功能

(1) 一台电动机控制上升和下降；各层电梯门的开关控制：各层电梯门采用分别驱动。

(2) 各层设上/下呼叫开关(最顶层与起始层只设一只)。

(3) 电梯到位后具有手动或自动开门关门功能。

(4) 电梯内设有层楼指令键、开关门按键、警铃、风扇及照明。

(5) 电梯内外设有方向指示灯及电梯当前层指示灯。

(6) 待客自动开门与提早关门。当电梯在某层停梯待客时，按下层外召唤按钮，应能自动开门迎客。

(7) 自动关门与提早关门。在一般情况下，电梯停站 4～6s 应能自动关门；在延时时间内，若按下关门按钮，门将不经延时提前实现关门动作。

(8) 按钮开门。在开关过程中或门关闭后，电梯起动前，按下操作板上的开关按钮，门将打开。

(9) 内指令记忆。当轿厢内操作板上有多个选层指令时，电梯应能按顺询自动停靠车门，并能至调定时间，自动确定运行方向。

(10) 自动定向。当轿厢内操作板上，选层指令相对于电梯位置具有不同方向时，电梯应能按先入为主的原则，自动确定运行方向。

(11) 呼梯记忆与顺向截停电梯在运行中应能记忆层外的呼梯信号，对符合运行方向的召唤，应能自动逐一停靠应答。

(12) 自动换向。当电梯完成全部顺向指令后，应能自动换向，应答相反方向的信号。

(13) 自动关门待客。当电梯完成全部轿厢内指令，又无层外呼梯信号时电梯应自动关门，在调定时间内自动关闭轿厢照明。

(14) 自动返基站。当电梯设有基站时，电梯在完成全部指令后，自动驶回基站，停机待客。

2. 电梯的控制要求

(1) 电梯上升。

① 电梯停于某层时，当有高层某一信号呼叫时，电梯上升到呼叫层碰到行程开关停

止。例如，电梯在 2 层，4 层呼叫，电梯则上升到 4 层停止。

② 电梯停于某层，当高层有多个信号同时呼叫时，电梯先上升到低的呼叫层，停 4s 后继续上升到高的呼叫层。例如，电梯在 1 层，2 层、3 层、4 层同时呼叫，则电梯先上升到 2 层，停 4s 后继续上升到 3 层，再停 4s 后继续上升到 4 层停止。

（2）电梯下降。

① 电梯停于某层，当有低层某一信号呼叫时，电梯下降到呼叫层碰到行程开关停止。例如，电梯在 3 层，1 层呼叫，电梯则下降到 1 层停止。

② 电梯停于某层，当低层有多个信号同时呼叫时，电梯先下降到高的呼叫层，停 4s 后继续下降到高的呼叫层。例如，电梯在 4 层，1 层、2 层、3 层同时呼叫，则电梯先下降到 3 层，停 4s 后继续下降到 2 层，再停 4s 后继续下降到 1 层停止。

（3）电梯在上升的过程中，任何反向的呼叫按钮均无效。

（4）电梯在下降的过程中，任何反向的呼叫按钮均无效。

（5）电梯未平层或运行时，开门按钮和关门按钮均不起作用。平层且电梯停在运行后，按开门按钮电梯门打开，按关门按钮电梯门关闭，也可延时 3s 自动关门。

3. PLC 的 I/O 点的确定和分配

分析工艺过程，找出控制的因果关系。根据找出的因果关系，就可以确定用 PLC 来控制四层电梯的 I/O 信号及信号的数量，并且按照 PLC 机型给 I/O 信号分配地址，见表 7－2。

表 7－2　I/O 地址分配表

输入			输出		
SB1	一层外上呼	0.00	KM1	接触器(轿厢上升)	10.00
SB2	二层外下呼	0.01	KM2	接触器(轿厢下降)	10.01
SB3	二层外上呼	0.02	KM3	接触器(一层开门)	10.02
SB3	三层外下呼	0.03	KM4	接触器(一层关门)	10.03
SB5	三层外上呼	0.04	KM5	接触器(二层开门)	10.04
SB6	四层外下呼	0.05	KM6	接触器(二层关门)	10.05
SB7	一层内呼	0.06	KM7	接触器(三层开门)	10.06
SB8	二层内呼	0.07	KM8	接触器(三层关门)	10.07
SB9	三次内呼	0.08	KM9	接触器(四层开门)	11.00
SB10	四层内呼	0.09	KM10	接触器(四层关门)	11.01
SB11	关门按钮	0.11	HL1	一层外呼上指示灯	11.02
SB12	开门按钮	1.00	HL2	二层外呼下指示灯	11.03
S1	一层平层	1.09	HL3	二层外呼上指示灯	11.04
S2	二层平层	1.10	HL4	三层外呼下指示灯	11.05
S3	三层平层	1.11	HL5	三层外呼上指示灯	11.06
S4	四层平层	2.00	HL6	四层外呼下指示灯	11.07
SQ1	一层开门限位	1.01	HL7	一层内呼指示灯	12.00
SQ2	一层关门限位	1.02	HL8	二层内呼指示灯	12.01
SQ3	二层开门限位	1.03	HL9	三层内呼指示灯	12.02

（续）

输　　入			输　　出		
SQ4	二层关门限位	1.04	HL10	四层内呼指示灯	12.03
SQ5	三层开门限位	2.05	HL11	轿厢上升指示灯	12.05
SQ6	三层关门限位	2.06	HL12	轿厢下降指示灯	12.04
SQ7	四层开门限位	1.07	HL13	照明灯	12.06
SQ8	四层关门限位	1.08			

4. 绘制 PLC 的 I/O 接线图

根据列出的 I/O 地址分配表，可以画出四层电梯的 PLC 控制 I/O 接线图(略)。

5. 编写控制程序

符合控制要求的梯形图如图 7.5 所示。

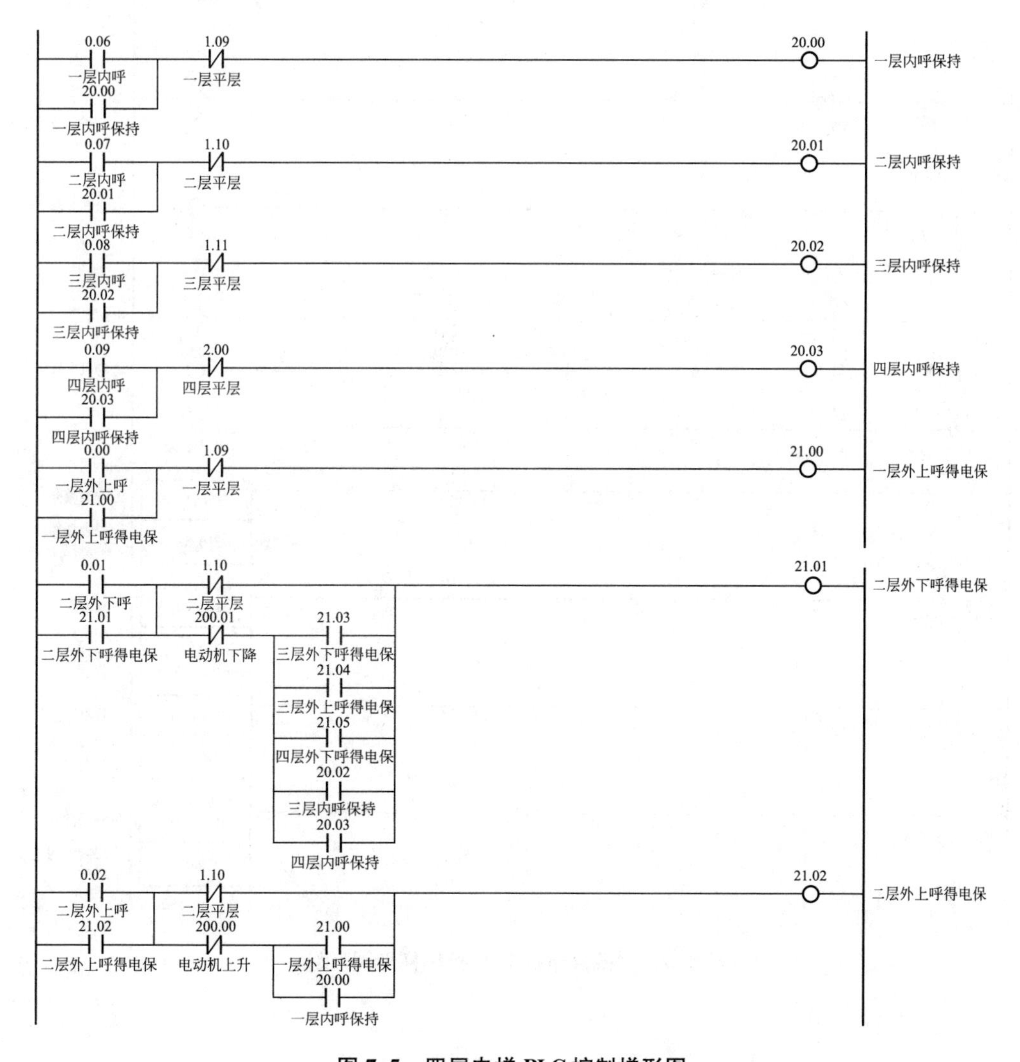

图 7.5　四层电梯 PLC 控制梯形图

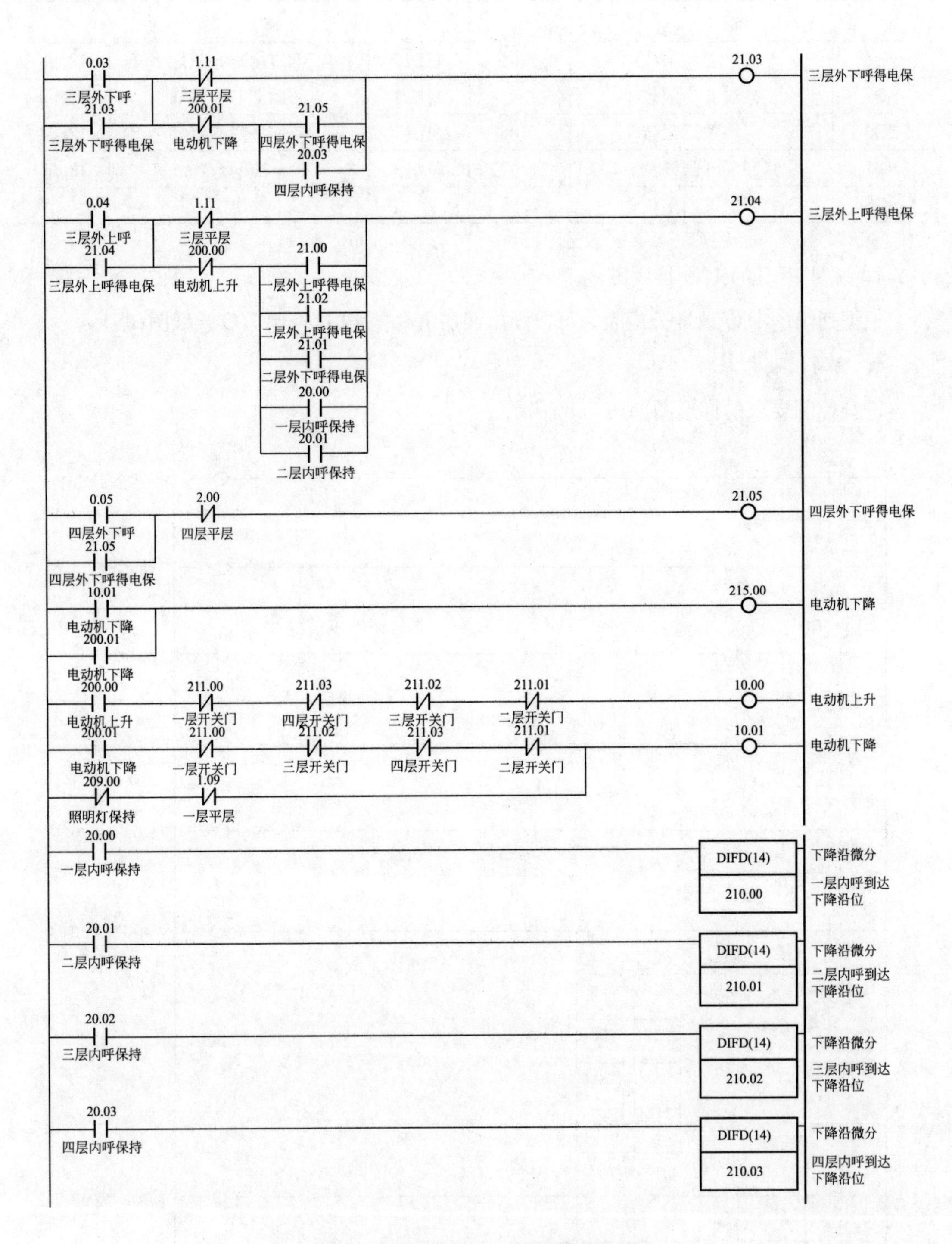

图 7.5　四层电梯 PLC 控制梯形图(续)

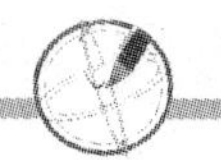

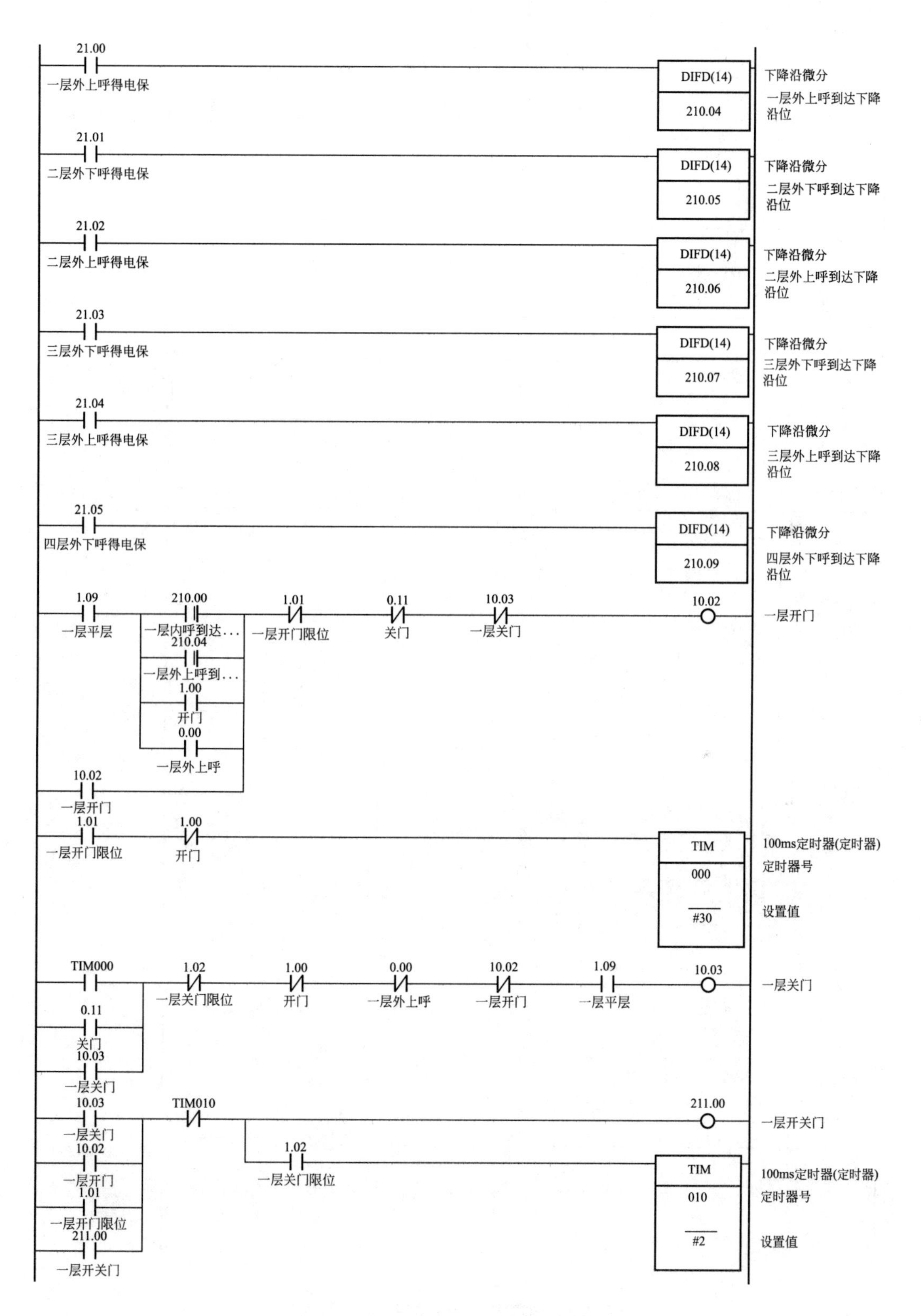

图 7.5　四层电梯 PLC 控制梯形图(续)

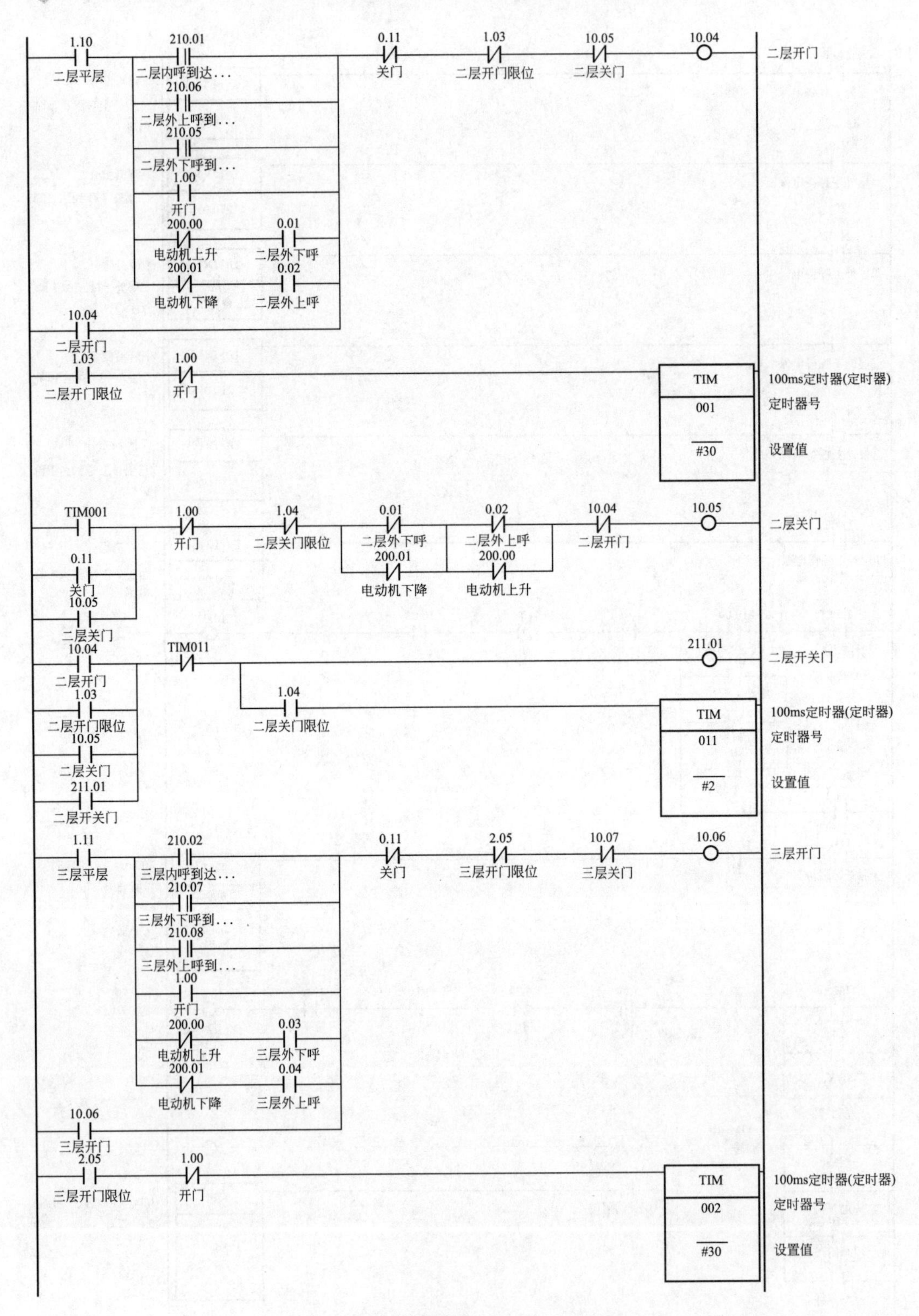

图 7.5　四层电梯 PLC 控制梯形图(续)

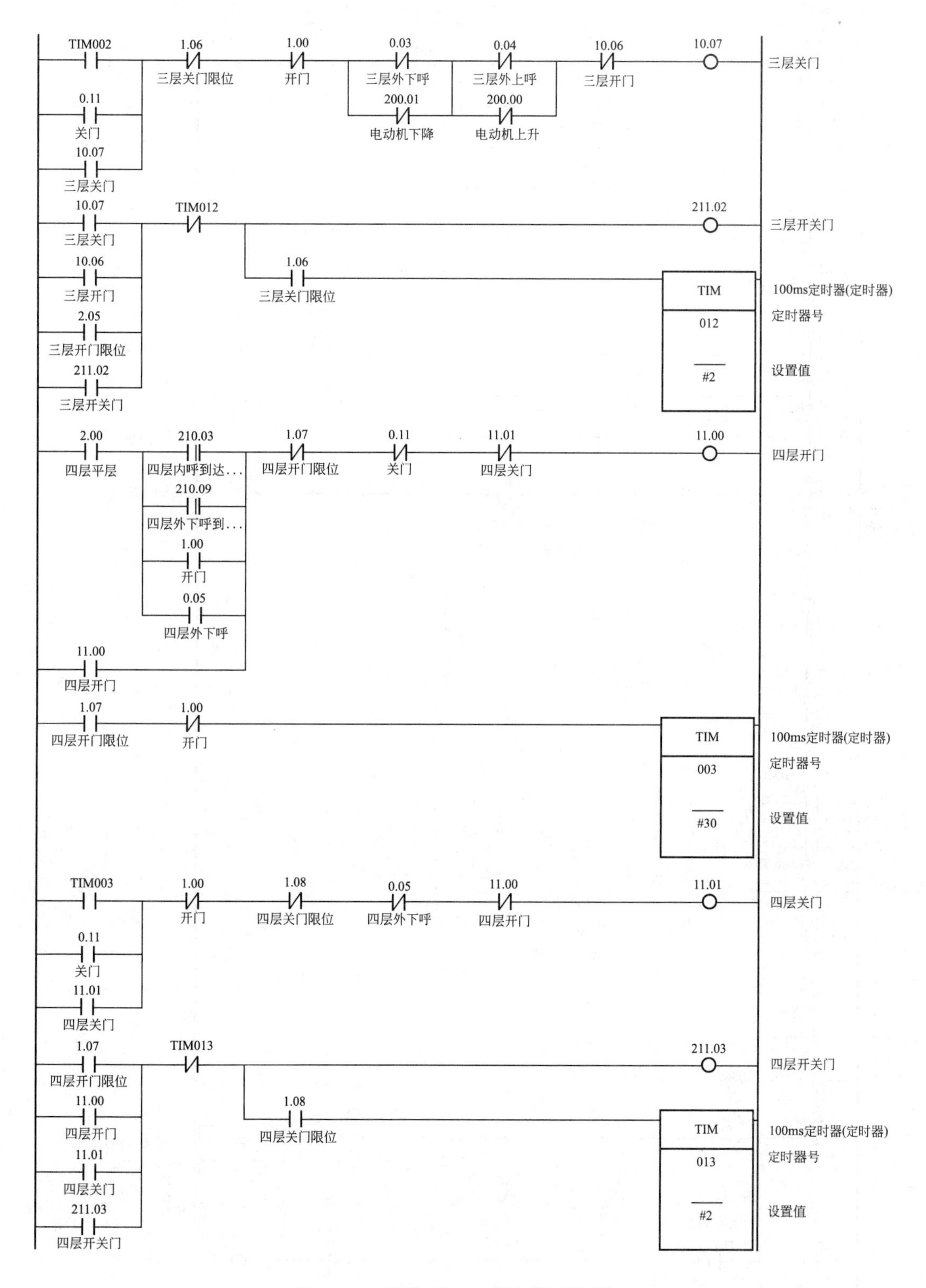

图 7.5　四层电梯 PLC 控制梯形图(续)

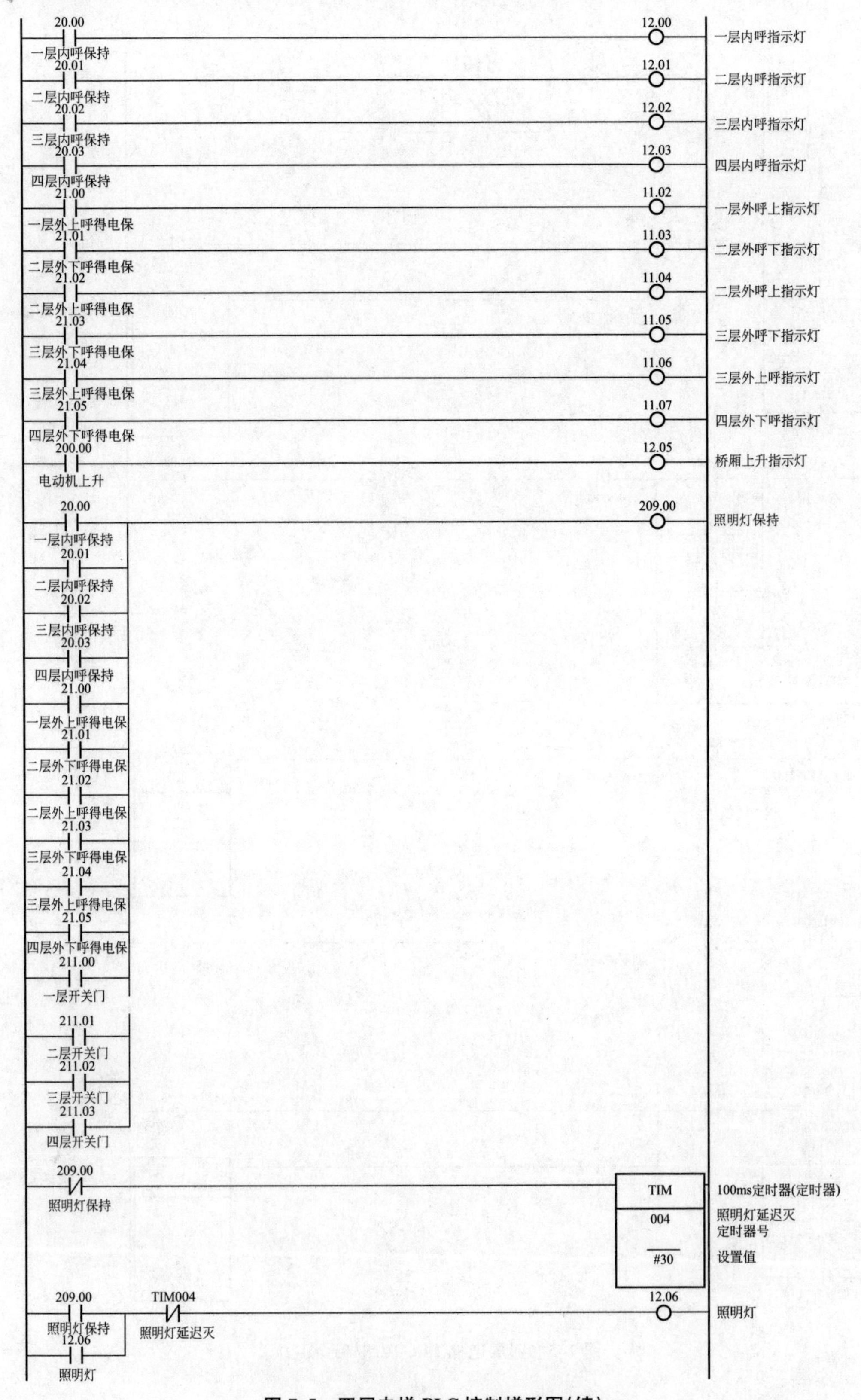

图 7.5　四层电梯 PLC 控制梯形图(续)

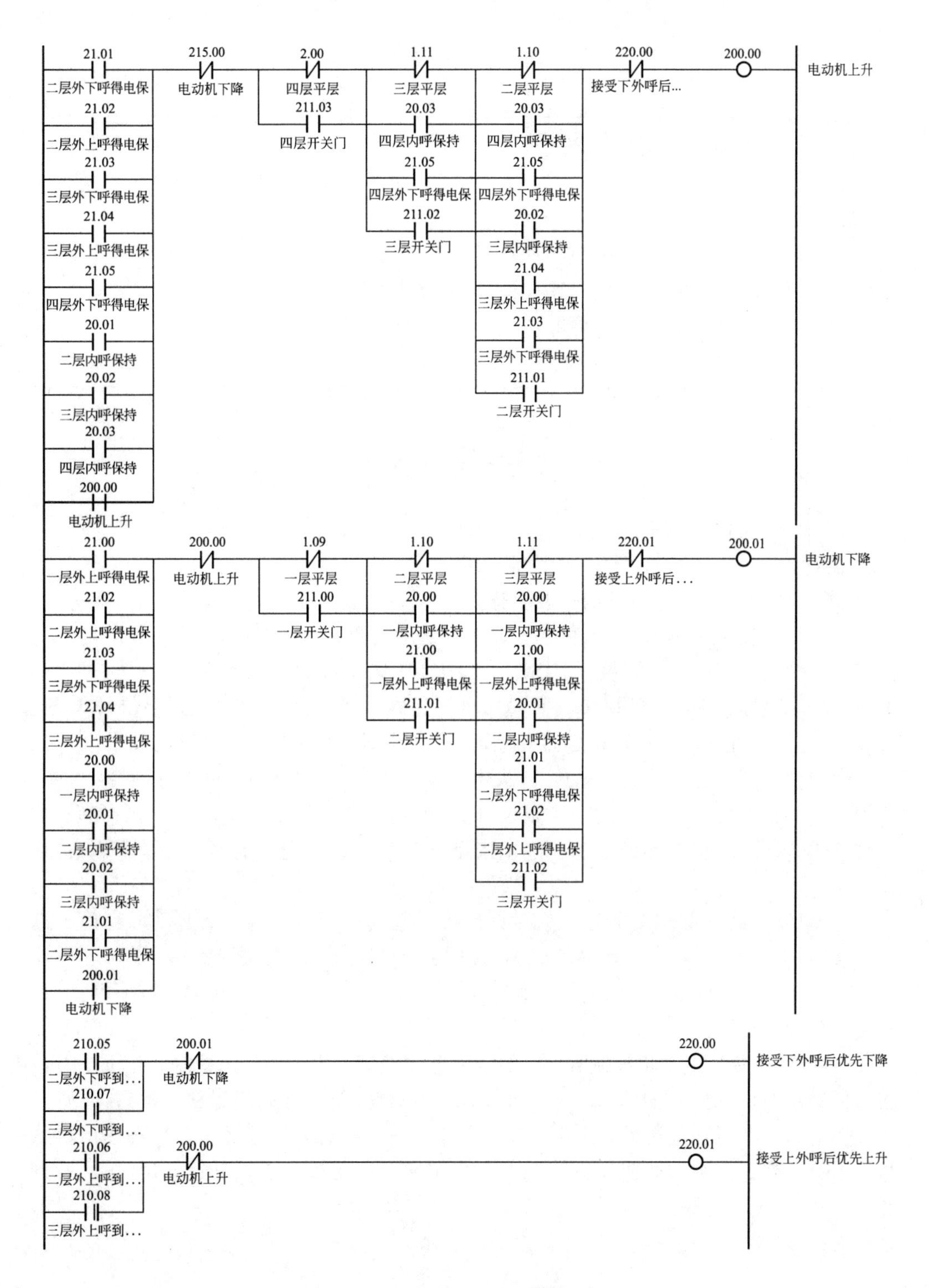

图 7.5　四层电梯 PLC 控制梯形图(续)

项目小结

1. PLC控制系统的设计分为硬件设计和软件设计两大部分。硬件设计包括PLC的选型(控制器)、执行器、驱动器(动力装置)、传感器、机械装置五者之间应有的协调与配合。

2. PLC控制系统的设计必须按照被控对象的控制要求来设计，同时保证PLC控制系统安全可靠，并力求简单、经济、适用及维修方便。

3. PLC的选择要符合控制要求。

4. 在编写梯形图前，先要画出控制流程图和程序结构图，尽量采用模块化编程。

思考与练习

1. PLC选型的主要依据是什么?

2. 简述PLC控制系统的设计原则和内容。

3. 简述PLC控制程序设计的一般步骤。

4. 用PLC控制加热炉自动上料装置。按下起动按钮SB1，接触器KM1得电，炉门电动机正转，炉门打开。碰到限位开关SQ1时，KM1失电，炉门电动机停转；同时，接触器KM3得电，推料机电动机正转，推料机进，送料入炉，到料位；碰到限位开关SQ2，KM3失电，推料机电动机停转；延时3s后，接触器KM4得电，推料机电动机反转，推料机退到原位；压限位开关SQ3，KM4失电，推料机电动机停转；同时，接触器KM2得电，炉门电动机反转，炉门关闭。压限位开关SQ4，KM2失电，炉门电动机停转；SQ4常闭触点闭合，为下次循环做准备。停止按钮SB2用来停止整个运行，按下SB2后整个工作停止。

5. 自动装箱生产线PLC控制系统设计。按下起动按钮，传输到2起动，当箱子进入定位位置后，传输带2停止。等待1s后，传输到1起动，物品逐一落入箱子，进行计数检测；当落入箱内的物品达到10个，传输带1停止，并且传输带2起动。按下停止按钮，传输带全部停止。

6. 设计一个双速电动机控制程序，SB1为低速控制，SB2为高速控制。按下SB1，电动机做低速运行；在停止的状态下，按下SB2，电动机先进行低速起动，延时3s后自动进入高速运行；在低速运行的状态下，按下SB2，就直接进入高速运行。在高速运行状态下按下SB1，就直接进入低速运行，按下停止按钮，电动机先进入低速，延时2s后方可停止。

附　　录

附录 1　CP1H 系列 PLC 指示灯状态表

表 F1 - 1

POWER(绿)	灯亮	通电时
	灯灭	未通电时
RUN(绿)	灯亮	CP1H 系列 PLC 正在运行或监视模式下执行程序
	灯灭	程序模式下运行停止中，或因运行停止异常而处于运行停止中
ERR/ARM(红)	灯亮	发生运行停止异常(包含 FAL 指令执行)，或发生硬件异常(WDT 异常)。此时 CP1H 系列 PLC 停止运行，所有的输出都切断
ERR/ARM(红)	闪烁	发生异常继续运行(包含 FAL 指令执行)。此时 CP1H 系列 PLC 继续运行
	灯灭	正常时
INH(黄)	灯亮	输出禁止特殊辅助继电器(A500.15)为 ON 时灯亮，所有的输出都切断
	灯灭	正常时
BKUP(黄)	灯亮	正在向内置闪存(备份存储器)写入用户程序、参数、数据内存或访问中。此外，将 PLC 本体的电源 OFF→ON 时，用户程序、参数、数据内存复位过程中也灯亮
	灯灭	灯亮情况以外
PRPHL(黄)	闪烁	外围设备 USB 端口处于通信中(执行发送、接收的一种的过程中)时，闪烁
	灯灭	闪烁情况以外

附录 2　CP1H 系列 PLC 拨动开关功能一览表

表 F2 - 1

No.	设定	设定内容	用　　途	初始值
SW1	ON	不可写入用户存储器	在需要防止由外围工具(CX - Programmer)导致的不慎改写程序的情况下使用	OFF
	OFF	可写入用户存储器		
SW2	ON		在电源为 ON 时，可将保存在存储盒内的程序、数据内存、参数向 CPU 单元展开	OFF
	OFF			
SW3		未使用		OFF

（续）

No.	设定	设定内容	用途	初始值
SW4	ON	在用工具总线的情况下使用	需要通过工具总线来使用选件板槽位 1 上安装的串行通信选件板时置于 ON	OFF
	OFF	根据 PLC 系统设定		
SW5	ON	在用工具总线的情况下使用	需要通过工具总线来使用选件板槽位 2 上安装的串行通信选件板时置于 ON	OFF
	OFF	根据 PLC 系统设定		
SW6	ON	A395.12 为 ON	在不使用输入单元而用户需要使某种条件成立时，将该 SW6 置于 ON 或 OFF，在程序上应用 A395.12	OFF
	OFF	A395.12 为 OFF		

附录 3　CP1H 系列 PLC 的 I/O 规格

1. 开关量 I/O 规格

1）CP1H 系列 PLC(XA/X 型)输入规格

表 F3-1

项　目	规　格		
	0.04～0.11	**0.00～0.03/1.00～1.03**	**1.04～1.11**
输入电压	DC 24V、+10%、-15%		
对象传感器	2 线式		
输入阻抗	3.3kΩ	3.0kΩ	4.7kΩ
输入电流	7.5mA TYP	8.5mA TYP	5mA TYP
ON 电压	最小 DC 17.0V 以上	最小 DC 17.0V 以上	最小 DC 14.4V 以上
OFF 电压/电流	最大 DC 5.0V 1mA 以下	最大 DC 5.0V 1mA 以下	最大 DC 5.0V 1mA 以下
ON 响应时间	2.5μs 以下	50μs 以下	1ms 以下
OFF 响应时间	2.5μs 以下	50μs 以下	1ms 以下
回路数	1(24 点/公共端)		

2）继电器输出型输出规格

表 F3-2

项　目	规　格
最大开关能力	AC 250V/2A(cosϕ=1) DC 24V/2A(4A/公共端)
最小开关能力	DC 5V、10mA

（续）

项　目			规　格
继电器寿命	电气	阻性负载	10 万次(DC 24V)
		感性负载	48 000 次(AC 240V cosϕ=0.4)
	机械		2000 万次
ON 响应时间			15ms 以下
OFF 响应时间			15ms 以下
回路数			6

3）晶体管输出型输出规格

表 F3-3

项　目	规　格		
	100.00～100.07	**101.00，101.01**	**101.02～101.07**
最大开关能力	DC 4.5～30V 300mA/点 0.9A/公共 3.6A/单元(*2，*3)		
最小开关能力	DC 4.5～30V 1mA		
漏电流	0.1mA 以下		
残留电压	0.6V 以下	1.5V 以下	
ON 响应时间	0.1ms 以下		
OFF 响应时间	0.1ms 以下		1ms 以下
熔丝	有(1 个/点)		

2. 内置模拟 I/O 规格

表 F3-4

项　目		电压输入输出①	电流输入输出①
模拟输入部	模拟输入点数	4 点(占用 200～203CH，共 4CH)	
	输入信号量程	0～5V、1～5V、0～10V、−10～10V	0～20mA、4～20mA
	最大额定输入	±15V	±30mA
	外部输入阻抗	1MΩ 以上	约 250Ω
	分辨率	1/6000 或 1/12 000(FS：满量程)②	
	综合精度	25℃ ±0.3% FS/0～55℃ ±0.6%FS	25℃ ±0.4% FS/0～55℃ ±0.8%FS
	A/D 转换数据	−10～10V 时：满量程值 F448(E890)～0BB8(1770)Hex 上述以外：满量程值 0000～1770(2EE0)Hex	
	平均化处理	有(通过 PLC 系统设定来设定各输入)	
	断线检测功能	有(断线时的值 8000Hex)	

（续）

项目		电压输入输出①	电流输入输出①
模拟输出部	模拟输出点数	2点(占用210～211CH，共2CH)	
	输出信号量程	0～5V、1～5V、0～10V、-10～10V	0～20mA、4～20mA
	外部输出允许负载电阻	1kΩ以上	600Ω以下
	外部输出阻抗	0.5Ω以下	
	分辨率	1/6000或1/12 000(FS：满量程)②	
	综合精度	25℃±0.4%FS/0～55℃±0.8%FS	
	D/A转换数据	-10～10V时：满量程值F448(E890)～0BB8(1770)Hex 上述以外：满量程值0000～1770(2EE0)Hex	
转换时间		1ms/点③	
隔离方式		模拟I/O与内部电路间：光电耦合器隔离(但模拟I/O间为不隔离)	

① 电压输入/电流输入的切换由内置模拟输入切换开关来完成(出厂时设定为电压输入)。

② 分辨率1/6000、1/12 000的切换由PLC系统设定来进行，所有的I/O通道通用分辨率的设定；不可以进行I/O通道的逐个设定。

③ 合计转换时间为所使用的点数的转换时间的合计；使用模拟输入4点+模拟输出2点时为6ms。

附录4 CX-Programmer编程软件的使用

一、CX-Programmer的安装

CX-Programmer是一个用于对OMRON各系列PLC建立程序、进行测试和维护的工具。CX-Programmer安装运行时需在微软Windows环境(Microsoft Windows 98或者更新版本、Microsoft Windows NT 4.0或者更新版本)的标准IBM及其兼容机上面运行。安装CX-Programmer视计算机配置不同，对内存和硬盘剩余空间的要求也不同，一般256M内存、150M硬盘空间能满足安装要求。安装时较方便，只要根据提示信息，一步一步操作即可顺利完成。

二、CX-Programmer的使用

1. CX-Programmer的启动

双击“CX-Programmer”图标，编程软件被启动，显示CX-Programmer程序窗口，如图F4.1所示。

CX-Programmer提供了一个生成工程文件的功能，此工程文件包含按照需要生成的多个PLC，对于每一个PLC，可以定义梯形图、地址和网络细节、内存、I/O、扩展指令(如果需要的话)和符号。

图 F4.1 CX - Programmer 程序窗口

2. CX - Programmer 的界面

在图 F4.1 界面左上角单击“文件”菜单中的“新建”选项，出现如图 F4.2 所示对话框。“设备名称”可自行输入，也可默认为“新 PLC1”；而“设备类型”根据使用的 PLC 进行选择，本书中如不作说明，均选“CP1H”；在相应的“设定”中根据实际使用机型选择“CPU 类型”为“XA”或“X”。如果计算机和 PLC 通过 USB 通信，则“网络类型”选“USB”，在相应的“设定”中选择“FINS 目标地址”为“网络 0”“接点 0”；如果计

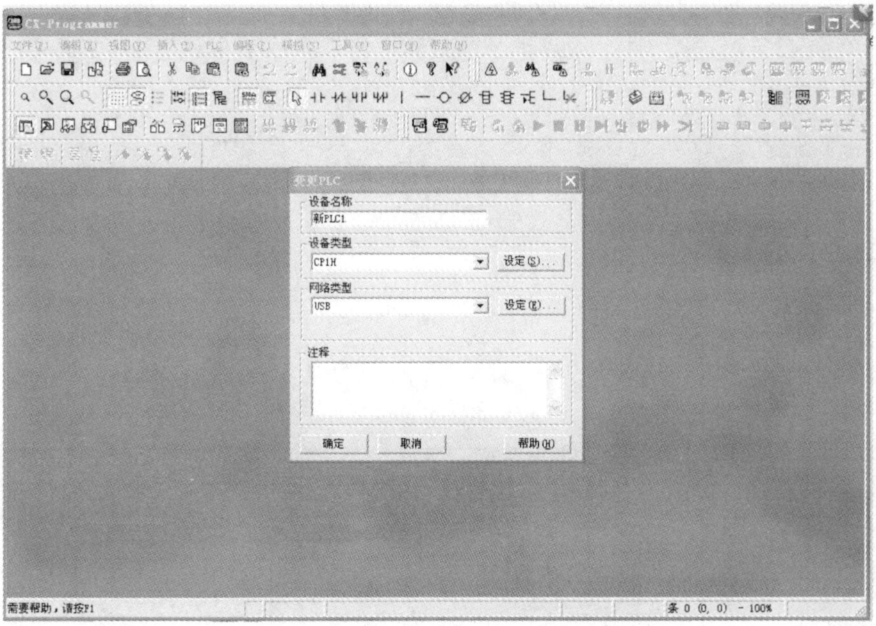

图 F4.2 CX - Programmer PLC 选型界面

算机和 PLC 通过 RS－232 串口通信，则“网络类型”选“SYSMAC WAY”，在相应的“设定”中选择“FINS 目标地址”为“网络 0”“接点 0”，而“端口名称”根据计算机上的串口位置选“COM1”或“COM2”，波特率为 9600，7 位数据位，2 位停止位，偶校验。

单击“确定”按钮后，进入 CX－Programmer 编程环境，如图 F4.3 所示。

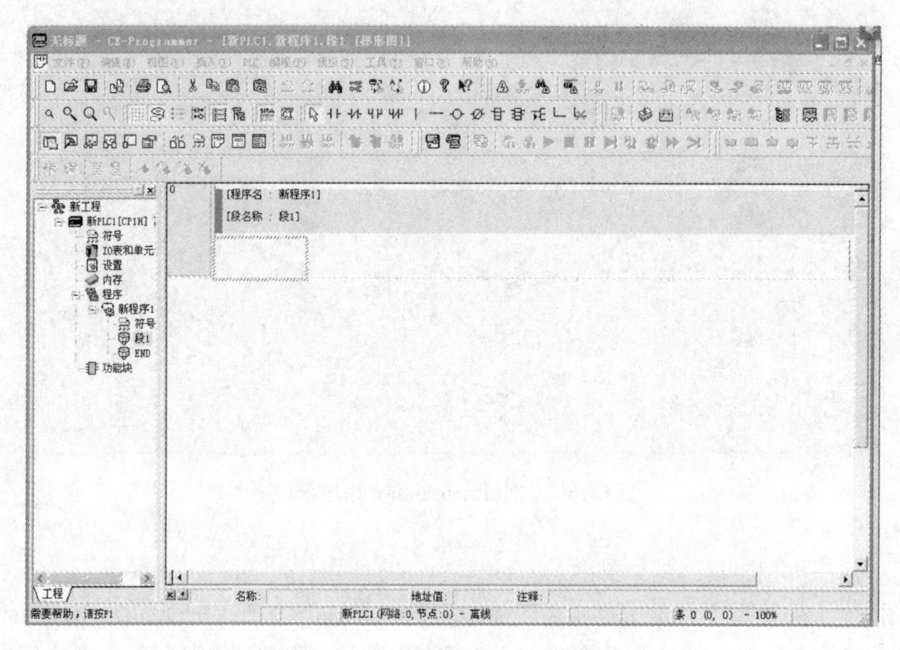

图 F4.3　CX－Programmer 编程环境

CX－Programmer 的布局可根据要求来自定义视图，在“视图”菜单中由提供的“窗口”选项来控制视图窗口，当全部打开时，如图 F4.4 所示。编程时，一般除“工程工作区”外，其余“窗口”都在隐藏状态。

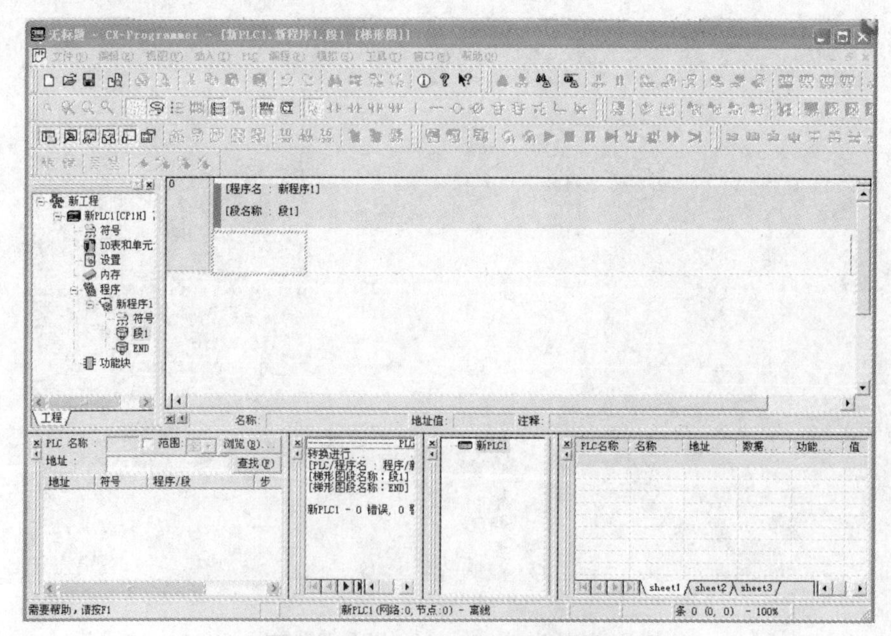

图 F4.4　CX－Programmer 视图窗口

“视图”菜单的“工具栏”选项提供了“标准”“PLC”“梯形图”“程序”“查看”“模拟调试”“插入”“符号表”等工具，在各工具前的框内打上“√ ”，单击“确定”按钮后，相应的工具能被显示。当鼠标箭头移动到各工具图标时，会以中文形式显示相应图标的功能。各图标的功能如图 F4.5 所示。

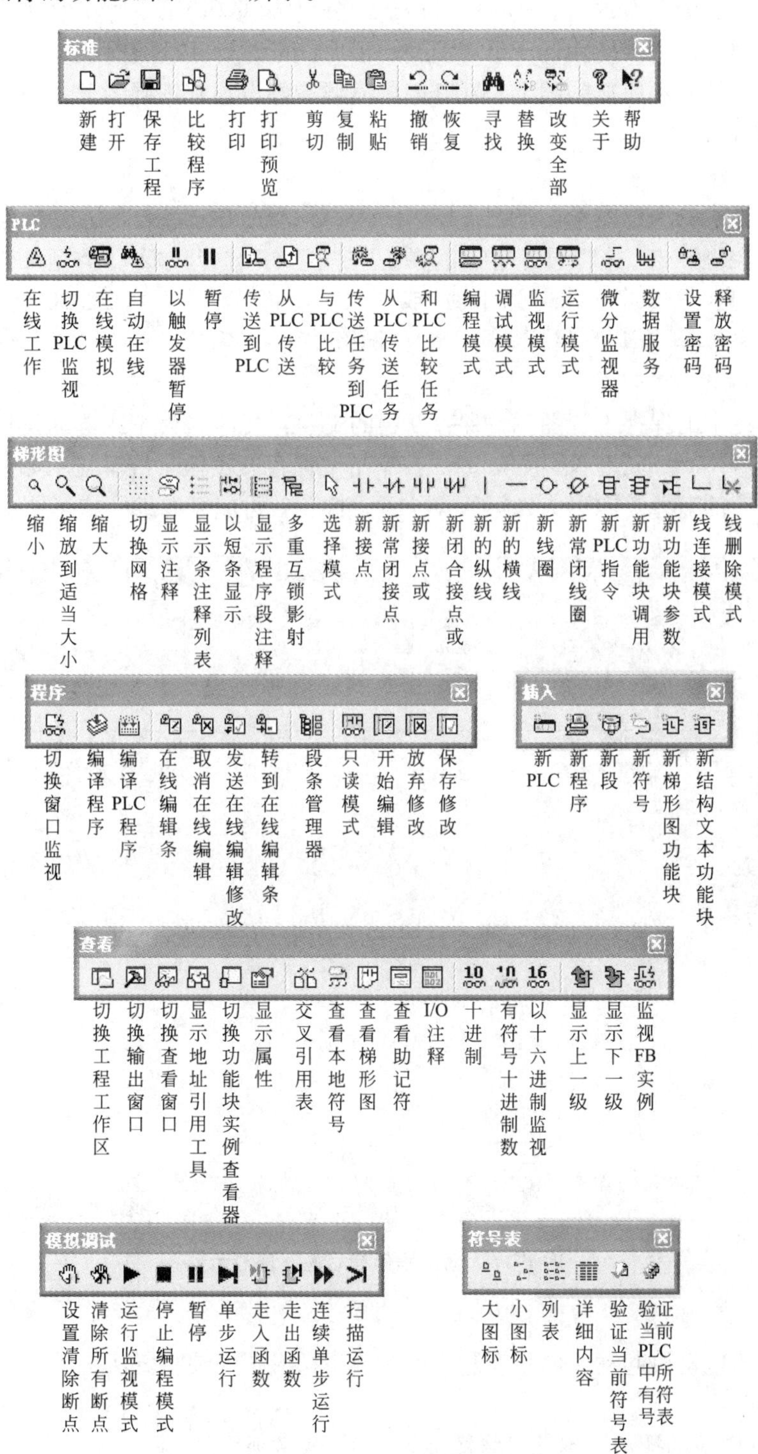

图 F4.5　各图标的功能

3. CX－Programmer 的编程

在规划一个 PLC 工程时，在开始编写程序指令以前需要考虑各种项目和 CX－Programmer 内部的设置。例如，要编程的 PLC 的类型和设置信息，这对 CX－Programmer 编程十分重要，因为只有这样，CX－Programmer 才能够和 PLC 之间建立正确的程序检查和通信。编程要以将要使用的 PLC 为目标。PLC 的类型可以随时改变，一旦改变，程序也跟着改变。按照不成文的约定，在开始的时候最好设置好正确的 PLC 类型。

1）工程建立的步骤

(1) 新建工程。

选择工具栏中的新建图标。在图 F4.2 所示对话框的“设备名称”栏中输入“车床电动机”；“设备类型”选“CP1H”；在相应的“设定”中选择“CPU 类型”为“XA”；在“网络类型”中选“USB”（USB 通信时）或“SYSMAC WAY”（RS232C 通信时）；在相应的“设定”中选择“FINS 目标地址”为“网络 0”“接点 0”。

(2) 保存工程。

选择工具栏中的保存工程图标，保存新建的工程，文件名为车床电动机控制，保存类型为 CX－Programmer 工程文件（＊.cxp），单击“保存”按钮，屏幕显示如图 F4.6 所示。梯形图工作区中的蓝色长方形为光标所在位置，接着就可以开始编写梯形图了。

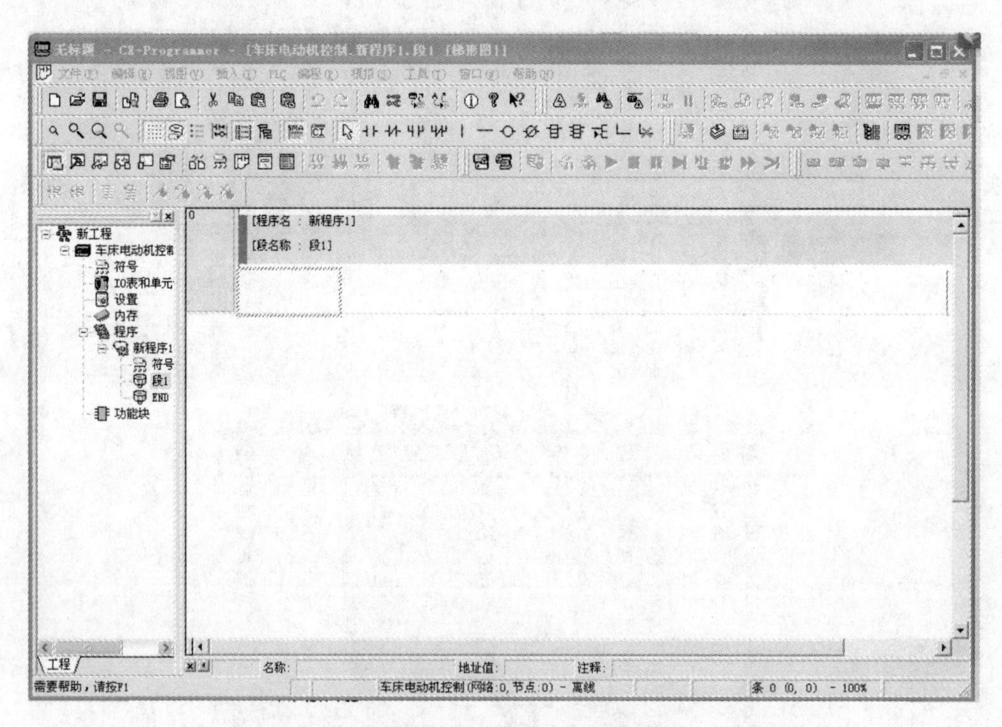

图 F4.6　新工程保存后的屏幕显示

2）程序编写——方法 1

以三相异步电动机起动、停止控制为例，说明梯形图的编写方法。

(1) 生成符号。

① 在工具栏中选择查看本地符号图标，如图 F4.7 所示。

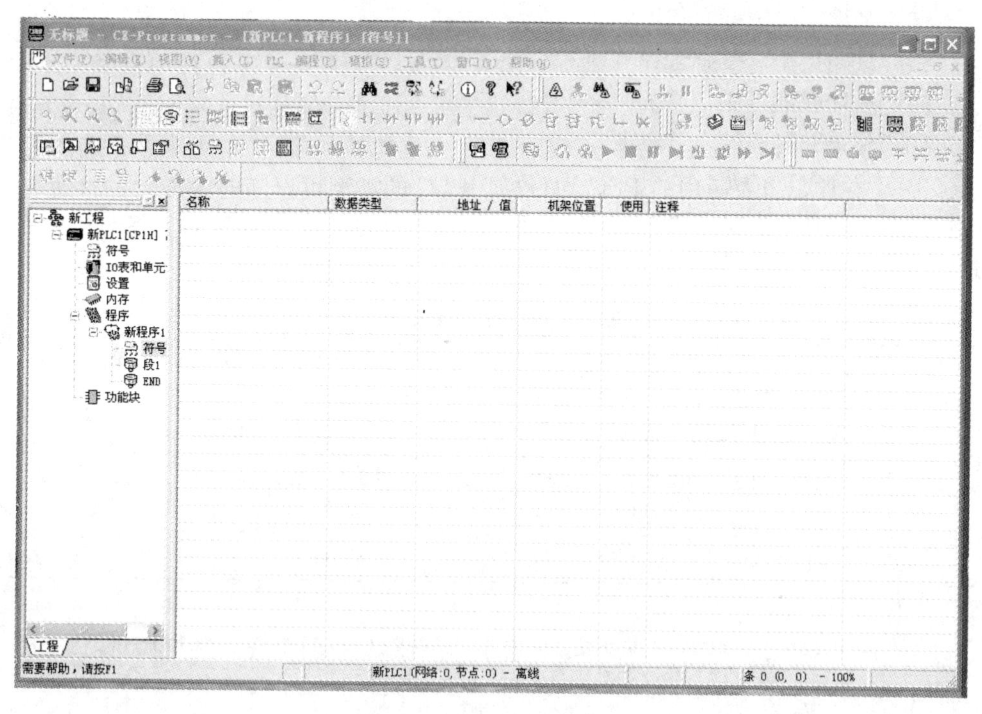

图 F4.7 本地符号查看区

② 在本地符号查看区任意位置，单击鼠标右键，选择“插入符号”；或单击“新符号”图标，将显示图 F4.8 所示对话框。

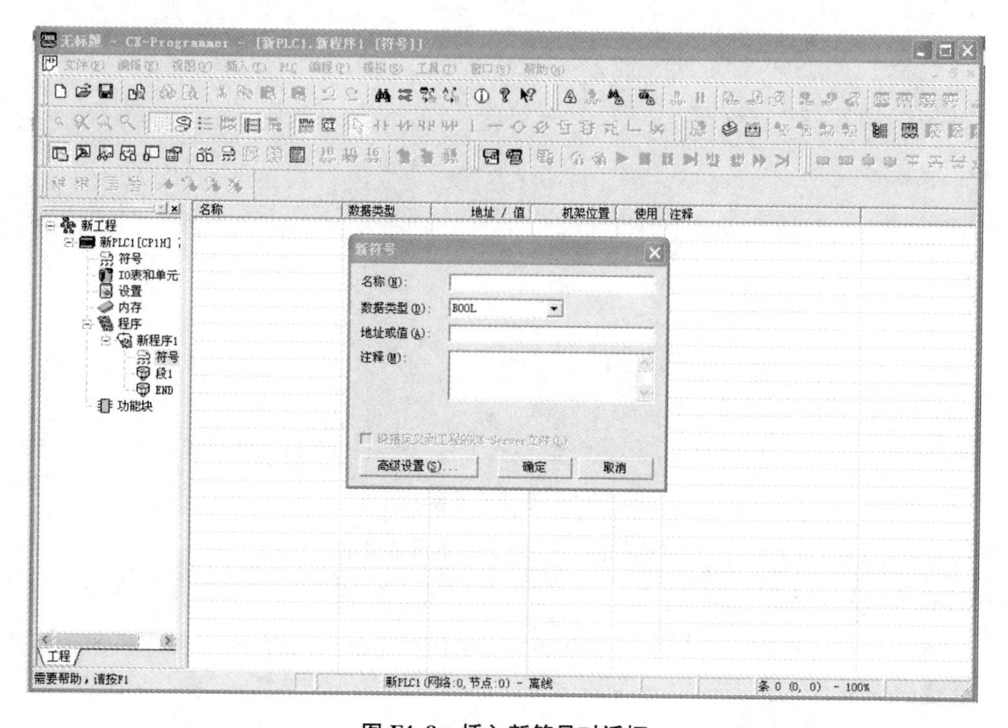

图 F4.8 插入新符号对话框

③ 在“名称”栏中键入“I0”。

④ 在“日期类型”栏中选择“BOOL”，它表示二进制值的一位。

⑤ 在“地址或值”栏中键入“0.00”或“0”。

⑥ 在“注释”栏中键入“SB1”。

⑦ 单击“确定”按钮。

⑧ 按表 F4-1，重复步骤①～⑦，依次输入各变量的信息，本地符号查看区的最后显示如图 F4.9 所示。

表 F4-1　新建符号信息一览表

名　称	类　型	地　址	注　释
I0	BOOL	0.00	SB1
I1	BOOL	0.01	SB2
I2	BOOL	0.02	FR
Q1	BOOL	100.01	KM

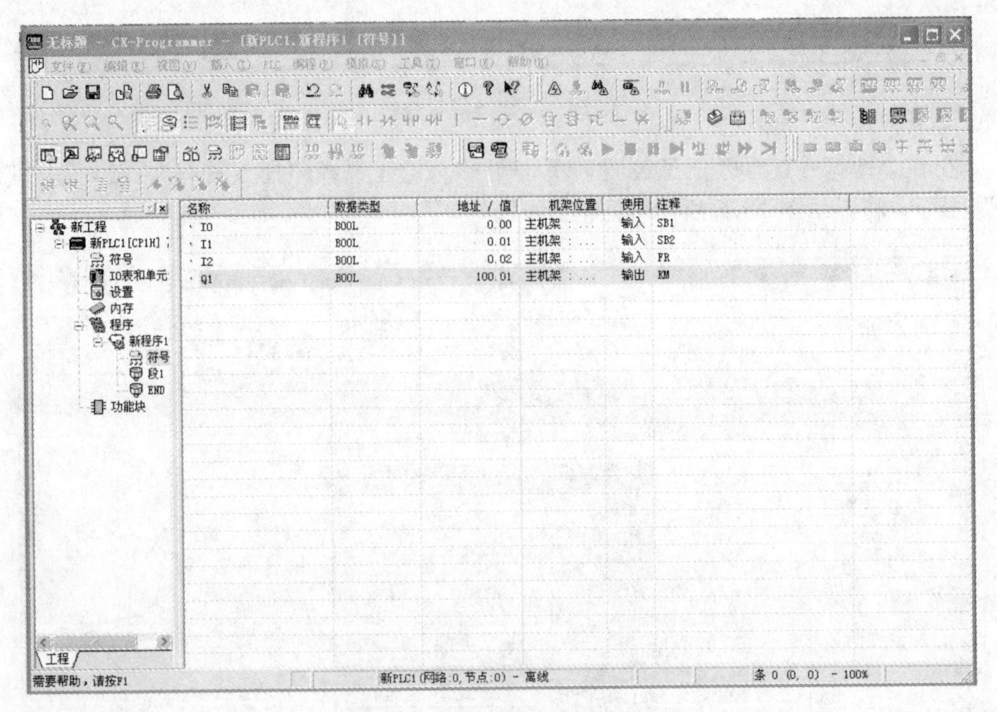

图 F4.9　本地符号输入结果

（2）建立梯形图程序。

① 确认光标在图 F4.6 所示位置。

② 单击工具栏在的“新接点”图标 ┤├，放在梯形图光标所在位置，再单击“新接点”对话框。

注意：为方便使用软件，软件中把触点称为接点。

③ 选择列表栏中的“I0”，然后选择“确定”按钮，出现编辑注释是“SB1”，再次选

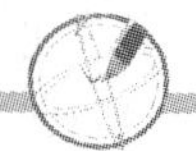

择“确定”按钮，将显示第一个常开接点，同时光标右移。

注意：现在在本条的左侧显示一个红色的记号，这说明该条梯形图还未完成，出现了一个错误。

④ 单击工具栏中的“新常闭接点”图标，放在梯形图光标所在位置，再单击鼠标左键，弹出“新常闭接点”对话框。

⑤ 选择列表栏中的“I1”，然后选择“确定”按钮，出现编辑注释是“SB2”，再次选择“确定”按钮，将显示第二个常闭接点，同时光标右移。

注意：现在在本条的左侧还是显示一个红色的记号，说明此时该条梯形图还未完成，出现了一个错误。

⑥ 重复第④、⑤两步，输入常闭接点“I2”。

⑦ 按 Enter 键，并移动光标到下一行的开始位置。

⑧ 单击工具栏中的“新接点或”图标，放在梯形图光标所在位置，再单击鼠标左键，弹出“新接点或”对话框。

⑨ 选择列表栏中的“Q1”，然后选择“确定”按钮，出现编辑注释是“KM”，再次选择“确定”按钮，将显示该接点，同时光标右移。

注意：现在在本条的左侧还是显示一个红色的记号，说明此时该条梯形图还未完成，出现了一个错误。

⑩ 将光标移动到最右面，和 I2 常闭接点连接处，单击工具栏中的“新线圈”图标，出现“新线圈”对话框。选择列表栏中的“Q1”，然后选择“确定”按钮，出现编辑注释是“KM”，再次选择“确定”按钮，将显示该线圈，同时该条梯形图最左边的红色的记号消失，表明在这条梯形图里面已经没有错误了。单击下一条的任意位置，该条梯形图将自动整理如图 F4.10 所示。该梯形图在段 1 的位置，在段“END”，CX - Programmer 已自动生成一条 END 指令。

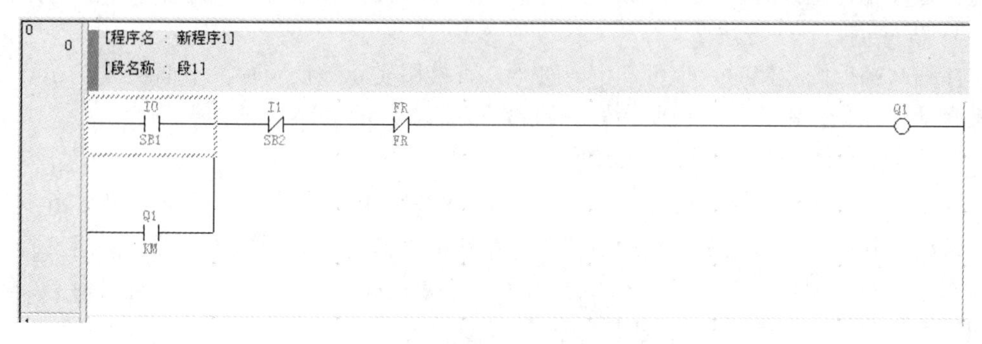

图 F4.10　以地符号地址编写的梯形图

在左边的灰条内显示该条梯形图的条号和该条梯形图内首个元件的步号。上边的黄条内显示的是该梯形图的程序名和该段的段名。

从以上梯形图建立的过程中，可以看出，用 CX - Programmer 建立梯形图非常方便，基本上就是一个画图的过程，当然，还可以利用工具条上的其他工具建立这个梯形图。

(3) 查看助记符程序。

单击工具栏上的“查看助记符”图标，可以查看该程序的助记符表示形式，如图 F4.11 所示。

条	步	指令	操作数	值	注释
0	0	LD	I0		SB1
	1	OR	Q1		KM
	2	ANDNOT	I1		SB2
	3	ANDNOT	FR		FR
	4	OUT	Q1		KM

图 F4.11　程序的助记符表示形式

(4) 编译程序。

无论是在线程序还是离线程序，在其生成和编辑过程中不断被检验。如果一条梯形图中出现错误，在该条梯形图的左边将会出现一道红线。例如，在梯形图窗口已经放置了一个元素，但是并没有分配符号和地址的情况下，这种情形就会出现。

单击工具栏上的“编译程序”图标，能将程序中所用的错误显示在输出窗口的编译标签下面。例如，上述梯形图中若缺少“线圈 Q1”时，在“输出窗口”就会出现如图 F4.12 所示的错误细目。

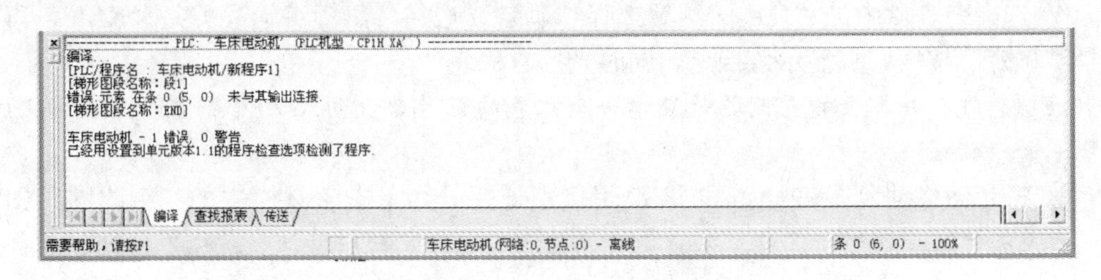

图 F4.12　输出窗口显示的错误细目

试一试：当程序正确时，输出窗口的显示。

(5) 保存工程。

在程序编译正确后，再一次保存工程。若程序较长，应在编写的过程中要随时保存。

3) 程序编写——方法 2

在编写梯形图程序时，也可不生成符号，直接用实际地址编写。下面仍以三相异步电动机起动、停止控制为例，说明梯形图的编写方法。

(1) 确认光标在图 F4.6 所示位置。

(2) 单击工具栏中的“新接点”图标，放在梯形图光标所在位置，再单击鼠标左键，弹出“新接点”对话框。在“新接点”对话框中键入“0”或“0.00”，然后选择“确定”按钮，在“编辑注释”栏键入“SB1”（也可使“编辑注释”为空），再次选择“确定”按钮，将显示第一个常开接点，同时光标右移。

(3) 单击工具栏中的“新常闭接点”图标，放在梯形图光标所在位置，再单击鼠标左键，弹出“新常闭接点”对话框。在“新常闭接点”对话框中键入“1”或“0.01”，然后选择“确定”按钮，在“编辑注释”栏键入“SB2”（也可使“编辑注释”为空），再次选择“确定”按钮，将显示第二个常闭接点，同时光标右移。

(4) 重复第(2)、(3)两步，输入常闭接点“2”或“0.02”。

(5) 按 Enter 键，光标移到下一行的开始位置。

(6) 单击工具栏中的“新接点或”图标，放在梯形图光标所在位置，再单击鼠标

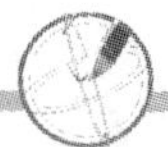

左键，弹出“新接点或”对话框。在“新接点或”对话框键入“100.01”，然后选择“确定”按钮，在“编辑注释”栏键入“KM”（也可使“编辑注释”为空），再次选择“确定”按钮，将显示该接点，同时光标右移。

（7）将光标移动到最右面，和“0.02”常闭接点连接处，单击工具栏中的“新线圈”图标，出现“新线圈”对话框。在“新线圈”对话框中键入“100.01”，然后选择“确定”按钮，在“编辑注释”栏键入“KM”（也可使“编辑注释”为空），再次选择“确定”按钮，将显示该线圈。

（8）单击下一条的任意位置，该条梯形图将自动整理如图 F4.13 所示。该梯形图在段 1 的位置，在段“END”，CX - Programmer 已自动生成一条 END 指令。

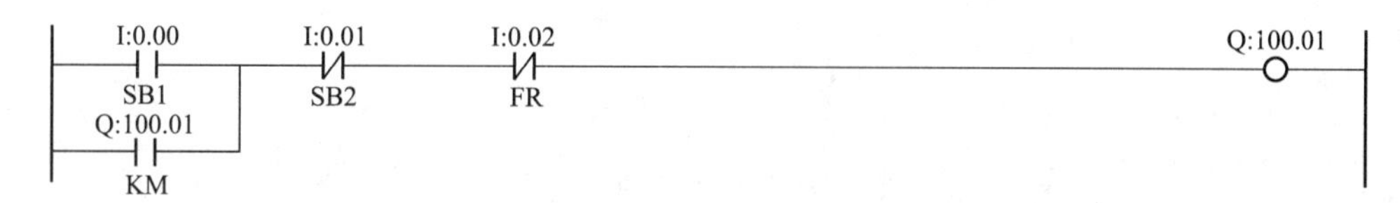

图 F4.13　以实际地址编写的梯形图

在图 F4.13 中，元件上方出现的是该元件的实际地址，“I”表示输入地址，“Q”表示输出地址，下方出现的是该元件的注释。

注意：此时元件注释都是增加在全局符号表内的。该程序的助记符表示形式，如图 F4.14 所示。

条	步	指令	操作数	值	注释
0	0	LD	I:0.00		SB1
	1	OR	Q:100.01		KM
	2	ANDNOT	I:0.01		SB2
	3	ANDNOT	I:0.02		FR
	4	OUT	Q:100.01		KM

图 F4.14　以实际地址编写的助记符程序

4）调试程序

程序编译只能检查程序的语法错误。当程序编写完成后，必须把计算机和 PLC 通过通信线连接，将程序下载到 PLC，进行调试，检查用户编写的程序是否符合实际要求，具体步骤如下。

（1）下载程序。

① 选择工具栏中的“在线工作”图标，与 PLC 进行连接。将出现一个确定对话框，选择“确定”按钮，若设置、连接、通信等一切正常，由于在线时一般不允许编辑，梯形图界面将变成灰色。

② 选择工具栏里面的“编程模式”图标，把 PLC 的操作模式设为编程模式。如果未做这一步，那么 CX - Programmer 在下载程序前，将自动把 PLC 设置成此模式。

③ 选择工具栏上面的“传送到 PLC”图标，将显示下载选项对话框，选择相应的传送内容，单击“确定”按钮。

（2）监视程序。

一旦程序被下载，就可以在梯形图工作区中对其运行进行监视（以模拟显示的方式），按照以下步骤来监视程序。

① 选择工程工作区中的 PLC 对象。

② 选择工程工具栏中的“切换 PLC 监视”图标 。程序执行时，可以监视梯形图中的数据和控制流，例如，连接的选择和数值的增加。

（3）程序运行。

程序调试正常后，可选择运行模式，使 PLC 工作在运行状态。当 PLC 在线运行时，在梯形图工作区以绿色线条形象地显示程序运行的状态，如图 F4.15 所示。

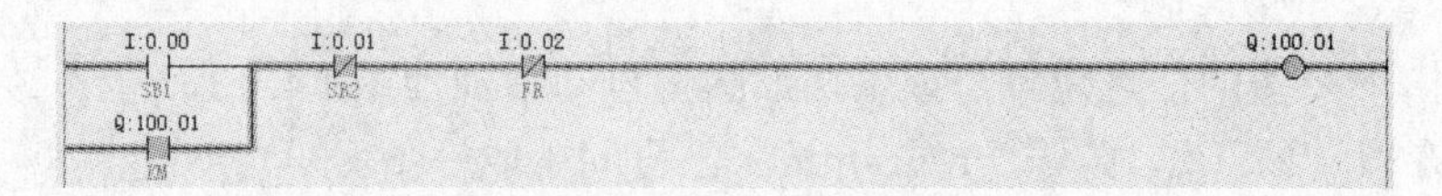

图 F4.15　程序的运行状态

（4）程序编辑。

若程序需要修改，可在离线状态对原来编写的程序进行修改、编辑。

如图 F4.13 所示的梯形图，原来只有起动、停止功能，如果需要加入时间控制功能，要求在电动机起动运行 30s 后，自动停止。可对原梯形图按以下步骤进行修改。

① 单击工具栏中的“新常闭接点”图标 ，插入在常闭接点 0.02 和线圈 100.01 之间，在“新常闭接点”对话框中键入“TIM0001”或“T1”，单击两次“确定”按钮。

② 单击“新指令”图标 ，移动鼠标到线圈 100.01 的下面，再单击鼠标左键，在“新指令”对话框中输入“TIM 1 #300”，单击两次“确定”按钮。

③ 使用“线连接模式”图标 划线，连接定时器到常闭接点 T0001 和线圈 100.01 之间。

修改后的梯形图如图 F4.16 所示。

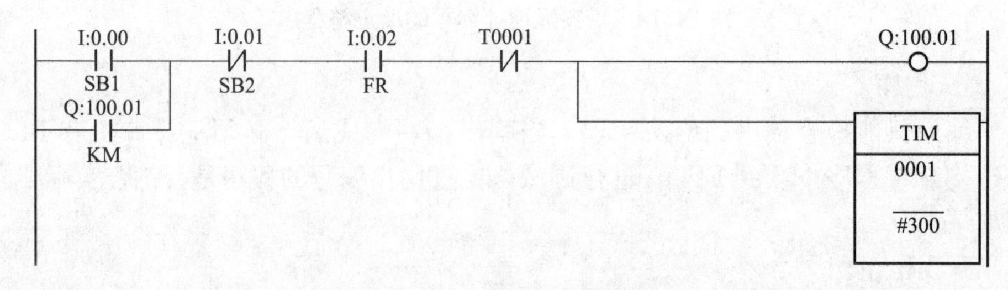

图 F4.16　修改后的梯形图

修改完成后，依次按在线连接、传送到 PLC、运行模式后，就将修改后的程序传送到了 PLC，然后运行，观察运行情况。

（5）在线编辑。

一般在线工作后，梯形图界面就变成灰色，以防止被直接编辑，但是还是可以选择在线编辑特性来修改梯形图程序。当使用在线编辑功能后，通常使 PLC 运行在“监视”模式下面。在“运行”模式下面进行在线编辑是不可能的。下面介绍如何进行在线编辑。

① 拖动鼠标，选择要编辑的梯级。

② 在工具栏中选择“与 PLC 进行比较”图标 ，以确认编辑区域的内容和 PLC 内的相同。

③ 在工具栏中选择“在线编辑条”图标 。条的背景将改变，表明其现在已经是一个可编辑区，此区域以外的条不能被改变，但是可以把这些条里面的元素复制到可编辑条中去。

④ 编辑条，当对结果满意时，在工具栏中选择“传送在线编辑修改”图标 ，所编辑的内容将被检查并且被传送到PLC。

⑤ 一旦这些改变被传送到PLC，编辑区域再次变成只读。选择工具栏中的“取消在线编辑”图标 ，可以取消在确认改变之前所做的任何在线编辑。

(6) 在线模拟。

CX-Programmer还提供了一个在线模拟的环境，计算机不需连接到PLC，就能对CP1H系列PLC及中型机中的用户程序进行监控和调试。下面介绍如何进行在线模拟。

① 在梯形图窗口编写一个程序或选择一个目标梯形图。

② 单击工具栏中的“在线模拟”图标 ，CX-Programmer开始模拟在线工作，能将程序、PLC设置、I/O表、符号表和注释传送到一个以软件模拟的PLC，并可进行监视调试。

注意：当一个程序在线模拟时，该程序不能被连接到PLC，而其他的程序也不能进入在线模拟状态。

以上是程序调试中常用的方法和步骤，CX-Programmer还提供了上传程序和程序比较的功能，下面分别进行介绍。

5) 上传程序

如需将原PLC中的程序上传到计算机，可以按以下步骤进行操作。

(1) 选择工具栏中的“在线工作”图标 ，与PLC进行连接。选择工程工作区中的PLC对象。

(2) 选择工具栏中的“从PLC传送”图标 ，显示上传对话框，选择上传内容，然后单击“确定”按钮。

6) 程序比较

(1) 选择工程工作区中的PLC对象。

(2) 选择工具栏中的“与PLC进行比较”图标 ，将显示比较选项对话框，设置程序栏，单击“确定”按钮，比较对话框将被显示。

参考文献

[1] 戴一平. 可编程序控制器逻辑控制案例 [M]. 北京：高等教育出版社，2007.
[2] 程周. 欧姆龙系列 PLC 入门与应用实例 [M]. 北京：中国电力出版社，2008.
[3] 肖峰，贺哲荣. PLC 编程 100 例 [M]. 北京：中国电力出版社，2009.
[4] 郑宝林. 图解欧姆龙 PLC 入门 [M]. 北京：机械工业出版社，2007.
[5] 王冬青，谭春. 欧姆龙 CP1H PLC 原理及应用 [M]. 北京：电子工业出版社，2009.
[6] 霍罡，樊晓兵. 欧姆龙 CP1H PLC 应用基础与编程实践 [M]. 北京：机械工业出版社，2008.
[7] 肖明耀. 欧姆龙 CP1H 系列应用技能实训 [M]. 北京：中国电力出版社，2010.
[8] 邓松. 可编程控制器综合应用技术 [M]. 北京：机械工业出版社，2010.

北京大学出版社高职高专机电系列规划教材

序号	书号	书名	编著者	定价	印次	出版日期
		"十二五"职业教育国家规划教材				
1	978-7-301-24455-5	电力系统自动装置(第2版)	王　伟	26.00	1	2014.8
2	978-7-301-24506-4	电子技术项目教程(第2版)	徐超明	42.00	1	2014.7
3	978-7-301-24475-3	零件加工信息分析(第2版)	谢　蕾	52.00	2	2015.1
4	978-7-301-24227-8	汽车电气系统检修(第2版)	宋作军	30.00	1	2014.8
5	978-7-301-24507-1	电工技术与技能	王　平	42.00	1	2014.8
6	978-7-301-24648-1	数控加工技术项目教程(第2版)	李东君	64.00	1	2015.5
7	978-7-301-25341-0	汽车构造(上册)——发动机构造(第2版)	罗灯明	35.00	1	2015.5
8	978-7-301-25529-2	汽车构造(下册)——底盘构造(第2版)	鲍远通	36.00	1	2015.5
9	978-7-301-25650-3	光伏发电技术简明教程	静国梁	29.00	1	2015.6
10	978-7-301-24589-7	光伏发电系统的运行与维护	付新春	33.00	1	2015.7
11	978-7-301-24587-3	制冷与空调技术工学结合教程	李文森等	28.00	1	2015.5
12		电子 EDA 技术(Multisim)(第2版)	刘训非			2015.5
		机械类基础课				
1	978-7-301-13653-9	工程力学	武昭晖	25.00	3	2011.2
2	978-7-301-13574-7	机械制造基础	徐从清	32.00	3	2012.7
3	978-7-301-13656-0	机械设计基础	时忠明	25.00	3	2012.7
4	978-7-301-13662-1	机械制造技术	宁广庆	42.00	2	2010.11
5	978-7-301-19848-3	机械制造综合设计及实训	裘俊彦	37.00	1	2013.4
6	978-7-301-19297-9	机械制造工艺及夹具设计	徐　勇	28.00	1	2011.8
7	978-7-301-18357-1	机械制图	徐连孝	27.00	2	2012.9
8	978-7-301-25479-0	机械制图——基于工作过程(第2版)	徐连孝	62.00	1	2015.5
9	978-7-301-18143-0	机械制图习题集	徐连孝	20.00	2	2013.4
10	978-7-301-15692-6	机械制图	吴百中	26.00	2	2012.7
11	978-7-301-22916-3	机械图样的识读与绘制	刘永强	36.00	1	2013.8
12	978-7-301-23354-2	AutoCAD 应用项目化实训教程	王利华	42.00	1	2014.1
13	978-7-301-17122-6	AutoCAD 机械绘图项目教程	张海鹏	36.00	3	2013.8
14	978-7-301-17573-6	AutoCAD 机械绘图基础教程	王长忠	32.00	2	2013.8
15	978-7-301-19010-4	AutoCAD 机械绘图基础教程与实训(第2版)	欧阳全会	36.00	3	2014.1
16	978-7-301-24536-1	三维机械设计项目教程(UG版)	龚肖新	45.00	1	2014.9
17	978-7-301-17609-2	液压传动	龚肖新	22.00	1	2010.8
18	978-7-301-20752-9	液压传动与气动技术(第2版)	曹建东	40.00	2	2014.1
19	978-7-301-13582-2	液压与气压传动技术	袁　广	24.00	5	2013.8
20	978-7-301-24381-7	液压与气动技术项目教程	武　威	30.00	1	2014.8
21	978-7-301-19436-2	公差与测量技术	余　键	25.00	1	2011.9
22	978-7-5038-4861-2	公差配合与测量技术	南秀蓉	23.00	4	2011.12
23	978-7-301-19374-7	公差配合与技术测量	庄佃霞	26.00	2	2013.8
24	978-7-301-25614-5	公差配合与测量技术项目教程	王丽丽	26.00	1	2015.4
25	978-7-301-25953-5	金工实训(第2版)	柴增田	38.00	1	2015.6
26	978-7-301-13651-5	金属工艺学	柴增田	27.00	2	2011.6
27	978-7-301-17608-5	机械加工工艺编制	于爱武	45.00	2	2012.2
28	978-7-301-23868-4	机械加工工艺编制与实施(上册)	于爱武	42.00	1	2014.3
29	978-7-301-24546-0	机械加工工艺编制与实施(下册)	于爱武	42.00	1	2014.7
30	978-7-301-21988-1	普通机床的检修与维护	宋亚林	33.00	1	2013.1
31	978-7-5038-4869-8	设备状态监测与故障诊断技术	林英志	22.00	3	2011.8

序号	书号	书名	编著者	定价	印次	出版日期
32	978-7-301-22116-7	机械工程专业英语图解教程(第 2 版)	朱派龙	48.00	2	2015.5
33	978-7-301-23198-2	生产现场管理	金建华	38.00	1	2013.9
34	978-7-301-24788-4	机械 CAD 绘图基础及实训	杜 洁	30.00	1	2014.9
数控技术类						
1	978-7-301-17148-6	普通机床零件加工	杨雪青	26.00	2	2013.8
2	978-7-301-17679-5	机械零件数控加工	李 文	38.00	1	2010.8
3	978-7-301-13659-1	CAD/CAM 实体造型教程与实训(Pro/ENGINEER 版)	诸小丽	38.00	4	2014.7
4	978-7-301-24647-6	CAD/CAM 数控编程项目教程(UG 版)(第 2 版)	慕 灿	48.00	1	2014.8
5	978-7-5038-4865-0	CAD/CAM 数控编程与实训(CAXA 版)	刘玉春	27.00	3	2011.2
6	978-7-301-21873-0	CAD/CAM 数控编程项目教程(CAXA 版)	刘玉春	42.00	1	2013.3
7	978-7-5038-4866-7	数控技术应用基础	宋建武	22.00	2	2010.7
8	978-7-301-13262-3	实用数控编程与操作	钱东东	32.00	4	2013.8
9	978-7-301-14470-1	数控编程与操作	刘瑞已	29.00	2	2011.2
10	978-7-301-20312-5	数控编程与加工项目教程	周晓宏	42.00	1	2012.3
11	978-7-301-23898-1	数控加工编程与操作实训教程(数控车分册)	王忠斌	36.00	1	2014.6
12	978-7-301-20945-5	数控铣削技术	陈晓罗	42.00	1	2012.7
13	978-7-301-21053-6	数控车削技术	王军红	28.00	1	2012.8
14	978-7-301-25927-6	数控车削编程与操作项目教程	肖国涛	26.00	1	2015.7
15	978-7-301-17398-5	数控加工技术项目教程	李东君	48.00	1	2010.8
16	978-7-301-21119-9	数控机床及其维护	黄应勇	38.00	1	2012.8
17	978-7-301-20002-5	数控机床故障诊断与维修	陈学军	38.00	1	2012.1
模具设计与制造类						
1	978-7-301-23892-9	注射模设计方法与技巧实例精讲	邹继强	54.00	1	2014.2
2	978-7-301-24432-6	注射模典型结构设计实例图集	邹继强	54.00	1	2014.6
3	978-7-301-18471-4	冲压工艺与模具设计	张 芳	39.00	1	2011.3
4	978-7-301-19933-6	冷冲压工艺与模具设计	刘洪贤	32.00	1	2012.1
5	978-7-301-20414-6	Pro/ENGINEER Wildfire 产品设计项目教程	罗 武	31.00	1	2012.5
6	978-7-301-16448-8	Pro/ENGINEER Wildfire 设计实训教程	吴志清	38.00	1	2012.8
7	978-7-301-22678-0	模具专业英语图解教程	李东君	22.00	1	2013.7
电气自动化类						
1	978-7-301-18519-3	电工技术应用	孙建领	26.00	1	2011.3
2	978-7-301-17569-9	电工电子技术项目教程	杨德明	32.00	3	2014.8
3	978-7-301-22546-2	电工技能实训教程	韩亚军	22.00	1	2013.6
4	978-7-301-22923-1	电工技术项目教程	徐超明	38.00	1	2013.8
5	978-7-301-12390-4	电力电子技术	梁南丁	29.00	3	2013.5
6	978-7-301-17730-3	电力电子技术	崔 红	23.00	1	2010.9
7	978-7-301-19525-3	电工电子技术	倪 涛	38.00	1	2011.9
8	978-7-301-24765-5	电子电路分析与调试	毛玉青	35.00	1	2015.3
9	978-7-301-16830-1	维修电工技能与实训	陈学平	37.00	1	2010.7
10	978-7-301-12180-1	单片机开发应用技术	李国兴	21.00	2	2010.9
11	978-7-301-20000-1	单片机应用技术教程	罗国荣	40.00	1	2012.2
12	978-7-301-21055-0	单片机应用项目化教程	顾亚文	32.00	1	2012.8
13	978-7-301-17489-0	单片机原理及应用	陈高锋	32.00	1	2012.9
14	978-7-301-24281-0	单片机技术及应用	黄贻培	30.00	1	2014.7
15	978-7-301-22390-1	单片机开发与实践教程	宋玲玲	24.00	1	2013.6

序号	书号	书名	编著者	定价	印次	出版日期
16	978-7-301-17958-1	单片机开发入门及应用实例	熊华波	30.00	1	2011.1
17	978-7-301-16898-1	单片机设计应用与仿真	陆旭明	26.00	2	2012.4
18	978-7-301-19302-0	基于汇编语言的单片机仿真教程与实训	张秀国	32.00	1	2011.8
19	978-7-301-12181-8	自动控制原理与应用	梁南丁	23.00	3	2012.1
20	978-7-301-19638-0	电气控制与 PLC 应用技术	郭　燕	24.00	1	2012.1
21	978-7-301-18622-0	PLC 与变频器控制系统设计与调试	姜永华	34.00	1	2011.6
22	978-7-301-19272-6	电气控制与 PLC 程序设计(松下系列)	姜秀玲	36.00	1	2011.8
23	978-7-301-12383-6	电气控制与 PLC(西门子系列)	李　伟	26.00	2	2012.3
24	978-7-301-18188-1	可编程控制器应用技术项目教程(西门子)	崔维群	38.00	2	2013.6
25	978-7-301-23432-7	机电传动控制项目教程	杨德明	40.00	1	2014.1
26	978-7-301-12382-9	电气控制及 PLC 应用(三菱系列)	华满香	24.00	2	2012.5
27	978-7-301-22315-4	低压电气控制安装与调试实训教程	张　郭	24.00	1	2013.4
28	978-7-301-24433-3	低压电器控制技术	肖朋生	34.00	1	2014.7
29	978-7-301-22672-8	机电设备控制基础	王本轶	32.00	1	2013.7
30	978-7-301-18770-8	电机应用技术	郭宝宁	33.00	1	2011.5
31	978-7-301-23822-6	电机与电气控制	郭夕琴	34.00	1	2014.8
32	978-7-301-17324-4	电机控制与应用	魏润仙	34.00	1	2010.8
33	978-7-301-21269-1	电机控制与实践	徐　锋	34.00	1	2012.9
34	978-7-301-12389-8	电机与拖动	梁南丁	32.00	2	2011.12
35	978-7-301-18630-5	电机与电力拖动	孙英伟	33.00	1	2011.3
36	978-7-301-16770-0	电机拖动与应用实训教程	任娟平	36.00	1	2012.11
37	978-7-301-22632-2	机床电气控制与维修	崔兴艳	28.00	1	2013.7
38	978-7-301-22917-0	机床电气控制与 PLC 技术	林盛昌	36.00	1	2013.8
39	978-7-301-18470-7	传感器检测技术及应用	王晓敏	35.00	2	2012.7
40	978-7-301-20654-6	自动生产线调试与维护	吴有明	28.00	1	2013.1
41	978-7-301-21239-4	自动生产线安装与调试实训教程	周　洋	30.00	1	2012.9
42	978-7-301-18852-1	机电专业英语	戴正阳	28.00	2	2013.8
43	978-7-301-24764-8	FPGA 应用技术教程(VHDL 版)	王真富	38.00	1	2015.2
44	978-7-301-26201-6	电气安装与调试技术	卢　艳	38.00	1	2015.8
45	978-7-301-26215-3	可编程控制器编程及应用(欧姆龙机型)	姜凤武	27.00	1	2015.8
		汽车类				
1	978-7-301-17694-8	汽车电工电子技术	郑广军	33.00	1	2011.1
2	978-7-301-19504-8	汽车机械基础	张本升	34.00	1	2011.10
3	978-7-301-19652-6	汽车机械基础教程(第 2 版)	吴笑伟	28.00	2	2012.8
4	978-7-301-17821-8	汽车机械基础项目化教学标准教程	傅华娟	40.00	2	2014.8
5	978-7-301-19646-5	汽车构造	刘智婷	42.00	1	2012.1
6	978-7-301-25341-0	汽车构造(上册)——发动机构造(第 2 版)	罗灯明	35.00	1	2015.5
7	978-7-301-25529-2	汽车构造(下册)——底盘构造(第 2 版)	鲍远通	36.00	1	2015.5
8	978-7-301-13661-4	汽车电控技术	祁翠琴	39.00	6	2015.2
9	978-7-301-19147-7	电控发动机原理与维修实务	杨洪庆	27.00	1	2011.7
10	978-7-301-13658-4	汽车发动机电控系统原理与维修	张吉国	25.00	2	2012.4
11	978-7-301-18494-3	汽车发动机电控技术	张　俊	46.00	2	2013.8
12	978-7-301-21989-8	汽车发动机构造与维修(第 2 版)	蔡兴旺	40.00	1	2013.1
14	978-7-301-18948-1	汽车底盘电控原理与维修实务	刘映凯	26.00	1	2012.1
15	978-7-301-19334-1	汽车电气系统检修	宋作军	25.00	2	2014.1
16	978-7-301-23512-6	汽车车身电控系统检修	温立全	30.00	1	2014.1
17	978-7-301-18850-7	汽车电器设备原理与维修实务	明光星	38.00	2	2013.9
18	978-7-301-20011-7	汽车电器实训	高照亮	38.00	1	2012.1
19	978-7-301-22363-5	汽车车载网络技术与检修	闫炳强	30.00	1	2013.6

序号	书号	书名	编著者	定价	印次	出版日期
20	978-7-301-14139-7	汽车空调原理及维修	林　钢	26.00	3	2013.8
21	978-7-301-16919-3	汽车检测与诊断技术	娄　云	35.00	2	2011.7
22	978-7-301-22988-0	汽车拆装实训	詹远武	44.00	1	2013.8
23	978-7-301-18477-6	汽车维修管理实务	毛　峰	23.00	1	2011.3
24	978-7-301-19027-2	汽车故障诊断技术	明光星	25.00	1	2011.6
25	978-7-301-17894-2	汽车养护技术	隋礼辉	24.00	1	2011.3
26	978-7-301-22746-6	汽车装饰与美容	金守玲	34.00	1	2013.7
27	978-7-301-25833-0	汽车营销实务(第 2 版)	夏志华	32.00	1	2015.6
28	978-7-301-19350-1	汽车营销服务礼仪	夏志华	30.00	3	2013.8
29	978-7-301-15578-3	汽车文化	刘　锐	28.00	4	2013.2
30	978-7-301-20753-6	二手车鉴定与评估	李玉柱	28.00	1	2012.6
31	978-7-301-17711-2	汽车专业英语图解教程	侯锁军	22.00	5	2015.2
		电子信息、应用电子类				
1	978-7-301-19639-7	电路分析基础(第 2 版)	张丽萍	25.00	1	2012.9
2	978-7-301-19310-5	PCB 板的设计与制作	夏淑丽	33.00	1	2011.8
3	978-7-301-21147-2	Protel 99 SE 印制电路板设计案例教程	王　静	35.00	1	2012.8
4	978-7-301-18520-9	电子线路分析与应用	梁玉国	34.00	1	2011.7
5	978-7-301-12387-4	电子线路 CAD	殷庆纵	28.00	4	2012.7
6	978-7-301-12390-4	电力电子技术	梁南丁	29.00	2	2010.7
7	978-7-301-17730-3	电力电子技术	崔　红	23.00	1	2010.9
8	978-7-301-19525-3	电工电子技术	倪　涛	38.00	1	2011.9
9	978-7-301-18519-3	电工技术应用	孙建领	26.00	1	2011.3
10	978-7-301-22546-2	电工技能实训教程	韩亚军	22.00	1	2013.6
11	978-7-301-22923-1	电工技术项目教程	徐超明	38.00	1	2013.8
12	978-7-301-17569-9	电工电子技术项目教程	杨德明	32.00	3	2014.8
14	978-7-301-17712-9	电子技术应用项目式教程	王志伟	32.00	2	2012.7
15	978-7-301-22959-0	电子焊接技术实训教程	梅琼珍	24.00	1	2013.8
16	978-7-301-17696-2	模拟电子技术	蒋　然	35.00	1	2010.8
17	978-7-301-13572-3	模拟电子技术及应用	刁修睦	28.00	3	2012.8
18	978-7-301-18144-7	数字电子技术项目教程	冯泽虎	28.00	1	2011.1
19	978-7-301-19153-8	数字电子技术与应用	宋雪臣	33.00	1	2011.9
20	978-7-301-20009-4	数字逻辑与微机原理	宋振辉	49.00	1	2012.1
21	978-7-301-12386-7	高频电子线路	李福勤	20.00	3	2013.8
22	978-7-301-20706-2	高频电子技术	朱小祥	32.00	1	2012.6
23	978-7-301-18322-9	电子 EDA 技术(Multisim)	刘训非	30.00	2	2012.7
24	978-7-301-14453-4	EDA 技术与 VHDL	宋振辉	28.00	2	2013.8
25	978-7-301-22362-8	电子产品组装与调试实训教程	何　杰	28.00	1	2013.6
26	978-7-301-19326-6	综合电子设计与实践	钱卫钧	25.00	2	2013.8
27	978-7-301-17877-5	电子信息专业英语	高金玉	26.00	2	2011.11
28	978-7-301-23895-0	电子电路工程训练与设计、仿真	孙晓艳	39.00	1	2014.3
29	978-7-301-24624-5	可编程逻辑器件应用技术	魏　欣	26.00	1	2014.8
30	978-7-301-26156-9	电子产品生产工艺与管理	徐中贵	38.00	1	2015.8

如您需要更多教学资源如电子课件、电子样章、习题答案等，请登录北京大学出版社第六事业部官网 www.pup6.cn 搜索下载。

如您需要浏览更多专业教材，请扫下面的二维码，关注北京大学出版社第六事业部官方微信（微信号：pup6book），随时查询专业教材、浏览教材目录、内容简介等信息，并可在线申请纸质样书用于教学。

感谢您使用我们的教材，欢迎您随时与我们联系，我们将及时做好全方位的服务。联系方式：010-62750667，329056787@qq.com，pup_6@163.com，lihu80@163.com，欢迎来电来信。客户服务 QQ 号：1292552107，欢迎随时咨询。